SolidWorks 认证工程师成长之路丛书

SolidWorks 工程图教程
（2018 中文版）
（配全程视频教程）

北京兆迪科技有限公司　编著

电子工业出版社·

Publishing House of Electronics Industry

北京·BEIJING

内容简介

本书系统、全面地介绍了 SolidWorks 2018 的工程图设计方法与技巧，包括工程图的概念及发展、SolidWorks 2018 工程图的特点、基本设置及工作界面、工程图视图、工程图中二维草图的绘制、工程图的标注、表格、钣金工程图、焊件工程图以及工程图的一些高级应用等。

本书在内容安排上，紧密结合范例对 SolidWorks 工程图设计进行讲解和说明，这些范例都是实际生产一线设计中具有代表性的例子，这样安排能使读者较快地进入产品工程图设计实战状态。在写作方式上，本书紧贴软件的实际操作界面，采用软件中真实的对话框、操控板和按钮等进行讲解，使初学者能够直观、准确地操作软件，从而尽快上手，提高学习效率。书中所选用的范例、实例或应用案例覆盖了不同行业，具有很强的实用性和广泛的适用性。本书附有 1 张多媒体 DVD 学习光盘，制作了大量 SolidWorks 工程图教学视频，并进行了详细的语音讲解，光盘中还包含本书所有的素材源文件及 SolidWorks 软件的配置文件。

本书可作为工程技术人员学习 SolidWorks 工程图的自学教程和参考书，也可作为大中专院校学生和各类培训学校学员的 CAD/CAM 课程上课及上机练习教材。

图书在版编目（CIP）数据

SolidWorks 工程图教程：2018 中文版 / 北京兆迪科技有限公司编著. —北京：电子工业出版社，2018.7
（SolidWorks 认证工程师成长之路丛书）

ISBN 978-7-121-34566-1

Ⅰ. ①S… Ⅱ. ①北… Ⅲ. ①工程制图－计算机制图－应用软件－资格考试－自学参考资料
Ⅳ. ①TB237

中国版本图书馆 CIP 数据核字（2018）第 135157 号

策划编辑：管晓伟
责任编辑：管晓伟　　　特约编辑：李兴 等
印　　刷：北京七彩京通数码快印有限公司
装　　订：北京七彩京通数码快印有限公司
出版发行：电子工业出版社
　　　　　北京市海淀区万寿路 173 信箱　　邮编：100036
开　　本：787×1092　1/16　印张：17.75　字数：455 千字
版　　次：2018 年 7 月第 1 版
印　　次：2024 年 8 月第 8 次印刷
定　　价：60.00 元（含多媒体 DVD 光盘 1 张）

凡所购买电子工业出版社图书有缺损问题，请向购买书店调换。若书店售缺，请与本社发行部联系，联系及邮购电话：（010）88254888，88258888。

质量投诉请发邮件至 zlts@phei.com.cn，盗版侵权举报请发邮件至 dbqq@phei.com.cn。

本书咨询联系方式：（010）88254460；guanphei@163.com；197238283@qq.com。

丛书介绍与选读

SolidWorks 是一款非常优秀的 CAD/CAM/CAE 软件，由于其功能强大、价格适中，目前在我国占有较大的市场份额。近年来，随着 SolidWorks 软件功能进一步完善，其市场占有率越来越高。本套丛书是专门针对工程应用而编写的，自 2007 年出版以来，经过不断的完善和更新，丛书的质量不断提高，涵盖的模块也不断增加，得到了众多读者的认可和青睐。为了方便广大读者选购，下面特对本套丛书进行介绍。

☑ 本套 SolidWorks 丛书是目前涵盖 SolidWorks 模块功能较多、体系较完整的一套丛书。

☑ 本套 SolidWorks 丛书编写时充分考虑了读者的阅读习惯，语言简洁，讲解详细，条理清晰，图文并茂。

☑ 本套 SolidWorks 丛书中的每本书都附带一张多媒体 DVD 学习光盘，内容包括大量的 SolidWorks 应用技巧、具有针对性的范例教学视频，以及详细的视频讲解。读者可将光盘中的视频讲解文件复制到个人手机、iPad 等电子工具中随时观看、学习。另外，光盘内还包含了书中所有的素材模型、练习模型、范例模型的原始文件以及配置文件，方便读者学习。

☑ 本套 SolidWorks 丛书中的每一本书在写作方式上，紧贴 SolidWorks 软件的实际操作界面，采用软件中真实的对话框、操控面板和按钮等进行讲解，使初学者能够直观、准确地操作软件进行学习，从而尽快地上手，提高学习效率。

本套 SolidWorks 丛书的所有 18 种图书全部是由北京兆迪科技有限公司统一组织策划、研发和编写的。当然，在策划和编写这套丛书的过程中，也有来自各个行业著名公司的顶尖工程师的参与，将他们所在不同行业的独特的工程案例及设计技巧和经验等都融入进来。同时本套丛书也获得了 SolidWorks 厂商的支持，并且丛书的高质量也获得了他们的认可。

本套 SolidWorks 丛书的优点是丛书中的每一本书在内容上都是相互独立的，但是在工程案例的应用上又是相互关联、相辅相成的，在编写风格上也完全一致，因此读者可根据自己目前的需要单独购买丛书中的一本或多本。如果以后为了进一步提高 SolidWorks 的技能而需要购书学习时，还可以购买本丛书中的相关书籍，这样可以保证学习的连续性和很好的学习效果。

《SolidWorks 快速入门教程（2018 中文版）》是学习 SolidWorks 2018 的快速入门与提高教程，也是学习 SolidWorks 高级或专业模块的基础教程，这些高级或专业模块包括曲面、钣金、工程图、注塑模具、冲压模具、运动仿真与分析、管道、电气布线、结构分析等。如果读者以后根据自己工作和专业的需要，或者是为了增强职场竞争力，需要学习这些专业模块，建议先熟练掌握本套丛书的《SolidWorks 快速入门教程（2018 中文版）》

中的基础内容，然后再学习这些高级或专业模块，以提高这些模块的学习效率。

另外，由于《SolidWorks 快速入门教程（2018 中文版）》内容丰富、讲解详细、价格低廉，该书的低版本书籍《SolidWorks 快速入门教程（2007 版）》《SolidWorks 快速入门教程（2008 版）》《SolidWorks 快速入门教程（2009 版）》《SolidWorks 快速入门教程（2010 版）》《SolidWorks 快速入门教程（2011 版）》《SolidWorks 快速入门教程（2012 版）》《SolidWorks 快速入门教程（2013 版）》《SolidWorks 快速入门教程（2014 版）》和《SolidWorks 快速入门教程（2015 版）》已经被 50 多所本科院校和高等职业院校选为 CAD/CAM/CAE 等课程的教材。《SolidWorks 快速入门教程（2018 中文版）》与以前的版本相比，书籍的质量和性价比有了大幅的提高，相信会有更多的高校选择此书作为教材，以进一步提高教学质量。下面对本套丛书中的每一本书进行简要介绍。

（1）《SolidWorks 快速入门教程（2018 中文版）》

- 内容概要：本书是学习 SolidWorks 的快速入门教程，内容包括 SolidWorks 功能概述、SolidWorks 软件安装方法和过程、软件的环境设置与工作界面的用户定制和各常用模块应用基础。

- 适用读者：零基础读者，或者作为中高级读者查阅 SolidWorks 2018 新功能、新操作之用，也可作为工具书放在手边以备个别功能不熟或遗忘而备查。

（2）《SolidWorks 产品设计实例精解（2018 中文版）》

- 内容概要：本书是学习 SolidWorks 产品设计实例类的中高级书籍。

- 适用读者：适合中高级读者提高产品设计能力、掌握更多产品设计技巧。SolidWorks 基础不扎实的读者在阅读本书前，建议先选购和阅读本套丛书中的《SolidWorks 快速入门教程（2018 中文版）》。

（3）《SolidWorks 工程图教程（2018 中文版）》

- 内容概要：本书是全面、系统学习 SolidWorks 工程图设计的中高级书籍。

- 适用读者：适合中高级读者全面精通 SolidWorks 工程图设计方法和技巧。

（4）《SolidWorks 曲面设计教程（2018 中文版）》

- 内容概要：本书是学习 SolidWorks 曲面设计的中高级书籍。

- 适用读者：适合中高级读者全面精通 SolidWorks 曲面设计。SolidWorks 基础不扎实的读者在阅读本书前，建议先选购和阅读本套丛书中的《SolidWorks 快速入门教程（2018 中文版）》。

（5）《SolidWorks 曲面设计实例精解（2018 中文版）》

- 内容概要：本书是学习 SolidWorks 曲面造型设计实例类的中高级书籍。

- 适用读者：适合中高级读者提高曲面设计能力、掌握更多曲面设计技巧。SolidWorks 基础不扎实的读者在阅读本书前，建议先选购和阅读本丛套书中的《SolidWorks 快速入门教程（2018 中文版）》和《SolidWorks 曲面设计教程

（2018 中文版）》。

（6）《SolidWorks 高级应用教程（2018 中文版）》

- 内容概要：本书是进一步学习 SolidWorks 高级功能的书籍。
- 适用读者：适合读者进一步提高 SolidWorks 应用技能。SolidWorks 基础不扎实的读者在阅读本书前，建议先选购和阅读本套丛书中的《SolidWorks 快速入门教程（2018 中文版）》。

（7）《SolidWorks 钣金件与焊件教程（2018 中文版）》

- 内容概要：本书是学习 SolidWorks 钣金件与焊接件设计的中高级书籍。
- 适用读者：适合读者全面精通 SolidWorks 钣金件与焊接件设计。SolidWorks 基础不扎实的读者在阅读本书前，建议先选购和阅读本套丛书中的《SolidWorks 快速入门教程（2018 中文版）》。

（8）《SolidWorks 钣金设计实例精解（2018 中文版）》

- 内容概要：本书是学习 SolidWorks 钣金设计实例类的中高级书籍。
- 适用读者：适合读者提高钣金设计能力、掌握更多钣金设计技巧。SolidWorks 基础不扎实的读者在阅读本书前，建议先选购和阅读本套丛书中的《SolidWorks 快速入门教程（2018 中文版）》和《SolidWorks 钣金件与焊件教程（2018 中文版）》。

（9）《钣金展开实用技术手册（SolidWorks 2018 中文版）》

- 内容概要：本书是学习 SolidWorks 钣金展开的中高级书籍。
- 适用读者：适合读者全面精通 SolidWorks 钣金展开技术。SolidWorks 基础不扎实的读者在阅读本书前，建议先选购和阅读本套丛书中的《SolidWorks 快速入门教程（2018 中文版）》和《SolidWorks 钣金件与焊件教程（2018 中文版）》。

（10）《SolidWorks 模具设计教程（2018 中文版）》

- 内容概要：本书是学习 SolidWorks 模具设计的中高级书籍。
- 适用读者：适合读者全面精通 SolidWorks 模具设计。SolidWorks 基础不扎实的读者在阅读本书前，建议先选购和阅读本套丛书中的《SolidWorks 快速入门教程（2018 中文版）》。

（11）《SolidWorks 模具设计实例精解（2018 中文版）》

- 内容概要：本书是学习 SolidWorks 模具设计实例类的中高级书籍。
- 适用读者：适合读者提高模具设计能力、掌握更多模具设计技巧。SolidWorks 基础不扎实的读者在阅读本书前，建议先选购和阅读本套丛书中的《SolidWorks 快速入门教程（2018 中文版）》和《SolidWorks 模具设计教程（2018 中文版）》。

（12）《SolidWorks 冲压模具设计教程（2018 中文版）》

- 内容概要：本书是学习 SolidWorks 冲压模具设计的中高级书籍。
- 适用读者：适合读者全面精通 SolidWorks 冲压模具设计。SolidWorks 基础不扎实的读者在阅读本书前，建议先选购和阅读本套丛书中的《SolidWorks 快速入门教程（2018 中文版）》。

（13）《SolidWorks 冲压模具设计实例精解（2018 中文版）》

- 内容概要：本书是学习 SolidWorks 冲压模具设计实例类的中高级书籍。
- 适用读者：适合读者提高冲压模具设计能力、掌握更多冲压模具设计技巧。SolidWorks 基础不扎实的读者在阅读本书前，建议先选购和阅读本套丛书中的《SolidWorks 快速入门教程（2018 中文版）》和《SolidWorks 冲压模具设计教程（2018 中文版）》。

（14）《SolidWorks 运动仿真与分析教程（2018 中文版）》

- 内容概要：本书是学习 SolidWorks 运动仿真与分析的中高级书籍。
- 适用读者：适合中高级读者全面精通 SolidWorks 运动仿真与分析。

（15）《SolidWorks 管道与电气布线教程（2018 中文版）》

- 内容概要：本书是学习 SolidWorks 管道与电气布线设计的中高级书籍。
- 适用读者：高级产品设计师。SolidWorks 基础不扎实的读者在阅读本书前，建议先选购和阅读本套丛书中的《SolidWorks 快速入门教程（2018 中文版）》。

（16）《SolidWorks 结构分析教程（2018 中文版）》

- 内容概要：本书是学习 SolidWorks 结构分析的中高级书籍。
- 适用读者：高级产品设计师、分析工程师。SolidWorks 基础不扎实的读者在阅读本书前，建议先选购和阅读本套丛书中的《SolidWorks 快速入门教程（2018 中文版）》。

（17）《SolidWorks 振动分析教程（2018 中文版）》

- 内容概要：本书是学习 SolidWorks 振动分析的中高级书籍。
- 适用读者：高级产品设计师、分析工程师。

（18）《SolidWorks 流体分析教程（2018 中文版）》

- 内容概要：本书是学习 SolidWorks 流体分析的中高级书籍。
- 适用读者：高级产品设计师、分析工程师。SolidWorks 基础不扎实的读者在阅读本书前，建议先选购和阅读本套丛书中的《SolidWorks 快速入门教程（2018 中文版）》。

前　言

SolidWorks 2018 版本在设计创新、易学易用性和提高整体性能等方面都得到了显著的加强，包括增强了大装配处理能力、复杂曲面设计能力，以及专门为适应中国市场的需要而进一步增强的中国国标（GB）内容等。本书全面、系统地介绍了 SolidWorks 软件（2018 中文版）的工程图设计方法与技巧，其特色如下。

- 内容全面。与其他的同类书籍相比，包括更多的 SolidWorks 工程图设计内容。
- 范例丰富。对软件中的主要命令和功能，先结合简单的范例进行讲解，然后安排一些较复杂的综合范例帮助读者深入理解、灵活运用。
- 讲解详细，条理清晰。保证自学的读者能独立学习书中介绍的 SolidWorks 高级功能。
- 写法独特。采用 SolidWorks 中真实的对话框、菜单和按钮等进行讲解，使初学者能够直观、准确地操作软件，从而大大提高学习效率。
- 附加值高。本书附有 1 张多媒体 DVD 学习光盘，制作了大量 SolidWorks 工程图设计技巧和具有针对性的实例教学视频，并进行了详细的语音讲解，以帮助读者轻松、高效地学习。

本书由北京兆迪科技有限公司编著，参加本书编写工作的人员还有詹路、龙宇、冯元超、侯俊飞等。本书虽经过多次审校，但仍不免有疏漏之处，恳请广大读者予以指正。

电子邮箱：zhanygjames@163.com　　咨询电话：010-82176248，010-82176249。

读者购书回馈活动：

活动一： 本书"随书光盘"中含有该"读者意见反馈卡"的电子文档，请认真填写本反馈卡，并 E-mail 给我们。E-mail: 兆迪科技 zhanygjames@163.com，管晓伟 guanphei@163.com。

活动二： 扫一扫右侧二维码，关注兆迪科技官方公众微信（或搜索公众号 zhaodikeji），参与互动，也可进行答疑。

凡参加以上活动，即可获得兆迪科技免费赠送的价值 48 元的在线课程一门，同时有机会获得价值 780 元的精品在线课程。

本 书 导 读

为了能更高效地学习本书，请您务必仔细阅读下面的内容。

读者对象

本书是学习 SolidWorks 工程图设计的书籍，可作为工程技术人员进一步学习工程图设计的自学教程和参考书，也可作为大专院校学生和各类培训学校学员的 SolidWorks 课程上课或上机练习教材。

写作环境

本书使用的操作系统为 64 位的 Windows 7，系统主题采用 Windows 经典主题。
本书的写作蓝本是 SolidWorks 2018 中文版。

光盘使用

为方便读者练习，特将本书所有素材文件、已完成的范例文件、配置文件和视频语音讲解文件等放入随书附带的光盘中，读者在学习过程中可以打开相应的素材文件进行操作和练习。

本书附有 1 张多媒体 DVD 光盘，建议读者在学习本书前，先将 DVD 光盘中的所有文件复制到计算机的 D 盘中。在 D 盘中 sw18.5 目录下共有三个子目录。

（1）sw18_system_file 子目录：包含一些系统配置文件。

（2）work 子目录：包含本书讲解中所有的教案文件、范例文件和练习素材文件。

（3）video 子目录：包含本书讲解中的视频文件。读者学习时，可在该子目录中按顺序查找所需的视频文件。

光盘中带有"ok"的文件或文件夹表示已完成的范例。

本书约定

● 本书中有关鼠标操作的说明如下。

  ☑ 单击：将鼠标指针移至某位置处，然后按一下鼠标的左键。

  ☑ 双击：将鼠标指针移至某位置处，然后连续快速地按两次鼠标的左键。

  ☑ 右击：将鼠标指针移至某位置处，然后按一下鼠标的右键。

  ☑ 单击中键：将鼠标指针移至某位置处，然后按一下鼠标的中键。

  ☑ 滚动中键：只是滚动鼠标的中键，而不能按中键。

  ☑ 选择（选取）某对象：将鼠标指针移至某对象上，单击以选取该对象。

  ☑ 拖移某对象：将鼠标指针移至某对象上，然后按下鼠标的左键不放，同时移动鼠标，将该对象移动到指定的位置后再松开鼠标的左键。

- 本书中的操作步骤分为 Task、Stage 和 Step 三个级别，说明如下。

  ☑ 对于一般的软件操作，每个操作步骤以 Step 字符开始。例如，下面是草绘环境中绘制椭圆操作步骤的表述：

  Step1. 选择下拉菜单 工具(T) ➡ 草图绘制实体(K) ➡ ⃝ 椭圆(长短轴)(E) 命令（或单击"草图"工具栏中的 ⃝ 按钮）。

  Step2. 定义椭圆中心点。在图形区某位置单击，放置椭圆的中心点。

  Stcp3. 定义椭圆长轴。在图形区某位置单击，定义椭圆的长轴和方向。

  Step4. 确定椭圆大小。移动鼠标指针，将椭圆拉至所需形状并单击，以定义椭圆的短轴。

  ☑ 每个 Step 操作视其复杂程度，其下面可含有多级子操作。例如，Step1 下可能包含（1）、（2）、（3）等子操作，子操作（1）下可能包含①、②、③等子操作，子操作①下可能包含 a）、b）、c）等子操作。

  ☑ 如果操作较复杂，需要几个大的操作步骤才能完成，则每个大的操作冠以 Stage1、Stage2、Stage3 等，Stage 级别的操作下再分 Step1、Step2、Step3 等操作。

  ☑ 对于多个任务的操作，则每个任务冠以 Task1、Task2、Task3 等，每个 Task 操作下则可包含 Stage 和 Step 级别的操作。

- 由于已建议读者将随书光盘中的所有文件复制到计算机 D 盘中，所以书中在要求设置工作目录或打开光盘文件时，所述的路径均以"D:"开始。

技术支持

本书主要参编人员均来自北京兆迪科技有限公司，该公司专业从事 SolidWorks 技术的研究、开发、咨询及产品设计与制造服务，并提供 SolidWorks 软件的专业面授培训及技术上门服务。读者在学习本书的过程中如果遇到问题，可通过访问该公司的网站 http://www.zalldy.com 来获得技术支持。

本书随书光盘中的所有文件已经上传至网络，如果您的随书光盘丢失或损坏，可以登录网站 http://www.zalldy.com/page/book 下载。

咨询电话：010-82176248，010-82176249。

目　　录

第 1 章　SolidWorks 2018 工程图概述

本章提要　本章简要介绍工程图的概念及其发展，概述 SolidWorks 2018 工程图的特点，并强调遵循国家制图标准的重要性。

1.1　工程图的概念及发展

工程图是指以投影原理为基础，用多个视图清晰详尽地表达设计产品的几何形状、结构以及加工参数的图样。工程图严格遵循国家标准的要求，它实现了设计者与制造者之间的有效沟通，使设计者的设计意图能够简单明了地展现在图样上。从某种意义上说，工程图是一门沟通设计者与制造者的语言，它在现代制造业中占据着极其重要的位置。

在很早以前，类似工程图的建筑图与施工图就已经出现了，而工程图的快速发展是从第一次工业革命开始的。当时的机械设计师为了表达自己的设计思想，也像画家一样把设计内容画在图纸上。但是要在图纸上绘画出脑海里构建好的复杂零件，并将其形状、大小等要素表达清楚，对于没有坚实绘画功底的机械工程师来说几乎是不可能的事情；再者，用立体图形表达零件的结构、尺寸及加工误差等要素，费时且不合理，毕竟画零件图的目的只是为了将设计目的传达给制造者，依其加工出零件来，而不是为了追求画面的美观，于是人们不断地寻求更好的表达方式。随着数学、几何学的发展，人们想出了利用零件的投影来表达零件的结构与形状的方法，并开始研究视图与投影之间的关系，久而久之形成了一门工程制图学。经过时间的验证，人们发现利用视图的投影关系就可以表达任何复杂的零件，也就是说，利用平面图就可以表达出三维立体模型。于是，识图与绘图能力成为机械工程师与制造工人必备的技能。

1.2　工程图的重要性

相信很多人都已经察觉到，当今俨然是 3D 时代：早就出现了 3D 游戏，动画也成为 3D 动画，就连电影中的特技都离不开 3D 制作与渲染。机械设计软件行业更是出现了众多优秀的 3D 设计软件，如 SolidWorks、Pro/ENGINEER、CATIA、UG、AutoCAD 以及 CAXA（国产软件）等。随着这些优秀软件相继进入我国市场并得以迅速推广，以及我国自主研发成功一定种类的 3D 设计软件，"三维设计"概念已逐渐深入人心，并成为一种潮流，许多高等院校也相继开设了三维设计的课程，并采用相应的软件来辅助教学。

由于使用这些软件设计三维实体零件，使得复杂的空间曲面造型成为比较容易的事情，甚至有些现代化制造企业已经实现了设计、加工、生产无纸化的目标，因而很多人开始认为2D设计与2D图纸就要成为历史，不需要再学习烦琐的绘图方法、难解的投影关系与枯燥无味的各种标准了。

不错，这是个与时俱进的观念，它改变着人们传统的机械设计观念，也指导我们追求更好、更高的技术。但是，只要认清我国的国情，了解我国机械设计、制造行业的现状，就会发现仍有大量的工厂使用2D工程图，许多员工可以轻易地读懂工程图而不能从3D模型中读出加工所需的参数。国家标准对整个工程制图以及加工工艺等做了详细的规定，却未对3D"图纸"做过多的标准制定。可以看出，几乎整个机械设计制造业都在遵循着国家标准，都在使用2D工程图来进行交流，3D潮流显然还没有动摇传统的2D观念；虽然使用3D设计软件设计的零件模型的形状和结构很容易被人们读懂，但是3D"图纸"也具有不足之处而无法替代2D工程图的地位。其理由有以下几个方面。

- 立体模型（3D"图纸"）无法像2D工程图那样可以标注完整的加工参数，如尺寸、几何公差、加工精度、基准、表面粗糙度符号和焊缝符号等。
- 不是所有零件都需要采用CNC或NC等数控机床加工，而是只需要出示工程图在普通机床上进行传统加工。
- 立体模型（3D"图纸"）仍然无法表达清楚局部结构，如零件中的斜槽和凹孔等，这时可以在2D工程图中通过不同方位的视图来表达局部细节。
- 通常把零件交给第三方厂家加工生产时，需要出示工程图。

所以，我们应该保持对2D工程图的重视，纠正3D淘汰2D的错误观点。当然，也不能过分强调2D工程图的重要性，毕竟使用3D软件进行机械设计可以大大提高工作效率，节省生产成本；要成为一个优秀的机械工程师或机械设计师，不仅要具备坚实的机械制图基础，也需要具备先进的三维设计观念。

1.3　工程图的制图标准

作为指导生产的技术文件，工程图必须具备统一的标准，若没有统一的机械制图标准，则整个机械制造业都将陷入一片混乱，因此每一位设计师与制造者都必须严格遵守机械制图标准。我国于1959年首次颁布了机械制图国家标准，此后又经过多次修改；改革开放后，国际间的经济与技术交流日渐增多，新的国家标准也吸取了国际标准中的优秀成果，丰富了标准的内容，使其更加科学合理。

读者在学习使用 SolidWorks 制作工程图时可以先不考虑国家标准，但是在日后的工作使用中，必须遵循国家制图标准，否则将会遇到许多不必要的问题与困难。

国家标准在制图的许多方面都做出了相关的规定，具体规定请读者参考机械制图标准、机械制图手册等书籍，在此仅做一些简要的介绍。

1. 图纸幅面尺寸

GB/T 14689-2000 规定：绘制工程图样时应优先选择表 1.3.1 所示的基本幅面，如有必要可以选择表 1.3.2 所示的加长幅面。每张图幅内一般都要求绘制图框，并且在图框的右下角绘制标题栏。图框的大小和标题栏的尺寸都有统一的规定。图纸还可分为留有装订边和不留装订边两种格式。

表 1.3.1　图纸基本幅面　　　　　　　　　　　　　　（单位：mm）

幅面代号	尺寸 $B \times L$	a	c	e
A0	841×1189	25	10	5
A1	594×841	25	10	5
A2	420×594	25	10	10
A3	297×420	25	5	10
A4	210×297	25	5	10

注：a、c、e 为留边宽度。

表 1.3.2　图纸加长幅面　　　　　　　　　　　　　　（单位：mm）

幅面代号	A3×3	A3×4	A4×3	A4×4	A4×5
尺寸 $B \times L$	420×891	420×1189	297×630	297×841	297×1051

2. 比例

图形与其反映的实物相应要素的线性尺寸之比称为比例。通常工程图中最好采用 1:1 的比例，这样图样中零件的大小即是实物的大小。但零件有的很细小有的又非常巨大，不宜据零件大小而采用相同大小的图纸，而要根据情况选择合适的绘图比例。根据 GB/T 14690-1993 的规定，绘制工程图时一般优先选择表 1.3.3 所示的绘图比例，如未能满足要求，也允许使用表 1.3.4 所示的绘图比例。

表 1.3.3　优先选用的绘图比例

种　　类	比　　例				
原值比例	1:1				
放大比例	2:1	5:1	10:1	$2\times10^n:1$	$5\times10^n:1$	$1\times10^n:1$
缩小比例	1:2	1:5	1:10	$1:2\times10^n$	$1:5\times10^n$	$1:1\times10^n$

注：n 为正整数。

表 1.3.4　允许选用的绘图比例

种　　类	比　　例				
放大比例	4:1	2.5:1	$4\times10^n:1$	$2.5\times10^n:1$	
缩小比例	1:1.5 $1:1.5\times10^n$	1:2.5 $1:2.5\times10^n$	1:3 $1:3\times10^n$	1:4 $1:4\times10^n$	1:6 $1:6\times10^n$

注：n 为正整数。

3. 字体

在完整的工程图中除了图形之外，还有文本注释、尺寸标注、基准标注、表格内容及其他文字说明等字体，这要求我们在不同情况下使用合适的字体。GB/T 14691－1993 规定了工程图中书写的汉字、字母、数字的结构形式和基本尺寸。下面对这些规定做简要介绍。

- 字高（用 h 表示）的公称尺寸系列：1.8mm、2.5mm、3.5mm、5mm、7mm、10mm、14mm、20mm。字体的高度决定了该字体的号数，如字高为 7mm 的文字表示为 7 号字。
- 字母及数字分 A 型和 B 型，并且在同一张图纸上只允许采用同一种字母及数字字体。A 型字体的笔画宽度（d）为字高（h）的十四分之一；B 型字体的笔画宽度（d）为字高（h）的十分之一。
- 字母和数字可写成斜体或直体。斜体字头应向右倾斜，与水平基准线成 75°。
- 工程图中的汉字应写成长仿宋体，汉字的高度 h 不应小于 3.5mm，其字宽一般为 $h/\sqrt{2}$（约为字高的三分之二）。
- 用作极限偏差、分数、脚注或指数等的数字与字母应采用小一号的字体。

如果用户希望按公司或企业的要求使用特定的字体，则可以在 SolidWorks 文本库中选择所需的字体。SolidWorks 文本库中的字体种类十分丰富，中文字体就有二十种之多。下面介绍在 SolidWorks 工程图环境中设置字体类型的一般方法。

Step1. 在 SolidWorks 工程图环境中，选择下拉菜单 工具(T) ➞ ⚙ 选项(P)... 命令，系统弹出"系统选项（S）-普通"对话框。

Step2. 在对话框中单击 文档属性(D) 选项卡，然后在对话框左侧的选项区选取 注解 选项，此时对话框如图 1.3.1 所示。

Step3. 在对话框的 文本 区域中单击 字体(F)... 按钮，此时系统弹出图 1.3.2 所示的"选择字体"对话框，在该对话框中可设置字体、字体样式及字高等文字属性。

Step4. 设置完成后，在各对话框中依次单击 确定 按钮，关闭对话框。

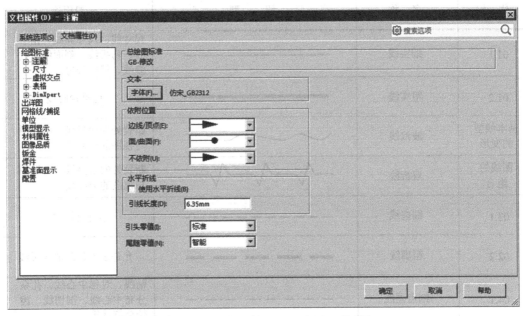

图 1.3.1 "文档属性（D）-注解"对话框

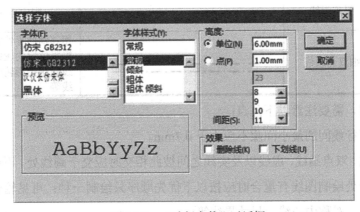

图 1.3.2 "选择字体"对话框

4. 线型

工程图是由各式各样的线条组成的。GB/T 17450－1998 中规定了 15 种基本线型及多种基本线型的变形和图线的组合，其适用于机械、建筑、土木工程及电气等领域。在机械制图方面，常用线条的名称、线型、宽度及一般用途见表 1.3.5。

制图所用线条大致分为粗线、中粗线与细线三种，其宽度比率为 4:2:1。具体的线条宽度由图面类型和尺寸在如下给出的系数中选择（公式比为 $1:\sqrt{2}$）：0.13mm、0.18 mm、0.25 mm、0.35 mm、0.5 mm、0.7 mm、1 mm、1.4 mm、2mm。为了保证制图清晰易读，不推荐使用过细的线条，如 0.13mm 和 0.18mm。

表 1.3.5　常用的线条

代　码	名　称	线　　型	一般用途
01.1	细实线	———————	尺寸线、尺寸界线、指引线、弯折线、剖面线、过渡线、辅助线等
01.2	粗实线	━━━━━━━	可见轮廓线
基本线型的变形	波浪线	∿∿∿∿	断裂处的边界线、剖视图与视图的分界线
图线的组合	双折线	⋀⋁⋀⋁	断裂处的边界线、剖视图与视图的分界线
02.1	细虚线	– – – – –	不可见轮廓线
02.2	粗虚线	▬ ▬ ▬ ▬	允许表面处理的表示线
04.1	细点画线	—·—·—·—	轴线、对称中心线、孔系分布中心线、剖切线、齿轮分度圆等
04.2	粗点画线	▬·▬·▬	限定范围表示线
05	细双点画线	—··—··—	相邻辅助零件的轮廓线、极限位置的轮廓线、轨迹线假想投影轮廓线、中断线等

绘制图线时，需要注意以下几点：

- 两条平行线间的最小间隙不应小于 0.7mm。
- 点画线、双点画线、虚线以及实线之间彼此相交时应交于画线处，不应留有空隙。
- 在同一处绘制图线有重合时应按以下优先顺序只绘制一种：可见轮廓线、不可见轮廓线、对称中心线、尺寸界线等。
- 在绘制较小图形时，如果绘制点画线有困难，可用细实线代替。

5．尺寸标注

工程图视图主要用来表达零件的结构与形状，具体大小由所标注的尺寸来确定。无论工程图视图是以何种绘图比例绘制，标注的尺寸都要求反映实物的真实大小，即以真实尺寸来标注。尺寸标注是工程图中非常重要的组成部分，GB/T 4458.4—2000 规定了尺寸标注的方法。

（1）尺寸标注的规则

- 零件的大小应以视图上所标注的尺寸数值为依据，与图形的大小及绘制的准确性无关。
- 视图中的尺寸默认为零件加工完成之后的尺寸，如果不是，则应另加说明。
- 若标注的尺寸以毫米（mm）为单位时，不必标注尺寸计量单位的名称与符号；若采用其他单位，则应标注相应单位的名称与符号。
- 尺寸的标注不允许重复，并且要求标注在最能反映零件结构的视图上。

（2）尺寸的三要素

尺寸由尺寸数字、尺寸线与尺寸界线三个基本要素组成。另外，在许多情况下，尺寸还应包括箭头。

- 尺寸数字：尺寸数字一般用 3.5 号斜体，也允许使用直体。要求使用毫米（mm）为单位，这样不必标注计量单位的名称与符号。
- 尺寸线：尺寸线用以放置尺寸数字。规定使用细实线绘制，通常与图形中标注该尺寸的线段平行。尺寸线的两端通常带有箭头，箭头的尖端指到尺寸界线上。关于尺寸线的绘制有如下要求：尺寸线不能用其他图线代替；不能与其他图线重合；不能画在视图轮廓的延长线上；尺寸线之间或尺寸线与尺寸界线之间应避免出现交叉情况。
- 尺寸界线：尺寸界线用来确定尺寸的范围，用细实线绘制。尺寸界线可以从图形的轮廓线、中心线、轴线或对称中心线处引出，也可以直接使用轮廓线、中心线、轴线或对称中心线为尺寸界线。另外，尺寸界线的末端应超出尺寸线 2mm 左右。

另外，关于尺寸的详细规定，请读者参阅机械制图标准、机械制图手册等书籍。

1.4　SolidWorks 2018 工程图的特点

使用 SolidWorks 工程图环境中的工具可创建三维模型的工程图，且视图与模型相关联。因此，工程图视图能够反映模型在设计阶段中的更改，可以使工程图视图与装配模型或单个零部件保持同步。其主要特点如下。

- 制图界面直观、简洁、易用，可以快速方便地创建工程图。
- 通过自定义工程图模板和格式文件可以节省大量的重复劳动；在工程图模板中添加相应的设置，可创建符合国家标准和企业标准的制图环境。

- 可以快速地将视图插入到工程图中，系统会自动对齐视图。

- 具有从图形窗口编辑大多数工程图项目（如尺寸、符号等）的功能。读者可以创建工程图项目，并可以对其进行编辑。

- 可以自动创建尺寸，也可以手动添加尺寸。自动创建的尺寸是零件模型里包含的尺寸，为驱动尺寸，修改驱动尺寸可以驱动零件模型做出相应的修改。尺寸的编辑与整理也十分容易，可以统一编辑整理。

- 可以通过各种方式添加注释文本，文本样式可以自定义。

- 可以根据制图需要添加符合国家标准和企业标准的基准符号、尺寸公差、几何公差、表面粗糙度符号与焊缝符号。

- 可以创建普通表格、孔表、材料明细表、修订表及焊件切割清单，也可以将系列零件设计表在工程图中显示。

- 可以自定义工程图模板，并设置文本样式、线型样式及其他与工程图相关设置；利用模板创建工程图可以节省大量的重复劳动。

- 可从外部插入工程图文件，也可以导出不同类型的工程图文件，实现与其他软件的兼容。

- 可以快速准确地打印工程图图纸。

SolidWorks 拥有如此丰富强大的功能想必已经深深吸引了广大的用户。读者学好 SolidWorks 的零件设计模块后，何不趁热打铁把 SolidWorks 的工程图模块也学好，使自己成为一个从设计到指导生产的机械工程师呢！

学习拓展：扫　扫右侧二维码，可以**免费学习更多视频讲解**。
讲解内容：**二维草图精讲，拉伸特征、旋转特征详解**。

第 2 章 SolidWorks 2018 工程图工作界面

本章提要 本章主要介绍 SolidWorks 2018 软件在工程图环境中的工作界面以及一些常用的工具命令，希望对读者熟练操作界面有一定的帮助。本书中仍沿用 GB/T 1031—1995 的表面粗糙度表示方法，该标准已被 GB/T 1031—2009 所代替。

2.1 进入工程图工作界面

在学习本节前，请读者先打开工程图文件 D:\sw18.5\work\ch02\bracket.SLDDRW，进入图 2.1.1 所示的工程图工作界面。下面对该界面进行简要说明。

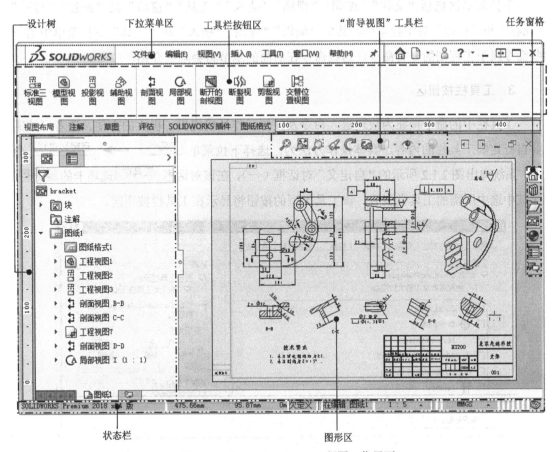

图 2.1.1 SolidWorks 2018 工程图工作界面

工程图工作界面包括设计树、下拉菜单区、工具栏按钮区、"前导视图"工具栏、任务窗格、状态栏和图形区。

1．设计树

设计树中列出了当前使用的所有视图，并以树的形式显示视图中的子视图及参考模型，通过设计树可以很方便地查看和修改视图中的项目。

- 通过在设计树中单击项目名称可直接选取视图、零件、特征以及块。
- 在设计树中右击视图名称，在弹出的快捷菜单中选取 编辑特征 (B) 命令，可重新编辑视图。
- 在设计树中右击视图名称，在弹出的快捷菜单中选取 隐藏 (E) 命令，可隐藏所选视图。
- 在设计树中右击视图名称，在弹出的快捷菜单中选取 切边 命令，可设置视图中切边的显示模式。

2．下拉菜单区

下拉菜单区包括"文件""编辑""视图""插入""工具""窗口"及"新建""打开""保存"和"打印"等下拉菜单，其中"编辑""视图""插入"和"工具"下拉菜单中的一些命令属于工程图的专有命令，这些命令在后面的章节将会陆续介绍。

3．工具栏按钮区

工具栏中的命令按钮为快速进入命令及设置工作环境提供了极大的方便。读者可按需要自行定制工具栏的内容，具体操作方法为：选择下拉菜单 工具(T) ➡ 自定义 (Z)... 命令，系统弹出图 2.1.2 所示的"自定义"对话框（一），在该对话框 工具栏 选项卡的 工具栏 区域中选中所需的工具类型后，该工具类型的按钮将显示在工具栏按钮区。

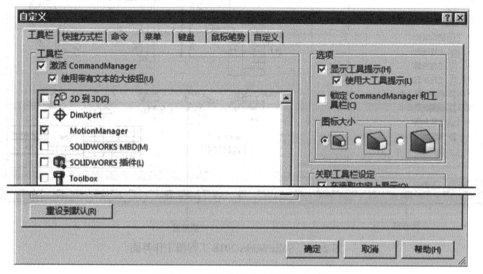

图 2.1.2 "自定义"对话框（一）

也可以在对话框中打开图 2.1.3 所示的 命令 选项卡，在 类别(C): 区域选择所需的工具类型，然后在 按钮 区域中将工具按钮拖动到工具栏按钮区。反之，也可以在工具栏按钮区将图标拖动至图形区，将其从工具栏按钮区删除。

说明：用户会看到有些菜单命令和按钮处于非激活状态（呈灰色，即暗色），这是因为它们目前还没有处在发挥功能的环境中，一旦它们进入有关的环境，便会自动激活。

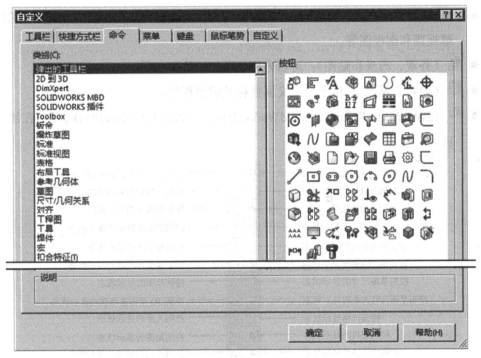

图 2.1.3　"自定义"对话框（二）

4．"前导视图"工具栏

图 2.1.4 所示的"前导视图"工具栏提供了部分常用的视图操作工具，其功能说明如下。

图 2.1.4　"前导视图"工具栏

A：整屏显示全图。　　　　　　　B：缩放图纸

C：局部放大。　　　　　　　　　D：显示上一视图。

E：旋转视图。　　　　　　　　　F：显示 3D 工程图视图。

G：更改视图的显示样式。　　　　H：控制所有类型的可见性。其下拉列表如图 2.1.5 所示。

 I：更改模型显示颜色。

5．任务窗格

任务窗格包括以下内容。

- ⌂（SolidWorks 资源）：包括"开始""社区"和"在线资源"区域。

- 📦（设计库）：用于保存或提取可重复使用的特征、零件、装配体或其他实体。

- 📂（文件探索器）：相当于 Windows 资源管理器，可以方便地查看或打开模型。

- 🖼（视图调色板）：用于插入工程图，包括要拖动到工程图纸上的标准视图、注解视图和剖视图等。

- 🔘（外观、布景和贴图）：可以方便地添加材质和布景。

- 📋（自定义属性）：用于自定义属性标签编制程序。

- 💬（SolidWorks Forum）：SolidWorks 论坛，可以与其他 SolidWorks 用户在线交流。

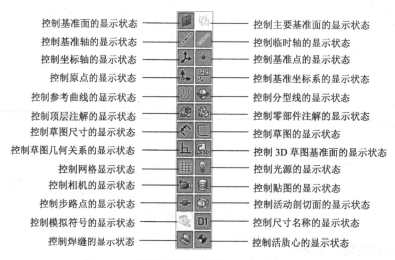

图 2.1.5　"前导视图工具栏"下拉列表

6．状态栏

在用户操作软件的过程中，状态栏中会实时地显示当前操作、状态以及与当前操作相关的提示信息等，以引导用户工作。

7．图形区

图形区为 SolidWorks 各种图像的显示区域。

2.2　与工程图有关的工具按钮简介

进入工程图环境后，工具栏按钮区会出现在创建工程图时所需的部分工具按钮，读者也可以根据需要在工具栏按钮区添加工具按钮。下面简要说明与工程图有关工具栏（图 2.2.1~图 2.2.5）中按钮的功能。

图 2.2.1 所示的"工程图"工具栏各按钮的功能说明如下。

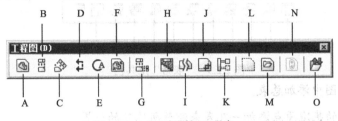

图 2.2.1　"工程图"工具条

A：模型视图。 　　　　　　　　　B：投影视图。

C：辅助视图。 　　　　　　　　　D：剖面视图。

E：局部视图。 　　　　　　　　　F：相对视图。

G：标准三视图。 　　　　　　　　H：断开的剖视图。

I：断裂视图。 　　　　　　　　　J：剪裁视图。

K：交替位置视图。 　　　　　　　L：空白视图。

M：预定义的视图。 　　　　　　　N：更新视图。

O：替换模型。

图 2.2.2 所示的"注解"工具栏各按钮的功能说明如下。

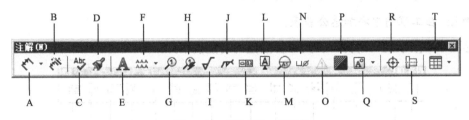

图 2.2.2　"注解"工具条

A：智能尺寸。 　　　　　　　　　B：模型项目。

C：拼写检验程序。 　　　　　　　D：格式涂刷器。

E：注释。 　　　　　　　　　　　F：线性注释阵列。

G：零件序号。 　　　　　　　　　H：自动零件序号。

I：表面粗糙度符号。 　　　　　　J：焊接符号。

K：形位公差。 　　　　　　　　　L：基准特征。

M：基准目标。 　　　　　　　　　N：孔标注。

O：修订符号。 　　　　　　　　　P：区域剖面线/填充。

Q：块。 　　　　　　　　　　　　R：中心线符号。

S：中心线。　　　　　　　　　　T：表格。

图2.2.3所示的"表格"工具栏各按钮的功能说明如下。

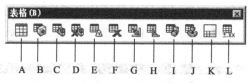

图2.2.3　"表格"工具栏

- A：在工程图中添加总表。

- B：从指定的基准原点添加一孔表来测量所选孔的位置。

- C：在装配体的工程图中添加材料明细表。

- D：在装配体的工程图中添加基于Excel的材料明细表。

- E：添加修订表。

- F：在工程图中添加系列零件设计表。

- G：添加焊件切割清单表。

- H：在工程图中添加焊接表。

- I：在工程图中添加折弯系数表。

- J：在工程图中添加冲孔表。

- K：在零件或装配体中添加标题块表。

- L：在工程图中添加总公差表。

图2.2.4所示的"对齐"工具栏各按钮的功能说明如下。

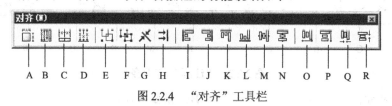

图2.2.4　"对齐"工具栏

- A：将所选（两个或两个以上）的尺寸自动排列。

- B：将所选（两个或两个以上）的尺寸均匀等距。

- C：将所选（两个或两个以上）的尺寸对齐。

- D：将所选（两个或两个以上）的尺寸交错断续。

- E：将所选（两个或两个以上）的项目生成组。

- F：解除项目间的分组。

- G：将所选（两个或两个以上）的尺寸沿直线或圆弧对齐并分组。

- H：将所选（两个或两个以上）的尺寸以彼此间的统一距离对齐并分组。

- I：将所选（两个或两个以上）的注解左侧对齐。

- J: 将所选（两个或两个以上）的注解右侧对齐。
- K: 将所选（两个或两个以上）的注解顶端对齐。
- L: 将所选（两个或两个以上）的注解底端对齐。
- M: 将所选（两个或两个以上）的注解中心水平对齐。
- N: 将所选（两个或两个以上）的注解中心竖直对齐。
- O: 将所选（三个或三个以上）注解均匀水平等距。
- P: 将所选（三个或三个以上）注解均匀竖直等距。
- Q: 将所选注解紧密水平等距。
- R: 将所选注解紧密竖直等距。

图2.2.5所示的"线型"工具栏各按钮的功能说明如下。

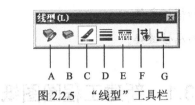

图2.2.5 "线型"工具栏

- A: 更改选定项目的当前文档层或图层。
- B: 生成、编辑或删除图层，并更改图层的属性和显示状态。
- C: 更改边线、草图实体以及许多注解类型的颜色。
- D: 更改边线和草图实体的粗细。
- E: 更改边线和草图实体的样式。
- F: 切换边线的显示状态。
- G: 在其图层或直线颜色与系统状态颜色之间切换边线和草图实体的颜色。

学习拓展：扫一扫右侧二维码，可以免费学习更多视频讲解。
讲解内容：产品的自顶向下设计。

第 3 章 工程图图纸和工程图模板

本章提要 工程图图纸是放置和编辑工程图的平台，在默认情况下，SolidWorks 采用的是一系列国家标准的图纸格式，用户可以通过自定义图纸格式来得到自己需要的工程图模板；将工程图模板中的注释链接到零件或装配体的自定义属性，可在工程图中自动显示零件或装配体的信息。本章主要包括以下内容：

- 新建工程图图纸。
- 多页工程图图纸。
- 自定义工程图格式和模板文件。
- 在工程图格式中添加属性链接。

3.1 新建工程图图纸

下面介绍新建工程图图纸的一般操作步骤。

Step1. 选择命令。选择下拉菜单 文件(F) ➡ 新建(N)... 命令，系统弹出图 3.1.1 所示的"新建 SolidWorks 文件"对话框。

图 3.1.1 "新建 SOLIDWORKS 文件"对话框

Step2. 在对话框中选择"工程图"，单击 确定 按钮，系统自动选择 A0 工程图模板，进入工程图环境，系统弹出图 3.1.2 所示的"模型视图"对话框。

Step3. 在"模型视图"对话框中单击 浏览(B)... 按钮，选择要插入的零件或装配体，然后单击 ✔ 按钮，开始创建工程图视图（当在"模型视图"对话框中直接单击 ✖ 按钮时，将生成一张空白图纸）。

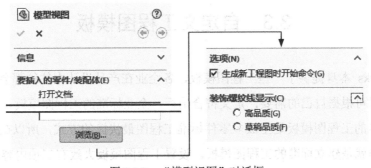

图 3.1.2 "模型视图"对话框

3.2 多页工程图图纸

在工程实践中，用户可以根据需要，在一个工程图中添加多页图纸，新添加的图纸默认使用原有图纸的格式。下面介绍工程图图纸的添加、排序和重新命名的一般过程。

3.2.1 添加工程图图纸

在工程图环境中，添加工程图图纸有以下三种方法。

● 选择下拉菜单 插入(I) ➡ 图纸 (S)··· 命令。
● 在图纸的空白处右击，在弹出的快捷菜单中选择 添加图纸... (G) 命令。
● 在图纸页标签中单击 按钮。

3.2.2 激活图纸

在工程图绘制过程中，当需要切换到另一图纸时，只需在设计树中右击需要激活的图纸，在弹出的快捷菜单中选择 激活 (B) 命令，或者在页标签中直接单击需要激活的图纸。

3.2.3 图纸重新排序

图纸的重新排序可以直接在设计树或页标签中，将需要移动的图纸拖拽到所需的位置。

3.2.4 图纸重新命名

在设计树中，在需要重新命名的图纸名称上缓慢单击两次鼠标左键，然后输入图纸的新名称；另外，在页标签中右击需要重新命名的图纸，在弹出的快捷菜单中选择 重新命名 (G) 命令，也可以重新命名图纸。

3.3 自定义工程图模板

SolidWorks 本身提供了一些工程图模板，各企业在产品设计中往往都会有自己的工程图标准，这时可根据自己的需要，定义符合国标、企业标准的工程图模板。

基于标准的工程图模板是生成多零件标准工程图最快捷的方式，所以在制作工程图之前首要的工作就是建立标准的工程图模板。设置工程图模板大致有三项内容。

- 建立符合国家标准的图框、图纸格式、标题栏内容等。
- 设置尺寸标注，如标注文字字体、文字大小、箭头、各类延伸线等细节。
- 调整已生成的视图的线型、标注尺寸的类型、注释文字等，以符合标准。

制作工程图模板具体步骤如下。

（1）新建图纸。指定图纸的大小。

（2）定义图纸文件属性，包括视图投影类型、图纸比例、视图标号等。

（3）编辑图纸格式，包括模板文件中的图形界限、图框线、标题栏并添加相关注解。

（4）添加关联参数，以便在工程图中自动显示参考模型的相关参数。

（5）保存模板文件至系统模板文件夹。

下面通过创建一个 A4 纵向图形模板来介绍创建一个简单工程图模板的方法。

说明： 以下的五小节为连贯的步骤，读者在学习过程中注意合理安排学习时间。

3.3.1 编辑图纸格式

图纸格式一般包括页面大小和方向、字体、图框和标题栏等；保存编辑好的图纸格式可供将来使用。下面以创建一张 A4 纵向图纸为例，介绍编辑图纸格式的一般操作步骤。

Step1. 新建一张自定义的 A4 纵向空白工程图图纸（图纸宽度为 210.0mm，高度为 297.0mm）。

Step2. 定义图纸属性。在设计树中右击 □ 图纸1 （或在图形区空白处右击），在弹出的快捷菜单中选择 ▤ 属性 命令，系统弹出图 3.3.1 所示的"图纸属性"对话框，在 比例(S): 后的文本框中设置视图比例为 1:2，在 投影类型 区域中选中 ⊙ 第一视角(F) 单选按钮，选中 ⊙ 自定义图纸大小(M) 单选按钮，其他参数选项采用默认设置值，单击 应用更改 按钮。

图 3.3.1 所示的"图纸属性"对话框中各选项说明如下。

- 名称(N): 当前图纸的名称。在新建一个工程图或工程图模板时，系统默认的图纸名称为"图纸 1"。

- 比例(S)：用于设置当前视图的视图比例。
- 投影类型：投影类型包括 ⊙第一视角(F) 和 ⊙第三视角(T) 两种投影类型，其中 ⊙第一视角(F) 为中国以及欧洲常用的投影类型，⊙第三视角(T) 为美国常用的投影类型。

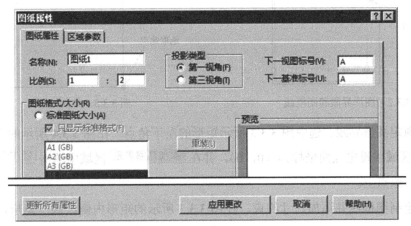

图 3.3.1　"图纸属性"对话框

- 下一视图标号(V)：用于设置新视图的标号。
- 下一基准标号(U)：用于设置新基准的标号。
- ⊙标准图纸大小(A) 单选按钮：为系统默认选中的单选按钮，选中此单选按钮，可在其下方的列表框中选择一个系统自带的图纸格式，如"A1（GB）"。
- ☑显示图纸格式(D) 复选框：选中此复选框，可选择系统默认绘图标准的图纸格式；如果取消选中此复选框，可选择包含其他绘图标准图纸的图纸格式。
- ⊙自定义图纸大小(M) 单选按钮：选中此单选按钮，可在其下方的"宽度""高度"文本框中输入相应的尺寸值来自定义图纸的尺寸规格。
- 浏览(B)... 按钮：单击此按钮，可选择一个用户已保存的自定义图纸格式。

Step3. 进入编辑图纸格式环境。选择下拉菜单 编辑(E) ➡ 图纸格式(F) 命令（或在图形区空白处右击，在弹出的快捷菜单中选择 编辑图纸格式 (F) 命令），进入编辑图纸格式环境。

说明：进入编辑图纸格式环境后，在图纸格式环境中创建的视图、标注或注释等项目将不可见。

Step4. 添加图 3.3.2 所示的图形界限和图框线。

（1）删除原有的图形及文字。框选所有的直线及文字，按下 Delete 键，将其删除。

（2）绘制矩形。选择下拉菜单 工具(T) ➡ 草图绘制实体 (K) ➡ □ 边角矩形(R) 命令，绘制图 3.3.3 所示的矩形，并添加尺寸约束。

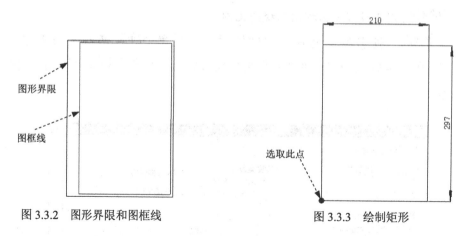

图 3.3.2　图形界限和图框线　　　　　　图 3.3.3　绘制矩形

（3）固定图形界线。选中图 3.3.3 所示矩形的左下角点，在图 3.3.4 所示的"点"对话框的 参数 区域中设定点的坐标为（0，0），并在 添加几何关系 区域中单击 固定(F) 按钮，将点固定在原点上。

（4）绘制图框线并添加尺寸约束。在图 3.3.3 所示的矩形内侧绘制一矩形，并添加图 3.3.5 所示的尺寸约束。

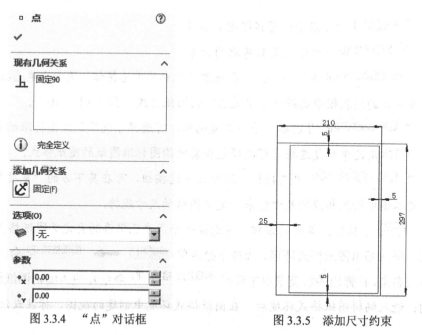

图 3.3.4　"点"对话框　　　　　　图 3.3.5　添加尺寸约束

（5）设置图框线线宽。在图形区选取内侧矩形的四条边线，单击"线型"工具栏中的 按钮，在打开的线型框中选择第二种线宽来更改内侧矩形边线的线宽。

说明：如果在对话框中没有显示"线型"工具栏，请右击工具栏按钮区，在弹出的快捷菜单中选取 线型 (L) 命令。

Step5. 添加标题栏。利用草图工具绘制图 3.3.6 所示的标题栏，并添加尺寸约束及设置线宽。

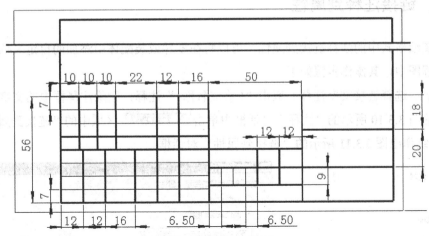

图 3.3.6 添加标题栏

Step6. 隐藏尺寸标注。选择下拉菜单 视图(V) ➡ 隐藏/显示(H) ➡ Abc 注解(A) 命令，光标变为 状态，依次选取图纸上的所有尺寸，此时被选中的尺寸标注颜色变浅，按下 Esc 键，尺寸标注全部隐藏，如图 3.3.7 所示。

Step7. 添加注解文字。

（1）选择命令。选择下拉菜单 插入(I) ➡ 注解(A) ➡ A 注释(N) 命令，系统弹出"注释"对话框。

（2）选择引线类型。单击 引线(L) 区域中的"无引线"按钮 。

（3）创建文本。在图 3.3.7 所示的标题栏中创建图 3.3.8 所示的注释文本，确认字高为"3.5"。

Step8. 调整注释文字。选取注释"（单位名称）"并右击，在弹出的快捷菜单中选择 捕捉到矩形中心 (L) 命令，再选取图 3.3.8 所示的四条边线，系统自动将选取的注解调整到四条边线组成的矩形中心；以同样的方式设置其他注释，完成调整后如图 3.3.9 所示。

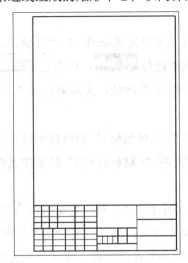

图 3.3.7 隐藏尺寸标注

图 3.3.8 添加注释

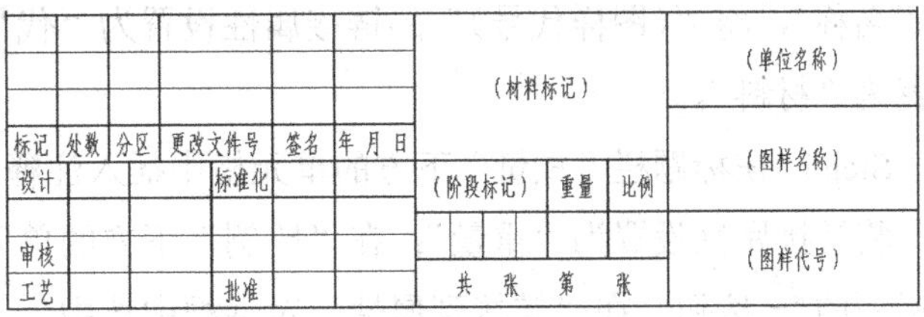

图 3.3.9 对齐注释文字

3.3.2 链接注释到属性

将图纸格式中的注释链接到属性，可以将在零件或装配体中添加的自定义信息自动反映到工程图中，其操作步骤如下。

Step1. 选择链接文字注释。双击"（单位名称）"注释，删除注释框中的文字，在图形区左侧的图 3.3.10 所示的"注释"对话框中单击 文字格式(T) 区域中的"链接到属性"按钮 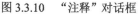，系统弹出图 3.3.11 所示的"链接到属性"对话框。

图 3.3.10 "注释"对话框

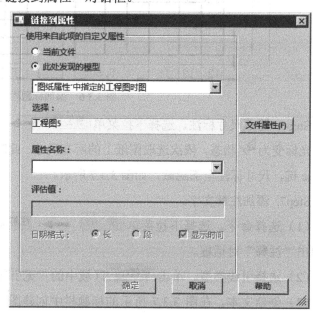

图 3.3.11 "链接到属性"对话框

Step2. 在"链接到属性"对话框中选中 ⊙ 此处发现的模型 单选按钮，并在其列表中选择 "图纸属性"中指定的工程图时图 选项，然后单击 文件属性(F) 按钮，此时弹出"摘要信息"对话框。

Step3. 在"摘要信息"对话框中定义一个新的属性。属性名称为"单位名称"，类型为"文字"；单击 确定 按钮。

说明： 在添加属性链接时，若工程图已与含有自定义信息零件有关联性，此步可跳过。

Step4. 在"链接到属性"对话框 属性名称：的下拉列表中选择 单位名称，单击 确定 按钮，关闭"链接到属性"对话框，在"注释"对话框中单击 ✓ 按钮，完成对注释"（单位名称）"属性链接的添加。

Step5. 以同样的方式，为其他注释添加链接属性。将"（图样名称）"的链接属性设置为"名称"，将"（图样代号）"的链接属性设置为"代号"，将"（材料标记）"的链接属性设置为"材料"。

Step6. 在标题栏"重量"下方的单元格中插入注释，同时单击"注释"对话框的 按钮，将链接属性设置为"重量"；在"比例"下方的单元格中插入注释，同时单击"注释"对话框的 按钮，在"链接到属性"对话框中选中 ⊙ 当前文件 单选按钮，在下拉列表中选取 SW-图纸比例(Sheet Scale) 选项，关闭对话框，完成属性链接的添加。

说明：

● 在添加属性链接时，请将注释中已存在的文字删除。

● 以上步骤中添加的链接属性名称必须与工程图参考模型中所设置的链接属性名称相同，否则在插入参考模型时，会链接失败；在参考模型（零件或装配体）中设置链接属性的方法将在 7.2.1 节和 7.2.2 节中讲到。

3.3.3　为图纸设置国标环境

我国国标（GB 标准）对工程图做了许多规定，如尺寸文本的方位与字高、尺寸箭头的大小等都有明确的规定。下面介绍在图纸格式中设置国标环境的部分操作步骤。

Step1. 选择命令。选择下拉菜单 工具(T) ➡ 选项(P)... 命令，系统弹出"系统选项（S）-普通"对话框。

Step2. 设置"文档属性"选项卡参数。单击 文档属性(D) 选项卡，在该选项卡的左侧选项区中选择 绘图标准 选项，在 总绘图标准 下拉列表中选择"GB"选项。

Step3. 在对话框左侧的选项区中选取 尺寸 选项，在对话框中添加图 3.3.12 所示的设置。

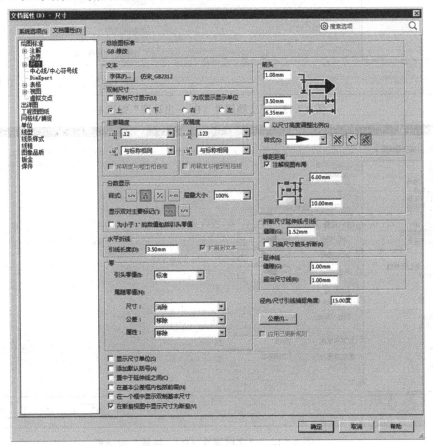

图 3.3.12　"文档属性(D)-尺寸"对话框

Step4. 在对话框左侧的选项区中选取 出详图 选项，在对话框中添加图 3.3.13 所示的设置。

Step5. 在对话框左侧的选项区中选取 注解 选项，在图 3.3.14 所示的对话框中单击 字体(F)... 按钮，将其字体设置为"仿宋_GB2312"，字高设置为"3.5"，其他设置如图 3.3.14 所示。

图 3.3.13　"文档属性（D）-出详图"对话框

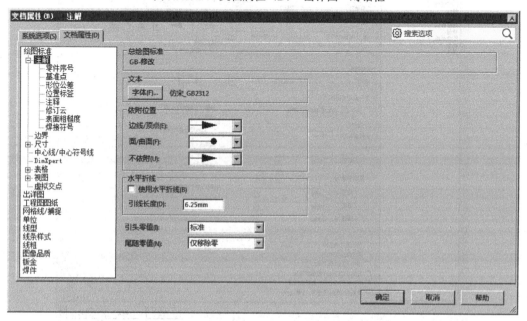

图 3.3.14　"文档属性（D）-注解"对话框

Step6. 设置其他参数。用户可根据需要，在 系统选项(S) 选项卡和 文档属性(D) 选项卡中设置其他参数，最后单击 确定 按钮。

Step7. 在图形区空白处右击，在弹出的快捷菜单中选择 编辑图纸 (G) 命令，进入编辑图纸环境。

3.3.4 保存图纸格式

当保存图纸格式时，读者在工程图文件中添加的所有自定义属性都将与图纸格式一起保存。其操作步骤为：选择下拉菜单 文件(F) ➡ 保存图纸格式 (T)... 命令，系统弹出"保存图纸格式"对话框，在 文件名(N) 后的文本框中输入文件名"standard format_A4"，选择路径 C:\ProgramData\SOLIDWORKS\SOLIDWORKS 2018\lang\chinese-simplified\sheetformat（该路径一般情况为默认），单击 保存(S) 按钮，保存工程图图纸格式。

3.3.5 保存工程图模板

在工程图模板中可以预定义图纸格式、多图纸以及工程图视图。下面介绍保存工程图模板文件的方法：选择下拉菜单 文件(F) ➡ 另存为(A)... 命令，系统弹出"另存为"对话框，在 文件名(N) 后的文本框中输入文件名"custom templatesa_A4"，在 保存类型 (T): 后的下拉列表中选择文件类型为 工程图模板 (*.drwdot)，选择路径 C:\ProgramData\SOLIDWORKS\SOLIDWORKS 2018\templates（该路径一般情况为默认），单击 保存(S) 按钮，保存工程图模板。

说明如下。

● SolidWorks 2018 默认的模板文件目录一般是 C:\ProgramData\SOLIDWORKS\SOLIDWORKS 2018\templates 和 C:\Program Files\SOLIDWORKS Corp\SOLIDWORKS\lang\chinese-simplified\Tutorial，所以在新建工程图模板时应该正确地设置好模板文件目录，具体设置过程如下。

Step1. 选择命令。选择下拉菜单 工具(T) ➡ ⚙ 选项(P)... 命令，系统弹出"系统选项"对话框。

Step2. 选择设置项目。在 系统选项(S) 选项卡中单击 文件位置 选项，系统弹出图3.3.15 所示的"系统选项（S）-文件位置"对话框，在 显示下项的文件夹(S): 下拉列表中选择 文件模板 选项。

Step3. 更改目录设置。单击 添加(D)... 按钮，然后选择模板文件的目录，单击 确定 按钮，完成模板文件目录的设置。

● 工程图模板文件创建完成后，在下一次新建工程图时，单击图 3.3.16 所示的"新建 SolidWorks 文件"对话框（一）中的 高级 按钮，系统弹出图 3.3.17 所示的 "新建 SolidWorks 文件"对话框（二），在此对话框中选取"custom templatesa_A4" 选项，单击 确定 按钮，即可进入用户自定义的工程图环境。

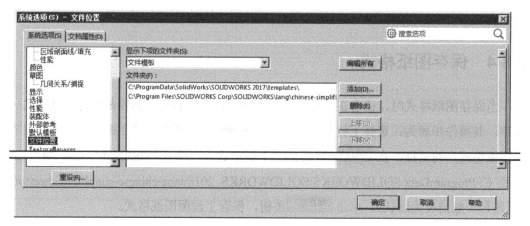

图 3.3.15　"系统选项（S）-文件位置"对话框

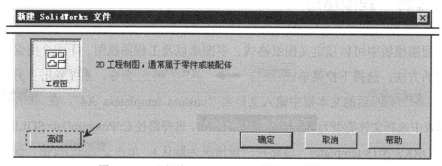

图 3.3.16　"新建 SolidWorks 文件"对话框（一）

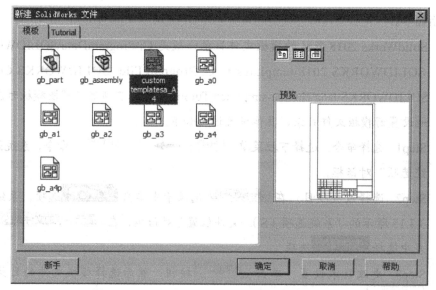

图 3.3.17　"新建 SolidWorks 文件"对话框（二）

特别说明：本书随书光盘中的 sw18_system_file 文件夹中提供了 SolidWorks 软件的工程图模板文件"模板.DRWDOT"，此系统文件中的配置可以使创建的工程图基本符合我国国标。在进行后面的学习前，请先将随书光盘中的"模板.DRWDOT"文件复制到 C:\ProgramData\SOLIDWORKS\SOLIDWORKS 2018\templates（模板文件目录）文件夹中，在图 3.3.17 所示的"新建 SolidWorks 文件"对话框（二）中可直接选取该工程图模板。

学习拓展：扫一扫右侧二维码，可以免费学习更多视频讲解。

讲解内容：曲面的基本概念，常用的曲面设计方法及流程。

第4章 工程图视图

本章包括 工程图视图是工程图最重要的组成部分，在 SolidWorks 中创建一份完整的工程图也是首先从创建视图开始的。本章将着重介绍有关工程图视图的知识，主要内容包括：

- 创建基本视图。
- 视图的操作。
- 视图的显示。
- 创建高级工程图。
- 创建装配体工程图视图。
- 剖面视图的编辑与修改。

4.1 概　　述

工程图中最主要的组成部分是视图，工程图用视图来表达零部件的形状与结构，复杂零件又需要由多个视图来共同表达才能使人看得清楚，看得明白。在机械制图中，视图被细分为许多种类，有主视图、投影视图（左视图、右视图、俯视图、仰视图）和轴测图；有剖视图、断裂视图和分解视图；有辅助视图、相对视图和交替位置视图等。各类视图的组合又可以得到许多的视图类型。在 SolidWorks 的工程图环境中，各种视图命令的配合使用可得到不同的视图类型。使用 SolidWorks 创建工程图视图的总体思路：先在工程图中插入主视图，并创建其投影视图，然后使用下拉菜单 插入(I) ➡ 工程图视图(V) 中的各视图命令，创建所需的剖视图、辅助视图及局部放大视图等，最后调整视图的显示模式及隐藏或显示相应的边线，便可获得所需的工程图视图。读者在学习本章过程中，应注意总结各视图命令在创建视图时的配合关系，并举一反三，这有助于快速学会利用 SolidWorks 软件绘制工程图并且提高工作效率。

4.2 创建基本视图

基本视图包括主视图、投影视图和标准三视图，下面将分别介绍。

4.2.1　创建主视图

下面以图 4.2.1 所示的"facer.SLDPRT"零件模型的主视图为例，说明创建主视图的一般操作步骤。

Step1. 新建一个工程图文件。

（1）选择命令。选择下拉菜单 文件(F) ➡ ☐ 新建(N)... 命令，系统弹出"新建 SOLIDWORKS 文件"对话框（一）。

（2）在"新建 SOLIDWORKS 文件"对话框（一）中单击 高级 按钮，系统弹出"新建 SOLIDWORKS 文件"对话框（二）。

（3）在"新建 SOLIDWORKS 文件"对话框（二）中的 模板 选项卡中选择"gb_a4p"工程图模板，单击 确定 按钮，进入工程图环境，系统弹出"模型视图"对话框（一）。

说明：在工程图模块中，通过选择下拉菜单 插入(I) ➡ 工程图视图(V) ➡ ☐ 模型(M)... 命令（图 4.2.2），也可以打开"模型视图"对话框。

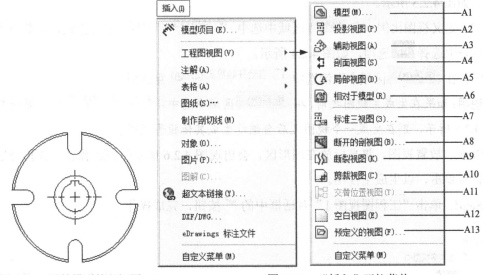

图 4.2.1　零件模型的主视图　　　　　　　图 4.2.2　"插入"下拉菜单

图 4.2.2 所示的"插入"下拉菜单中的各命令说明如下。

- A1：插入零件（或装配体）模型并创建基本视图。

- A2：创建投影视图。

- A3：创建辅助视图。

- A4：创建全剖、半剖和阶梯剖等剖视图。

- A5：创建局部放大图。

- A6：创建相对视图。

- A7：创建标准三视图，包括主视图、俯视图和左视图。
- A8：创建局部的剖视图。
- A9：创建断裂视图。
- A10：创建剪裁视图。
- A11：在装配体工程图中创建交替位置视图。
- A12：创建空白视图。
- A13：创建预定义的视图。

Step2. 选择零件模型。在"模型视图"对话框（一）中单击 要插入的零件/装配体(E) 区域中的 浏览(B)... 按钮，系统弹出"打开"对话框，在"查找范围"下拉列表中选择目录 D:\sw18.5\work\ch04.02.01，然后选择"facer.SLDPRT"，单击 打开 按钮，系统弹出"模型视图"对话框（二）。

Step3. 定义视图参数。

（1）在 方向(O) 区域中单击"前视"按钮，再选中 ☑ 预览(P) 复选框，预览要生成的视图，如图 4.2.3 所示。

（2）定义视图比例。在 比例(A) 区域中选中 ⦿ 使用自定义比例(C) 单选按钮，在其下方的下拉列表中选择 1:5 选项，如图 4.2.4 所示。

（3）在 选项(N) 区域中取消选中 ☐ 自动开始投影视图(A) 复选框。

说明：如果在生成主视图之前，在 选项(N) 区域中选中 ☑ 自动开始投影视图(A) 复选框，如图 4.2.5 所示，则在生成一个视图之后会继续生成其他投影视图。

Step4. 放置视图。将光标放在图形区，会出现图 4.2.6 所示的视图预览，选择合适的放置位置单击，以生成主视图。

Step5. 单击"工程图视图 1"对话框中的 ✔ 按钮，完成操作。

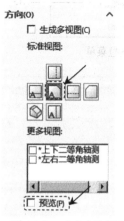

图 4.2.3　"方向"区域

图 4.2.4　"比例"区域

图 4.2.5　"选项"区域

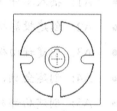

图 4.2.6　主视图预览图

4.2.2　创建投影视图

投影视图包括仰视图、俯视图、右视图和左视图。下面以生成图 4.2.7 所示的左视图为例，说明创建投影视图的一般操作步骤。

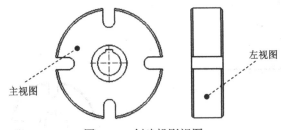

图 4.2.7　创建投影视图

Step1. 打开工程图文件 D:\sw18.5\work\ch04.02.02\facer.SLDDRW。

Step2. 选择命令。选择下拉菜单 插入(I) ➡ 工程图视图(V) ➡ 投影视图(P) 命令，系统弹出"投影视图"对话框，且在图形区显示投影视图预览。

Step3. 在系统 为新视图设定属性或选择一替换的位置 的提示下，在主视图的右侧单击，生成左视图。

说明：如果该图样中含有多个视图，系统会提示 选择一投影的工程视图 ，需在图形区选取生成投影视图的父视图。

Step4. 单击"投影视图"对话框中的 ✔ 按钮，完成投影视图的创建。

4.2.3　创建标准三视图

使用"标准三视图"命令可快速创建零件或装配体的三视图。下面讲解创建标准三视图的一般操作步骤。

1. 创建零件的标准三视图

Step1. 打开工程图文件 D:\sw18.5\work\ch04.02.03.01\standard_3_view_01.SLDDRW。

Step2. 选择命令。选择下拉菜单 插入(I) ➡ 工程图视图(V) ➡ 标准三视图(3)... 命令，系统弹出图 4.2.8 所示的"标准三视图"对话框。

Step3. 选取模型。在"标准三视图"对话框中单击 浏览(B)... 按钮，在弹出的"打开"对话框中打开文件 D:\sw18.5\work\ch04.02.03.01\facer.SLDPRT，系统将自动在图形区放置标准三视图，结果如图 4.2.9 所示。

2. 创建装配体中零件的标准三视图

Step1. 打开装配体文件 D:\sw18.5\work\ch04.02.03.02\asm_base.SLDASM。

Step2. 打开工程图文件 D:\sw18.5\work\ch04.02.03.02\standard_3_view_02. SLDDRW。

Step3. 选择命令。选择下拉菜单 插入(I) ➡ 工程图视图(V) ➡ 标准三视图(3)... 命令，系统弹出"标准三视图"对话框。

图 4.2.8 "标准三视图"对话框

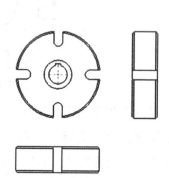

图 4.2.9 创建标准三视图（一）

Step4. 选取模型。选择下拉菜单 窗口(W) ➡ 1 asm_base 命令，切换到"装配体模型"窗口，在图形区单击图 4.2.10 所示的零件模型，此时系统切换到"工程图"窗口，且显示所选零件的标准三视图，如图 4.2.11 所示。

选择此模型

图 4.2.10 选取模型

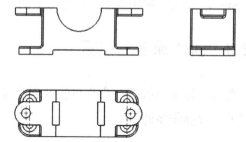

图 4.2.11 创建标准三视图（二）

注意：使用该方法创建装配体中零件的标准三视图时，一定要保证打开的模型为非轻化表示的模型，否则就无法选中装配体中的单个零件。

4.2.4 从零件/装配体制作工程图

在零件或装配体环境中选择"从零件/装配体制作工程图"命令，可以直接创建工程图，下面讲解其一般操作步骤。

Step1. 打开零件文件 D:\sw18.5\work\ch04.02.04\facer.SLDPRT。

Step2. 选择命令。选择下拉菜单 文件(F) ➡ 从零件制作工程图(E) 命令，在系统弹出的"新建 SOLIDWORKS 文件"对话框的 模板 选项卡中选择"gb_a4p"工程图模板，单击 确定 按钮，进入工程图环境，且在图形区右侧的任务窗格中显示图 4.2.12 所示的"视图调色板"对话框。

Step3. 插入视图。在插入视图前，确认"视图调色板"对话框中的 ☑ 自动开始投影视图 复选框处于选中状态，然后在对话框中选中图 4.2.12 所示的前视图，并将其拖动到图形区放置，通过自动投影来放置左视图和俯视图，结果如图 4.2.13 所示。

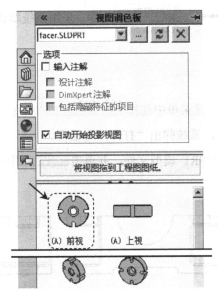

图 4.2.12　"视图调色板"对话框

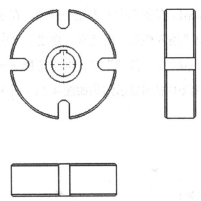

图 4.2.13　插入视图

4.2.5　预定义视图

在定制工程图模板上可以放置预定义视图，并定义预定义视图的视向、位置和比例等。在使用此工程图模板时，用户通过插入模型的操作即可快速显示所有相关视图的填充。下面介绍在工程图模板中添加预定义视图的一般操作方法。

Stage1. 插入预定义视图

Step1. 打开工程图文件 D:\sw18.5\work\ch04.02.05\custom templatesa_A4.DRWDOT。

Step2. 选择下拉菜单 插入(I) ➡ 工程图视图(V) ➡ 预定义的视图(F)... 命令，然后在图纸中的适当位置单击放置视图，此时系统弹出"工程图视图 1"对话框。

Step3. 在"工程图视图 1"对话框的 方向(O) 区域中选择 标准视图: 为 □（前视），在 输入选项 区域中选择 ☑ 输入注解(I) 和 ☑ 设计注解(E) 复选框，其余选项均采用默认参数，单击 ✔ 按钮，完成视图放置。

Step4. 添加预定义的投影视图。

（1）选择下拉菜单 插入(I) ➡ 工程图视图(V) ➡ 投影视图(P) 命令，系统弹出"投影视图"对话框，且在图形区显示投影视图预览。

（2）将鼠标指针移到上一步骤中所创建的前视图正下方，选择合适位置单击，完成视图放置。

Step5. 参照 Step4 的操作方法，选取前视图为投影时要使用的视图，添加新的投影视图到前视图的正右方，此时三个视图显示如图 4.2.14 所示。

Step6. 保存模板文件。选择下拉菜单 文件(F) ➡ 保存(S) 命令，采用系统默认的文件名称，保存模板文件。

Stage2. 验证预定义视图模板

Step1. 在图纸中右击任一视图，在系统弹出的快捷菜单中选择 插入模型... (P) 命令，系统弹出"插入模型"对话框，单击 浏览(B)... 按钮，系统弹出"打开"对话框。

Step2. 在"打开"对话框中选择 down_base.SLDPRT 模型文件，并单击 打开 按钮，此时图纸中视图显示结果如图 4.2.15 所示。

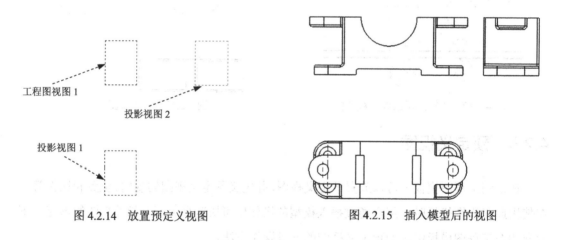

图 4.2.14　放置预定义视图　　　　图 4.2.15　插入模型后的视图

4.3　视图的操作

4.3.1　移动视图和锁定视图

1. 移动视图

移动视图前，先查看该视图是否被锁定，通常系统默认所有的视图都处于未锁定状态。下面说明移动视图的一般操作步骤。

Step1. 打开工程图文件 D:\sw18.5\work\ch04.03.01\facer.SLDDRW。

Step2. 将鼠标指针放置在左视图上，在视图周围会显示视图界线（虚线框），将鼠标指针移动至视图界线上时，鼠标指针显示为 ，按住鼠标左键并拖动左视图到合适的位置，完成视图移动，如图 4.3.1b 所示。

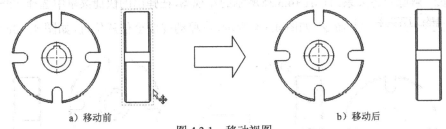

a）移动前　　　　　　　　　　　　　　　　　　　b）移动后

图 4.3.1　移动视图

说明：

● 将鼠标指针移动到视图内的边线上时，鼠标指针显示为 ，此时也可以移动视图。

● 如果移动投影视图的父视图（如主视图），其投影视图也会随之移动；如果移动投影视图，则只能上下或左右移动，以保证与父视图的对齐关系，除非解除对齐关系。

2. 锁定视图

在视图移动调整后，为了避免今后因误操作使视图的相对位置发生变化，需对视图进行锁定。下面接着"移动视图"的操作继续说明锁定视图的一般操作步骤。

右击图 4.3.2a 所示的左视图，在弹出的快捷菜单中选择 锁住视图位置(L) 命令，将鼠标指针移动到左视图的视图界线上时，显示为不可移动，如图 4.3.2b 所示。

说明：

● 右击图 4.3.2b 所示的已锁定的视图，在弹出的快捷菜单中选取 解除锁住视图位置(L) 命令，即可解除锁定。

● 将视图锁定后，当移动其父视图时，被锁定的视图会随其父视图的移动而移动，以保持对齐关系。

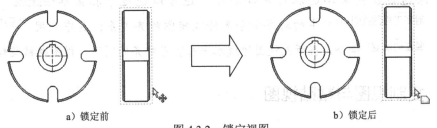

a）锁定前　　　　　　　　　　　　　　　　　　　b）锁定后

图 4.3.2　锁定视图

4.3.2　对齐视图

根据"高平齐、宽相等"的原则（左、右视图与主视图水平对齐，俯、仰视图与主视图竖直对齐），用户移动投影视图时，只能横向或纵向移动视图。下面讲解解除对齐与对齐视图的一般操作步骤。

Step1. 打开工程图文件 D:\sw18.5\work\ch04.03.02\facer.SLDDRW。

Step2. 解除对齐关系。右击图4.3.3a所示的左视图，在弹出的快捷菜单中选择 视图对齐 ▸ 解除对齐关系 (A) 命令，如图 4.3.4 所示，可移动视图至任意位置，如图 4.3.3b 所示。

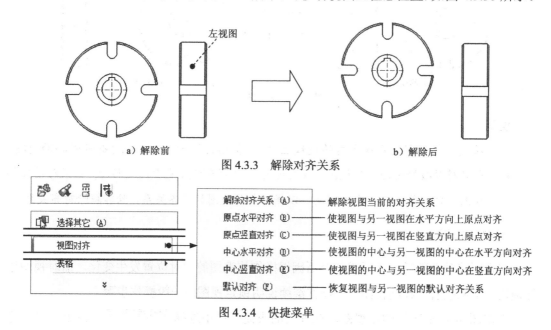

a) 解除前

图 4.3.3 解除对齐关系

b) 解除后

解除对齐关系 (A)	—— 解除视图当前的对齐关系
原点水平对齐 (B)	—— 使视图与另一视图在水平方向上原点对齐
原点竖直对齐 (C)	—— 使视图与另一视图在竖直方向上原点对齐
中心水平对齐 (D)	—— 使视图的中心与另一视图的中心在水平方向对齐
中心竖直对齐 (E)	—— 使视图的中心与另一视图的中心在竖直方向对齐
默认对齐 (F)	—— 恢复视图与另一视图的默认对齐关系

图 4.3.4 快捷菜单

Step3. 中心水平对齐。右击图 4.3.3b 所示的左视图，在弹出的快捷菜单（图 4.3.4）中选择 视图对齐 ▸ 中心水平对齐 (C) 命令，选取主视图为参考视图，此时左视图与主视图中心水平对齐。

说明：

● 在进行恢复对齐关系操作时，如选择 视图对齐 ▸ 列表中的其他命令，需在图形区选择要对齐的参考视图。

● 除通过快捷菜单选取对齐命令外，还可以通过下拉菜单 工具(T) ▸ 对齐工程图视图 (R) 中的对齐命令来修改视图对齐关系；其中利用 水平边线 (H) 和 竖直边线 (V) 命令，将所选视图边线水平或竖直对齐的同时，视图也被旋转。

4.3.3 复制视图与粘贴视图

读者可以在图纸内部、图纸间或两个工程图文件间进行复制和粘贴视图。下面分别说明其一般操作步骤。

1. 在同一图纸内部复制视图

在同一图纸内部复制视图的操作步骤如下。

Step1. 打开工程图文件 D:\sw18.5\work\ch04.03.03.01\copying_views_01. SLDDRW。

Step2. 复制视图。在图形区选取图 4.3.5a 所示的左视图，然后选择下拉菜单 编辑(E) ➡ 复制(C) 命令，完成视图的复制。

说明：在选取视图时，如果选中视图中的某个零部件，在进行复制时，系统会弹出 "SolidWorks" 警告对话框，在该对话框中单击 是(Y) 按钮，可完成复制。

Step3. 粘贴视图。通过在图 4.3.5a 所示的位置单击来选择一点，然后选择下拉菜单 编辑(E) ➡ 粘帖(P) 命令，完成视图的粘贴，结果如图 4.3.5b 所示。

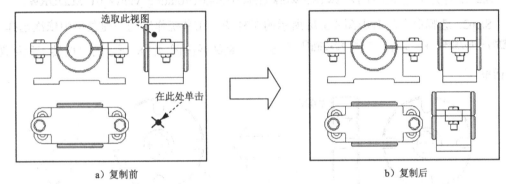

a) 复制前　　　　　　　　　　　　　　　　b) 复制后

图 4.3.5　在图纸内部复制视图

2. 在同一文件不同图纸间复制视图

在同一工程图文件的不同图纸间复制视图的操作步骤如下。

Step1. 打开工程图文件 D:\sw18.5\work\ch04.03.03.02\copying_views_02.SLDDRW。

Step2. 复制视图。在设计树的 图纸1 中选择 工程图视图1，然后选择下拉菜单 编辑(E) 中的 复制(C)，然后右击 图纸2，在弹出的快捷菜单中选择 激活(B) 命令，再次右击 图纸2，在弹出的快捷菜单中选择 粘帖(P) 命令，此时已将 工程图视图1 复制到 图纸2 中，单击"重建模型"按钮 ，如图 4.3.6b 所示。

a) 复制前　　　　　　　　　　　　　　　　b) 复制后

图 4.3.6　在同一文件不同图纸间复制视图

3. 在两个工程图文件之间复制视图

在两个工程图文件之间复制视图的方法：先打开两个工程图文件，再在一个工程图文件中复制视图，然后切换到另一张工程图中，粘贴视图。使用复制和粘贴命令时，可以利用快捷键，也可以使用 编辑(E) 下拉菜单中的 复制(C) 和 粘帖(P) 命令。

4.3.4 旋转视图

1. 旋转工程图视图

下面讲解旋转工程图视图的一般操作步骤。

Step1. 打开工程图文件 D:\sw18.5\work\ch04.03.04.01\rotating_views_01. SLDDRW。

Step2. 选择命令。右击图 4.3.7a 所示的左视图，在系统弹出的快捷菜单中依次选择 缩放/平移/旋转 ▶ ➡ ⟳ 旋转视图 (F) 命令，系统弹出图 4.3.8 所示的"旋转工程视图"对话框。

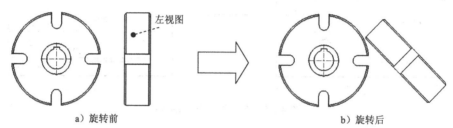

a）旋转前　　　　　　　　　　　　　　　　　　b）旋转后

图 4.3.7　旋转工程视图

说明： 在图 4.3.9 所示的前导视图工具栏中单击 ⟳ 按钮，也可以旋转视图。

Step3. 旋转视图。在对话框的 工程视图角度(A): 文本框中输入旋转的角度值 45，单击 应用 按钮即可旋转视图，单击 关闭 按钮，结果如图 4.3.7b 所示；也可直接将光标移至该视图中，按住鼠标左键并移动以旋转视图。

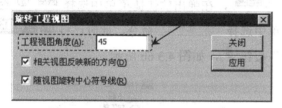

图 4.3.8　"旋转工程视图"对话框

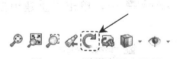

图 4.3.9　前导视图工具栏

2. 3D 工程图视图

使用"3D 工程图视图"命令，可以暂时改变工程图视图的显示来选取模型的几何体，此命令不能在局部视图、断裂视图、剪裁视图、空白视图和分离视图中使用。下面介绍使用"3D 工程图视图"查看视图的一般操作步骤。

Step1. 打开工程图文件 D:\sw18.5\work\ch04.03.04.02\rotating_views_02. SLDDRW。

Step2. 选择命令。选取图 4.3.10a 所示的左视图，然后选择下拉菜单 视图(V) ➡

修改(M) ➡ 3D 工程图视图 命令，此时系统弹出图 4.3.11 所示的快捷工具条，且默认

选中"旋转"按钮 ，按住鼠标左键在图形区任意位置拖动来旋转左视图。

a）旋转前   b）旋转后

图 4.3.10　旋转 3D 工程图视图

Step3. 在快捷工具条中单击"确定"按钮 ，完成 3D 工程图视图的创建，结果如图 4.3.10b

所示。

图 4.3.11　快捷工具条

4.3.5　隐藏视图与显示视图

工程图中的"隐藏"命令可以隐藏整个视图，选取"显示"命令，可显示隐藏的视图。下面介绍隐藏和显示视图的一般操作步骤。

Step1. 打开工程图文件 D:\sw18.5\work\ch04.03.05\hiding_views. SLDDRW。

Step2. 隐藏视图。在设计树中右击左视图图标 工程图视图2，然后在弹出的快捷菜单中

选择 隐藏 (E) 命令，完成左视图的隐藏，结果如图 4.3.12b 所示（隐藏的视图在设计树中显示

为灰色）。

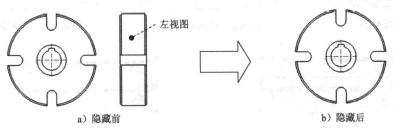

a）隐藏前   b）隐藏后

图 4.3.12　隐藏视图

Step3. 显示视图。在左视图的位置单击，可见左视图以虚线框显示，右击该虚线框，在弹

出的快捷菜单中选择 显示 (J) 命令，完成视图的显示。

说明：当隐藏视图的位置难以确定时，需选择下拉菜单 视图(V) ➡ 隐藏/显示(H) 命令，

将被隐藏的视图以虚线框的形式显示，然后参照 Step3 来显示视图。

4.3.6 删除视图

要将某个视图删除，可先选中该视图并右击，然后在弹出的快捷菜单中选择 <kbd>✗ 删除 (J)</kbd> 命令或直接按 Delete 键，系统弹出"确认删除"对话框，单击 <kbd>是(Y)</kbd> 按钮即可删除该视图。

4.4 视图的显示

4.4.1 视图的显示模式

和模型一样，工程视图也可以改变显示样式，SolidWorks 提供了五种工程视图显示样式，可通过选择下拉菜单 <kbd>视图(V)</kbd> ➡ <kbd>显示(D)</kbd> 命令选择显示样式。

- <kbd>线架图(W)</kbd>：视图以线框形式显示，所有边线显示为细实线，如图 4.4.1 所示。
- <kbd>隐藏线可见(B)</kbd>：视图以线框形式显示，可见边线显示为实线，不可见边线显示为虚线，如图 4.4.2 所示。
- <kbd>消除隐藏线(H)</kbd>：视图以线框形式显示，可见边线显示为实线，不可见边线被隐藏，如图 4.4.3 所示。
- <kbd>带边线上色(E)</kbd>：视图以上色面的形式显示，显示可见边线，如图 4.4.4 所示。
- <kbd>上色(S)</kbd>：视图以上色面的形式显示，隐藏可见边线，如图 4.4.5 所示。

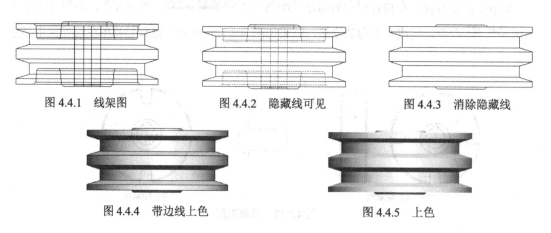

图 4.4.1 线架图   图 4.4.2 隐藏线可见   图 4.4.3 消除隐藏线

图 4.4.4 带边线上色   图 4.4.5 上色

说明：

- 用户也可以在插入模型视图时，在"模型视图"对话框的 <kbd>显示样式(S)</kbd> 区域中更改视图显示样式；还可以单击工程视图，在弹出的"工程图视图"对话框的显示样式(S) 区域更改视图样式。

- 当生成投影视图时，在 显示样式(D) 区域选中 ☑ 使用父关系样式(U) 复选框，改变父视图的显示状态时，与其保持父子关系的子视图的显示状态也会相应地发生变化。如果不选中 ☐ 使用父关系样式(U) 复选框，则在改变父视图时，与其保持父子关系的子视图的显示样式不会发生变化。

- 设置默认视图显示样式的方法：选择下拉菜单 工具(T) ➡ ⚙ 选项(P)... 命令，系统弹出"系统选项（S）–普通"对话框，在 系统选项(S) 选项卡中选择 显示类型 选项，在"系统选项(S)–显示类型"对话框的 显示样式 区域中选择所需的显示样式。

4.4.2 边线的显示和隐藏

1. 切边显示

切边是两个面在相切处所形成的过渡边线，最常见的切边是圆角过渡形成的边线。在工程视图中，一般轴测视图需要显示切边，而在正交视图中则需要隐藏切边。下面以一个模型的轴测视图来讲解切边的显示和隐藏。

Step1. 打开工程图文件 D:\sw18.5\work\ch04.04.02.01\tangent_edge_display.SLDDRW，系统默认的切边显示状态为"切边可见"，如图 4.4.6 所示。

Step2. 隐藏切边。在图形区选中视图，选择下拉菜单 视图(V) ➡ 显示(D) ➡ 切边不可见(R) 命令，隐藏视图中的切边，如图 4.4.7 所示。

说明：

- 选择下拉菜单 视图(V) ➡ 显示(D) ➡ 带线型显示切边(F) 命令，将以其他形式的线型显示所有可见边线，系统默认的线型为"双点画线"，如图 4.4.8 所示。改变线型的方法：选择下拉菜单 工具(T) ➡ ⚙ 选项(P)... 命令，系统弹出"系统选项(S)–普通"对话框，在 文档属性(D) 选项卡中选择 线型 选项，在"文档属性（D）–线型"对话框的 边线类型(T): 区域中选择 切边 选项，在 样式(S): 下拉列表中选择切线线型，在 线粗(H): 下拉列表中选择切线线粗。

- 改变切边显示状态的其他方法：右击工程视图，在弹出的快捷菜单中选择 切边 ▸ 命令，并选择所需的切边类型。

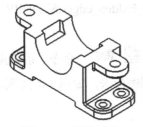

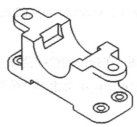

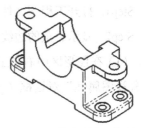

图 4.4.6 切边可见   图 4.4.7 切边不可见   图 4.4.8 带线型显示切边

2．隐藏/显示边线

在工程视图中，用户可通过手动隐藏或显示模型的边线。下面介绍隐藏模型边线的一般操作步骤。

Step1. 打开工程图文件 D:\sw18.5\work\ch04.04.02.02\show_hidden_edges.SLDDRW。

Step2. 隐藏边线。右击视图，在弹出的快捷菜单中选择 📇 命令，系统弹出"隐藏/显示边线"对话框，在图形区选取图 4.4.9a 所示的两条边线，在"隐藏/显示边线"对话框中单击 ✔ 按钮，完成边线的隐藏，结果如图 4.4.9b 所示。

图 4.4.9　隐藏边线

Step3. 显示边线。右击视图，在弹出的快捷菜单中选择 📇 命令，系统弹出"隐藏/显示边线"对话框，在图形区选取在 Step2 中隐藏的两条边线（此时两条边线显示为橙色），在"隐藏/显示边线"对话框中单击 ✔ 按钮，完成隐藏边线的显示，其结果如图 4.4.10b 所示。

图 4.4.10　显示边线

3．显示隐藏的边线

"显示隐藏的边线"功能是另外一种显示隐藏边线的方法，此方法可以针对指定的特征显示被隐藏的特征边线。下面介绍"显示隐藏的边线"的一般操作步骤。

Step1. 打开工程图文件 D:\sw18.5\work\ch04.04.02.03\show_hidden_edges.SLDDRW。

Step2. 显示隐藏的边线。

（1）在图形区中右击工程视图，在弹出的快捷菜单中选择 📋 属性… 命令，系统弹出"工程视图属性"对话框（一），在对话框中单击 显示隐藏的边线 选项卡，如图 4.4.11 所示。

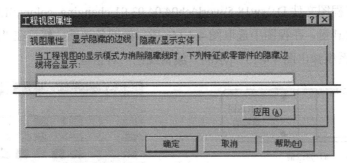

图 4.4.11 "工程视图属性"对话框（一）

（2）在"工程视图 1"对话框上方单击 ![] 按钮（显示设计树），在设计树中依次展开 ▶ ![] 图纸1、▶ ![] 工程视图1 和 ▶ ![] facer<1>，选择特征"拉伸 1""拉伸 2"和"拉伸 3"，此时在图 4.4.12 所示的"工程视图属性"对话框（二）中显示所选特征。

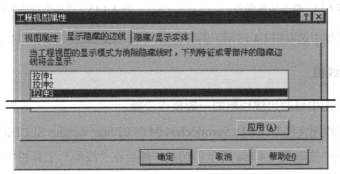

图 4.4.12 "工程视图属性"对话框（二）

（3）在"工程视图属性"对话框（二）中单击 ![] 应用(A) 按钮，查看显示结果，确认无误后，单击 ![] 确定 按钮，完成"显示隐藏的边线"的操作，结果如图 4.4.13b 所示。

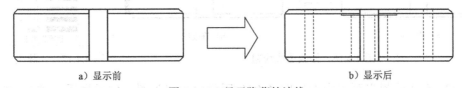

a）显示前   b）显示后

图 4.4.13 显示隐藏的边线

4.4.3 视图的线型操作

在工程图视图中，读者可以通过使用"线型"工具栏中的各命令来修改指定边线的颜色、线粗及线型；如果工具栏按钮区没有显示"线型"工具栏，请右击工具栏按钮区，在弹出的快捷菜单中选取 ![] 线型(L) 命令，拖动工具栏到对话框的左侧或右侧，将其固定。

1. 修改边线颜色

下面介绍在视图中修改边线颜色的一般操作步骤。

Step1. 打开工程图文件 D:\sw18.5\work\ch04.04.03.01\changing_colors.SLDDRW。

Step2. 按住 Ctrl 键，在视图中选取图 4.4.14a 所示的四条边线，然后在"线型"工具栏中单击 ✎ 按钮，系统弹出图 4.4.15 所示的"编辑线色"对话框。

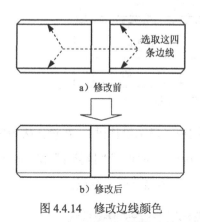

a）修改前

b）修改后

图 4.4.14　修改边线颜色

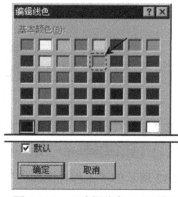

图 4.4.15　"编辑线色"对话框

Step3. 在对话框中选取图 4.4.15 所示的颜色后，单击 ▢确定 按钮，结果如图 4.4.14b 所示。

2. 修改边线线粗

下面介绍在视图中修改边线线粗的一般操作步骤。

Step1. 打开工程图文件 D:\sw18.5\work\ch04.04.03.02\line_weights.SLDDRW。

Step2. 在视图中选取图 4.4.16a 所示的边线，然后在"线型"工具栏中单击"线粗"按钮 ▤，系统弹出图 4.4.17 所示的"线粗"列表。

选取此边线

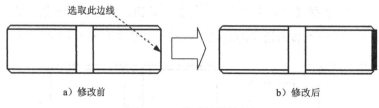

a）修改前　　　　　　　　　　　　　　　b）修改后

图 4.4.16　修改边线线粗

图 4.4.17　"线粗"列表

Step3. 在"线粗"列表中选取图 4.4.17 所示的线宽类型（位于最后一排），结果如图 4.4.16b 所示。

3. 修改边线线型

下面介绍在视图中修改边线线型的一般操作步骤。

Step1. 打开工程图文件 D:\sw18.5\work\ch04.04.03.03\line_format.SLDDRW。

Step2. 在视图中选取图 4.4.18a 所示的四条边线，然后在"线型"工具栏中单击"线条样式"按钮 ▦，系统弹出图 4.4.19 所示的"线型"列表。

Step3. 在"线型"列表中选取"双点画线"，结果如图 4.4.18b 所示。

说明：右击修改后的边线，在弹出的快捷菜单中选取 重设线型(K) 命令，可将线的颜色、线粗和线型恢复为默认值。

a）修改前　　　　　　　　　　　　b）修改后

图 4.4.18　修改边线线型

图 4.4.19　"线型"列表

4.5　创建高级视图

4.5.1　相对视图

相对视图是利用模型中两个正交的表面或基准面来定义视图方向，从而得到特定视角的视图。在工程图创建过程中，当默认的视图方向不能满足要求时，用户可以使用相对视图来创建所需的正交视图。下面介绍相对视图创建的一般操作步骤。

Step1. 打开工程图文件 D:\sw18.5\work\ch04.05.01\relative_to_model_view.SLDDRW。

Step2. 创建相对视图。

（1）选择命令。选择下拉菜单 插入(I) ➡ 工程图视图(V) ➡ 相对于模型(R) 命令，系统弹出图 4.5.1 所示的"相对视图"对话框（一）。

（2）打开模型文件。在图形区单击任意视图，系统自动打开图 4.5.2 所示的模型文件。

说明：如果要插入的相对视图是图纸中的第一个视图，需要用户在图形区右击，在弹出的快捷菜单中选择 从文件中插入...(A) 命令来打开模型文件。

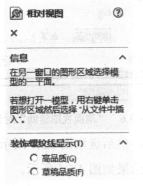

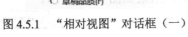

图 4.5.1　"相对视图"对话框（一）

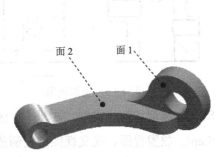

图 4.5.2　零件模型

（3）定义视图方向。

① 定义第一方向。在图 4.5.3 所示的"相对视图"对话框（二）的 第一方向: 下拉列表

中选择 前视 选项，选取图 4.5.2 所示的"面 1"作为"第一方向"的参考平面。

　　② 定义第二方向。在 第二方向: 下拉列表中选择 上视 选项，选取图 4.5.2 所示的"面 2"作为"第二方向"的参考平面。

　　③ 在"相对视图"对话框（二）中单击 ✔ 按钮，返回到工程图环境。

　　（4）放置相对视图。在工程图中选择合适的位置放置相对视图，单击"工程图视图 1"对话框中的 ✔ 按钮，完成相对视图的创建，如图 4.5.4 所示。

图 4.5.3　"相对视图"对话框（二）

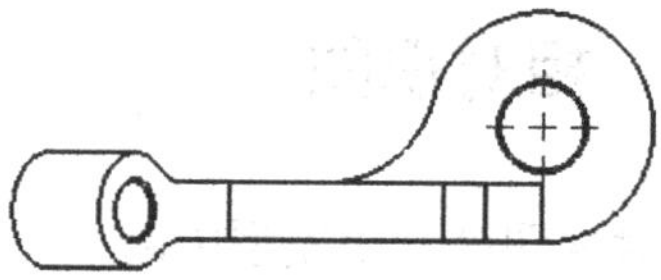

图 4.5.4　相对视图

4.5.2　全剖视图

　　全剖视图是用剖切面完全地剖开零件得到的剖视图。下面以图 4.5.5 所示的全剖视图为例，说明创建全剖视图的一般操作步骤。

　　Step1. 打开工程图文件 D:\sw18.5\work\ch04.05.02\cutaway_view. SLDDRW。

　　Step2. 选择命令，选择下拉菜单 插入(I) ➡ 工程图视图(V) ➡ 剖面视图(S) 命令，系统弹出图 4.5.6 所示的"剖面视图辅助"对话框。

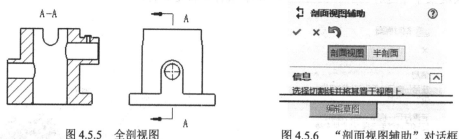

图 4.5.5　全剖视图

图 4.5.6　"剖面视图辅助"对话框

　　Step3. 选取切割线类型。在 切割线 区域单击 按钮，然后选取图 4.5.7 所示的圆心。

　　Step4. 放置视图。在父视图的左侧放置全剖视图，结果如图 4.5.5 所示。

　　Step5. 在"剖面视图"对话框的 文本框中输入视图标号"A"（单击 反转方向(I) 按钮可反转剖切方向）。

　　Step6. 单击"剖面视图 A-A"对话框中的 ✔ 按钮，完成操作。

说明：

● 在放置剖视图时，如果按住 Ctrl 键可断开剖视图与父视图的对齐关系。

● 为剖切线标注尺寸可精确定位剖切线的位置，如图 4.5.8 所示。

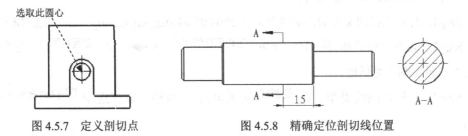

图 4.5.7 定义剖切点   图 4.5.8 精确定位剖切线位置

4.5.3 半剖视图

下面以图 4.5.9 为例，说明创建半剖视图的一般操作步骤。

Step1. 打开工程图文件 D:\sw18.5\work\ch04.05.03\part_cutaway_view. SLDDRW。

Step2. 选择下拉菜单 插入(I) ➡ 工程图视图(V) ➡ ↺ 剖面视图(S) 命令，系统弹出"剖面视图辅助"对话框。

Step3. 在"剖面视图"对话框中选择 半剖面 选项卡，在 半剖面 区域单击 按钮，然后选取图 4.5.10 所示的圆心。

Step4. 放置视图。在父视图的上方放置剖视图，在"剖面视图 A-A"对话框的 文本框中输入视图标号"A"。

Step5. 单击"剖面视图 A-A"对话框中的 按钮，完成半剖视图的创建，结果如图 4.5.9 所示。

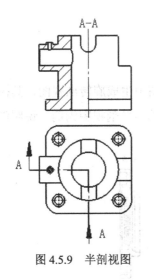

图 4.5.9 半剖视图

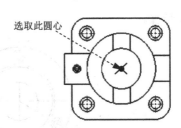

图 4.5.10 定义剖切点

4.5.4 阶梯剖视图

阶梯剖视图的创建过程与上一小节中半剖视图的创建过程类似。下面以图 4.5.11 为例，说明创建阶梯剖视图的一般操作步骤。

Step1. 打开工程图文件 D:\sw18.5\work\ch04.05.04\stepped_cutting_view. SLDDRW。

Step2. 选择下拉菜单 插入(I) ➡ 工程图视图(V) ➡ 剖面视图(S) 命令，系统弹出"剖面视图"对话框。

Step3. 选取切割线类型。在 切割线 区域单击 按钮，取消选中 □ 自动启动剖面实体 复选框。

Step4. 然后选取图 4.5.12 所示的圆心，在系统弹出的快捷菜单中单击 按钮，在图 4.5.12 所示的点 1 处单击，然后在点 2 处单击，单击 按钮。

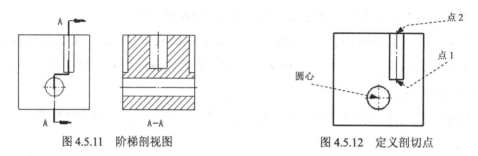

图 4.5.11　阶梯剖视图　　　　　　图 4.5.12　定义剖切点

Step5. 放置视图。在"剖面视图"对话框的 文本框中输入视图标号"A"，并单击 反转方向(L) 按钮，在父视图的右侧放置剖视图。

Step6. 单击"剖面视图 A-A"对话框中的 按钮，完成阶梯剖视图的创建，结果如图 4.5.11 所示。

4.5.5 旋转剖视图

利用"旋转剖视图"命令可以很快捷地在工程图中生成旋转剖视图，其操作步骤与创建全剖视图和半剖视图相似。下面以图 4.5.13 所示的旋转剖视图为例，说明创建旋转剖视图的一般操作步骤。

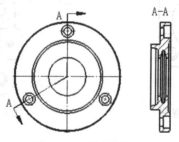

图 4.5.13　旋转剖视图

Step1. 打开工程图文件 D:\sw18.5\work\ch04.05.05\aligned_section_view. SLDDRW。

Step2. 选择命令。选择下拉菜单 插入(I) ➡ 工程图视图(V) ➡ 🔁 剖面视图(S) 命令，系统弹出图 4.5.14 所示的"剖面视图辅助"对话框。

Step3. 选取切割线类型。在 切割线 区域单击 🔁 按钮，取消选中 ☐ 自动启动剖面实体 复选框。

Step4. 选取图 4.5.15 所示的圆心 1、圆心 2、圆心 3，然后单击 ✔ 按钮。

Step5. 放置旋转剖视图。在"剖面视图"对话框的 🄰🔄 文本框中输入视图标号"A"，然后在 剖面视图(V) 区域单击 切换对齐 按钮，在父视图的右侧放置旋转剖视图。

Step6. 单击"剖面视图 A-A"对话框中的 ✔ 按钮，结果如图 4.5.13 所示。

图 4.5.14 "剖面视图辅助"对话框

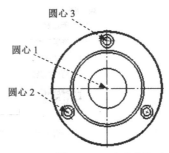

图 4.5.15 定义剖切点

4.5.6 局部放大视图

局部放大视图是将现有视图的某个部位单独放大，并建立一个新的视图。下面以图 4.5.16 为例，说明创建局部放大视图的一般操作步骤。

Step1. 打开文件 D:\sw18.5\work\ch04.05.06\detail_view.SLDDRW。

Step2. 选择命令。选择下拉菜单 插入(I) ➡ 工程图视图(V) ➡ 🄰 局部视图(D) 命令，系统弹出"局部视图"对话框。

Step3. 绘制放大范围。绘制图 4.5.17 所示的圆作为放大范围，此时系统弹出图 4.5.18 所示的"局部视图 I"对话框。

Step4. 定义视图参数。在"局部视图 I"对话框 局部视图图标 区域的 样式: 下拉列表中选中 带引线 选项，其他参数采用系统默认设置值。

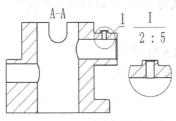

图 4.5.16 局部放大视图（一）

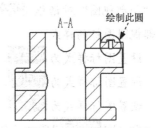

图 4.5.17 绘制放大范围

图 4.5.18　"局部视图 I"对话框

Step5. 放置视图。在父视图的右侧放置局部放大视图。

Step6. 单击对话框中的 ✔ 按钮，完成局部放大视图（一）的创建，结果如图 4.5.16 所示。

说明：

● 在创建局部放大视图之前，先绘制一个封闭的轮廓，如图 4.5.19 所示，然后选中该轮廓，选取下拉菜单 插入(I) ➡ 工程图视图(V) ➡ 局部视图(D) 命令，也可以创建局部放大视图，结果如图 4.5.20 所示。

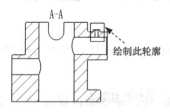

图 4.5.19　绘制封闭的轮廓

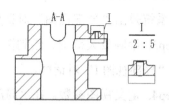

图 4.5.20　局部放大视图（二）

● 在"局部视图"对话框 局部视图图标 区域的 样式 下拉列表中可设置（父视图上）局部视图图标的样式：

☑ 设置图标样式为 断裂圆，结果如图 4.5.21 所示。

☑ 设置图标样式为 带引线，结果如图 4.5.16 所示。

☑ 设置图标样式为 无引线，结果如图 4.5.22 所示。该选项的结果与 依照标准 相同，即 依照标准 所使用的默认样式为"无引线"。

☑　设置图标样式为 相连 ，结果如图 4.5.23 所示。

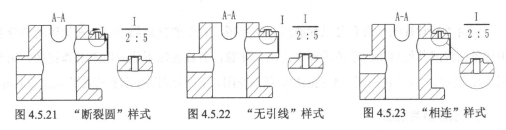

图 4.5.21　"断裂圆"样式　　　图 4.5.22　"无引线"样式　　　图 4.5.23　"相连"样式

● 在"局部视图"对话框的 局部视图(V) 区域中可设置局部视图的显示样式。

☑　选中 ☑ 无轮廓 复选框，在局部视图中不显示草图轮廓。

☑　选中 ☑ 完整外形(O) 复选框，可在局部视图中显示完整的草图轮廓，结果如图 4.5.24b 所示。

a）设置前　　　　　　　　　　　　　　　　b）设置后

图 4.5.24　设置为"完整外形"

☑　选中 ☑ 锯齿状轮廓 复选框，可在局部视图中显示锯齿状轮廓。

☑　选中 ☑ 钉住位置(I) 复选框后，当父视图比例改变时，可以保证草图圆的相对位置不变。

☑　选中 ☑ 缩放剖面线图样比例(N) 复选框后，可在局部视图中使用局部视图的比例放大剖面线。

● 在"局部视图"对话框的 比例(S) 区域中可以修改局部视图的比例；另外，也可以选择下拉菜单 工具(T) ➡ ⚙ 选项(P)... 命令，系统弹出"系统选项（S）-工程图"对话框，在 系统选项(S) 选项卡的列表区中选中 工程图 选项，然后在图 4.5.25 所示的"系统选项（S）-工程图"对话框中修改 局部视图比例: 文本框中的数值来设置局部视图的默认比例。

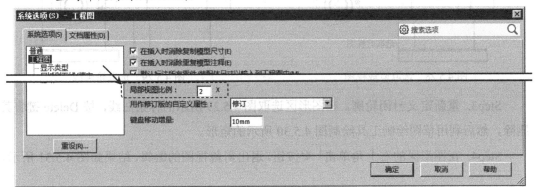

图 4.5.25　"系统选项（S）-工程图"对话框

4.5.7　剪裁视图

利用"剪裁视图"命令可以裁剪现有的视图，只保留其局部信息，被保留的部分通常用样条曲线或其他封闭的草图轮廓来定义。注意，剪裁视图不能应用于爆炸视图、局部视图及其父视图，在剪裁视图中不能创建局部剖视图。下面分别讲解剪裁视图的创建和编辑。

1. 创建剪裁视图

下面以图 4.5.26 为例来说明创建剪裁视图的一般操作步骤。

Step1. 打开工程图文件 D:\sw18.5\work\ch04.05.07.01\crop_view_01.SLDDRW。

Step2. 绘制封闭轮廓。利用草图绘制工具绘制图 4.5.27 所示的样条曲线。

Step3. 选择命令。在图形区先选中绘制的样条曲线，然后选择下拉菜单 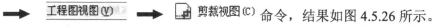 命令，结果如图 4.5.26 所示。

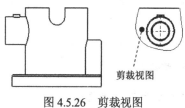

图 4.5.26　剪裁视图

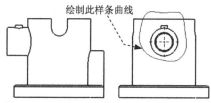

图 4.5.27　绘制封闭轮廓

2. 编辑剪裁视图

下面讲解编辑剪裁视图的一般操作步骤。

Step1. 打开工程图文件 D:\sw18.5\work\ch04.05.07.02\crop_view_02.SLDDRW。

Step2. 选取命令。右击图 4.5.28 所示的剪裁视图，在弹出的快捷菜单中选择 剪裁视图 ▸ 编辑剪裁视图 (A) 命令，系统进入编辑视图环境，此时剪裁视图如图 4.5.29 所示。

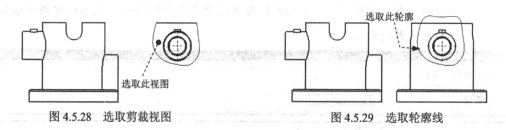

图 4.5.28　选取剪裁视图　　　　　　　　　图 4.5.29　选取轮廓线

Step3. 重新定义封闭轮廓。在图形区选取图 4.5.29 所示的样条曲线，按 Delete 键将其删除，然后利用草图绘制工具绘制图 4.5.30 所示的矩形。

Step4. 在图形区的右上角单击 ↰ 按钮，退出剪裁视图的编辑，结果如图 4.5.31 所示。

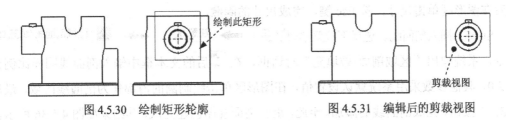

图 4.5.30　绘制矩形轮廓　　　　　　　图 4.5.31　编辑后的剪裁视图

说明：如果想撤销对剪裁视图的裁剪，可右击剪裁视图，在弹出的快捷菜单中选择 剪裁视图 ▸ ➡️ 移除剪裁视图 (R) 命令来取消裁剪。

4.5.8　零件的等轴测剖面视图

通过"等轴测剖面视图"命令，可以将零件的剖面视图或旋转剖视图转换为等轴测剖面视图。下面以图 4.5.32 为例，说明创建等轴测剖面视图的一般操作步骤。

Step1. 打开工程图文件 D:\sw18.5\work\ch04.05.08\section_views_in_ drawings.SLDDRW。

Step2. 选择命令。在图形区右击图 4.5.33 所示的剖面视图（或在设计树中右击 ⊞ ↯ 剖面视图A-A ），在弹出的快捷菜单中选择 等轴测剖面视图 命令。

Step3. 显示切边。在图形区再次右击剖面视图，在弹出的快捷菜单中选择 切边 ➡️ 切边可见 (A) 命令；至此，等轴测剖面视图创建完成，结果如图 4.5.32 所示。

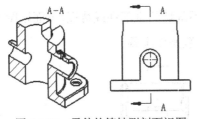

图 4.5.32　零件的等轴测剖面视图

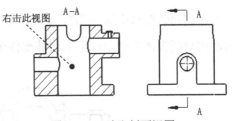

图 4.5.33　选取剖面视图

说明：对于已生成的等轴测剖面视图，如果右击该视图，在弹出的快捷菜单中选择 移除等轴测视图 命令，可恢复正交剖面视图的显示。

4.5.9　重合剖面

通过在视图上绘制草图，可以创建重合剖面。下面介绍创建重合剖面的一般操作步骤。

Step1. 打开工程图文件 D:\sw18.5\work\ch04.05.09\revolved_section. SLDDRW。

Step2. 绘制草图。利用草图工具在图 4.5.34 所示的位置绘制一个圆。

Step3. 添加约束。约束圆与圆两边的边线相切，添加图 4.5.35 所示的尺寸约束。

Step4. 隐藏尺寸。先选择下拉菜单 视图(V) ➡️ 隐藏/显示 (H) ➡️ Abc 注解 (A) 命令，然后在图形区单击尺寸，按 Esc 键，完成尺寸的隐藏。

Step5. 插入剖面线。选择下拉菜单 插入(I) ➡ 注解(A) ➡ 区域剖面线/填充(T) 命令，系统弹出"区域剖面线/填充"对话框，在 后的文本框中输入剖面线图样比例值为 2.0，其他参数采用系统默认设置值，在图形区单击绘制圆的内部作为剖面线区域，最后单击 按钮，完成剖面线的添加。至此，重合剖面视图创建完成，其结果如图 4.5.36 所示。

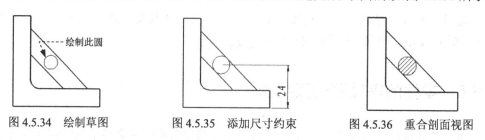

图 4.5.34　绘制草图　　　　图 4.5.35　添加尺寸约束　　　　图 4.5.36　重合剖面视图

4.6　创建装配体工程图视图

装配体工程图视图的创建与零件工程图视图相似，但由于装配体较零件复杂，部分创建视图的命令又增加了专门针对装配体的功能。下面讲解创建装配体工程图视图的方法。

4.6.1　装配体的全剖视图

在创建装配体全剖视图时，系统会提示读者选取不剖切的零部件或特征。下面以图 4.6.1 所示的全剖视图为例来说明创建装配体全剖视图的一般操作步骤。

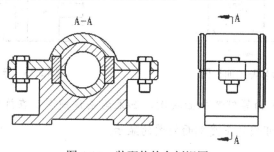

图 4.6.1　装配体的全剖视图

Step1. 打开工程图文件 D:\sw18.5\work\ch04.06.01\asm_example_drw.SLDDRW。

Step2. 选择命令。选择下拉菜单 插入(I) ➡ 工程图视图(V) ➡ 剖面视图(S) 命令，系统弹出"剖面视图辅助"对话框。

Step3. 定义剖切点。在 切割线 区域单击 按钮并选中 ☑ 自动启动剖面实体 复选框，在视图中选取图 4.6.2 所示边线的中点作为剖切点，此时系统弹出图 4.6.3 所示的"剖面视图"对话框。

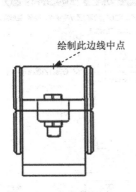

绘制此边线中点

图 4.6.2　定义剖切点

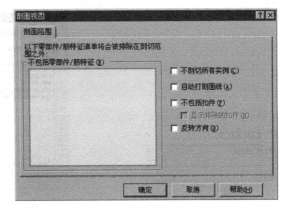

图 4.6.3　"剖面视图"对话框

图 4.6.3 所示的"剖面视图"对话框中部分选项的功能说明如下。

- ☑ 不剖切所有实例(C) 复选框：在对话框的 不包括零部件/筋特征(E) 列表区中选中所需的零部件，该复选框将被激活；如果选中该复选框，所选零部件的所有重复实例在剖视图中将被排除。

- ☑ 自动打剖面线(A) 复选框：选中该复选框，系统将自动调整相邻剖面的剖切线；如果不选中，整个剖面的剖面线将以相同的角度和间距显示。

- ☑ 不包括扣件(E) 复选框：排除剖面上的扣件。

- ☑ 反转方向(D) 复选框：反转剖切方向。

Step4. 选取不剖切的零部件。在设计树中依次展开 ▸ 📄图纸1 、 ▸ 🔧工程视图1 和 ▸ 📦 asm_example<1> ，然后选取零件 ⊞🔩bolt<1> 、 ⊞🔩nut<1> 、 ⊞🔩bolt<4> 和 ⊞🔩nut<3> ，即不剖切装配体中的螺栓和螺母；选中 ☑ 自动打剖面线(A) 复选框，然后单击 确定 按钮。

Step5. 放置视图。在"剖面视图"对话框的 🔄 文本框中输入视图标号"A"，然后在父视图的左侧放置全剖视图，结果如图 4.6.1 所示。

Step6. 单击"剖面视图 A-A"对话框中的 ✔ 按钮，完成操作。

说明：

- 放置完装配体工程图的剖面视图后，在图形区选中剖面视图，系统弹出"剖面视图 A-A"对话框，在该对话框中选中 ☑ 剖面深度(D) 复选框，在该区域下的"距离"文本框中输入深度值即可修改剖切的终止位置，如图 4.6.4 所示。

- 在"剖面视图"对话框中单击 更多属性... 按钮，系统弹出"工程视图属性"对话框，在图 4.6.5 所示的"剖面范围"选项卡中可设置不剖切的零件或特征，其功能同图 4.6.3 所示的"剖面视图"对话框。

图 4.6.4 "剖面深度"区域

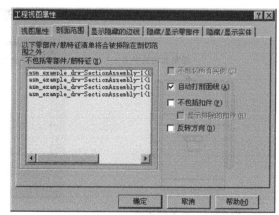

图 4.6.5 "工程视图属性"对话框

4.6.2 装配体的半剖视图

装配体半剖视图的创建过程与装配体全剖视图的创建相似。下面以图 4.6.6 所示的半剖视图为例，说明创建装配体半剖视图的一般操作步骤。

Step1. 打开工程图文件 D:\sw18.5\work\ch04.06.02\asm_example_drw.SLDDRW。

Step2. 绘制剖切线。利用草图绘制工具绘制图 4.6.7 所示的两条直线作为参考，并添加尺寸约束。

Step3. 隐藏尺寸约束。选择下拉菜单 视图(V) ➝ 隐藏/显示(H) ➝ Abc 注解(A) 命令，分别选择图 4.6.7 所示的两个尺寸，然后按 Esc 键，完成尺寸的隐藏。

Step4. 选择下拉菜单 插入(I) ➝ 工程图视图(V) ➝ 剖面视图(S) 命令，系统弹出"剖面视图"对话框。

Step5. 在"剖面视图"对话框中选择 半剖面 选项卡，在 半剖面 区域单击 按钮，然后选取图 4.6.7 所示的点，系统弹出"剖面视图"对话框（该对话框与上一节中的"剖面视图"对话框相同）。

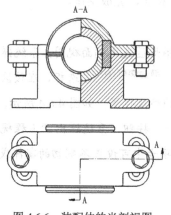

图 4.6.6 装配体的半剖视图

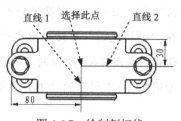

图 4.6.7 绘制剖切线

Step6. 选取不剖切的零部件。在设计树中依次展开 ▶ 📑图纸1、▶ 📇工程视图1 和 ▶ 📦 asm_example<1>，然后选取零件 ⊞ 🔩 bolt<1> 和 ⊞ 🔩 nut<1>，即不剖切装配体中的螺栓和螺母，选中 ☑ 自动打剖面线(A) 复选框，然后单击 确定 按钮。

Step7. 放置视图。在"剖面视图"对话框的 ⤴️ 文本框中输入视图标号"A"，然后在父视图的上方放置半剖视图，结果如图 4.6.6 所示。

Step8. 单击"剖面视图 A-A"对话框中的 ✔ 按钮，完成操作。

4.6.3　装配体的局部剖视图

在装配体工程图中创建局部剖视图可显示装配体的内部结构，系统自动在剖切面上生成剖面线。下面说明在装配体中创建局部剖视图的一般操作步骤。

Step1. 打开工程图文件 D:\sw18.5\work\ch04.06.03\broken_out_section.SLDDRW。

Step2. 选择命令。选择下拉菜单 插入(I) ➡️ 工程图视图(V) ➡️ 🔲 断开的剖视图(B)… 命令。

Step3. 绘制剖切范围。在主视图中绘制图 4.6.8 所示的样条曲线作为剖切范围，此时系统弹出图 4.6.9 所示的"剖面视图"对话框。

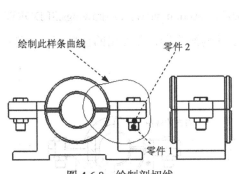

图 4.6.8　绘制剖切线

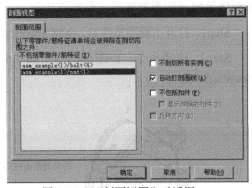

图 4.6.9　"剖面视图"对话框

Step4. 选取不剖切的零部件。在图形区选取图 4.6.8 所示的"零件 1"和"零件 2"为不剖切的零部件，在对话框中选中 ☑ 自动打剖面线(A) 复选框，其他参数采用系统默认设置值，单击 确定 按钮，系统弹出图 4.6.10 所示的"断开的剖视图"对话框。

Step5. 定义深度参考。在"断开的剖视图"对话框 📐 后的文本框中输入深度值为 37.50。

Step6. 选中"断开的剖视图"对话框中的 ☑ 预览(P) 复选框，预览生成的视图，其他参数采用系统默认设置值。

Step7. 单击对话框中的 ✔ 按钮，完成局部剖视图的创建，结果如图 4.6.11 所示。

图 4.6.10　"断开的剖视图"对话框

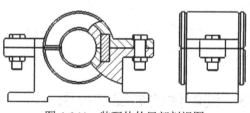

图 4.6.11　装配体的局部剖视图

4.6.4　装配体的轴测剖面视图

下面介绍两种创建装配体轴测剖面视图的方法。

方法一：

在装配体的正交剖视图中通过"等轴测剖面视图"命令创建装配体的等轴测剖面视图，其操作方法与在零件图中创建等轴测剖面视图相同。下面以图 4.6.12 所示为例，说明创建装配体等轴测剖面视图的一般操作步骤。

Step1.　打开工程图文件 D:\sw18.5\work\ch04.06.04.01\section_views_in_drawings.SLDDRW。

Step2.　选择命令。在图形区右击图 4.6.13 所示的剖面视图，在弹出的快捷菜单中选择 等轴测剖面视图 (K) 命令。

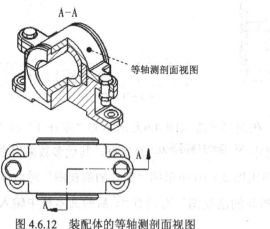

图 4.6.12　装配体的等轴测剖面视图

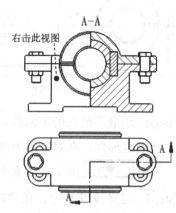

图 4.6.13　选取剖视图

Step3.　显示切边。在图形区再次右击剖面视图，在弹出的快捷菜单中依次选择 切边 ➡ 切边可见 (A) 命令；至此，等轴测剖面视图创建完成，结果如图 4.6.12 所示。

说明：对于已生成的等轴测剖面视图，如果右击该视图，在弹出的快捷菜单中选择

移除等轴测视图 (K)命令，可恢复正交剖面视图的显示。

方法二：

在工程图中创建装配体的轴测剖视图时，需在装配体环境中提前将装配体剖切，通常情况下将此剖切操作设置为单独的配置。下面说明创建装配体轴测剖视图的一般操作步骤。

Step1. 打开图 4.6.14 所示的装配体文件 D:\sw18.5\work\ch04.06.04.02\ bearing_unit .SLDASM。

Step2. 添加新配置。在设计树上方单击 选项卡，在打开的配置树中右击 bearing_unit 配置，在弹出的快捷菜单中选择 添加配置... (F) 命令，系统弹出图 4.6.15 所示的"添加配置"对话框，在 配置属性 区域的 配置名称(N): 文本框中输入名称 section_cutting_plane，在 说明(D): 文本框中输入"轴测图剖切"，其他参数采用系统默认设置值，最后单击 按钮，关闭对话框。

说明： 新添加的配置将被默认为当前所使用的配置。

图 4.6.14 装配体模型

图 4.6.15 "添加配置"对话框

Step3. 添加图 4.6.16 所示的装配体特征。

（1）选择命令。选择下拉菜单 插入(I) ➤ 装配体特征 (S) ➤ 切除 (C) ➤ 拉伸(E)... 命令。

（2）绘制横断面草图。选取图 4.6.17 所示的模型表面为草图基准面，绘制图 4.6.18 所示的横断面草图，然后单击 按钮，退出草图绘制环境。

图 4.6.16 添加装配体特征

选取此面

图 4.6.17 选取基准面

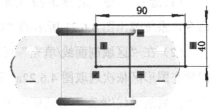

图 4.6.18 横断面草图

（3）在"切除-拉伸"对话框 方向1 区域的下拉列表中将拉伸终止条件设置为 完全贯穿 ，在 特征范围(F) 区域中取消选中 □ 自动选择(O) 复选框，并单击以激活其下的文本框，然后在设计树中依次选取 田 🔩 (固定) down_base<1> 、 田 🔩 sleeve<1> 、 田 🔩 chock<1> 、 田 🔩 sleeve<2> 和 田 🔩 top_cover<2> ，最后在对话框中单击 ✔ 按钮，完成装配体特征的添加。

Step4. 在菜单栏中单击 💾 按钮，保存对装配体的修改。

Step5. 新建工程图。

（1）选择下拉菜单 文件(F) ➡ 📄 新建(N)... 命令，系统弹出"新建 SOLIDWORKS 文件"对话框。

（2）单击 高级 按钮，在"新建 SOLIDWORKS 文件"对话框的 模板 选项卡中选择"gb_a3"工程图模板，单击 确定 按钮，在图形区左侧显示"模型视图"对话框（一）。

Step6. 插入模型视图。在"模型视图"对话框（一）的 要插入的零件/装配体(E) 区域的 打开文档 区域中双击 🍋 bearing_unit 选项，在"模型视图"对话框（二）的 方向(O) 区域中单击"等轴测"按钮 🔘 ，然后在图形区合适的位置单击来放置视图，结果如图 4.6.19 所示。

说明：在插入视图时，如果装配体模型当前的配置没有使用以上添加的新配置，可在放置视图后右击模型，在系统弹出的快捷菜单中选择 属性... 命令，系统弹出图 4.6.20 所示的"工程视图属性"对话框，在 视图属性 选项卡的 配置信息 区域中选中 ⦿ 使用命名的配置(N)：单选按钮，并在其下的下拉列表中选中 section_cutting_plane "轴测图剖切" 选项，然后单击 确定 按钮，即可将所选配置设置为当前。

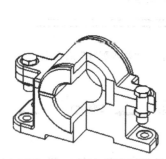

图 4.6.19　插入模型视图

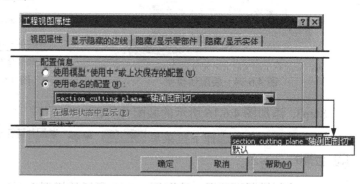

图 4.6.20　"工程视图属性"对话框

Step7. 添加剖面线。

（1）选择命令。选择下拉菜单 插入(I) ➡ 注解(A) ➡ ▨ 区域剖面线/填充(T) 命令，系统弹出图 4.6.21 所示的"区域剖面线/填充"对话框。

（2）在"区域剖面线/填充"对话框 属性(P) 区域的 ↘ 文本框中输入角度值为 0.00，然后在图形区依次选取图 4.6.22a 所示的"区域 1""区域 2"和"区域 3"为填充对象，在"区域剖面线/填充"对话框中单击 ✔ 按钮，结果如图 4.6.22b 所示。

（3）以同样的方法，选取图 4.6.22a 所示的"区域 4""区域 5"和"区域 6"为填充对象，在 ![] 文本框中输入剖面线图样比例值为 1，在 ![] 文本框中输入角度值为 75.0，结果如图 4.6.23 所示。

（4）选取图 4.6.23 所示的"区域 7"和"区域 8"为填充对象，在 ![] 文本框中输入剖面线图样比例值为 1，在 ![] 文本框中输入角度值为 90.0。

（5）选取图 4.6.23 所示的"区域 9"和"区域 10"为填充对象，在 ![] 文本框中输入剖面线图样比例值为 1，在 ![] 文本框中输入角度值为 0。

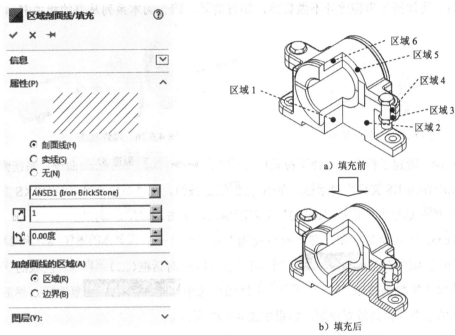

图 4.6.21　"区域剖面线/填充"对话框　　　　图 4.6.22　添加剖面线（一）

（6）选取图 4.6.23 所示的"区域 11"为填充对象，在 ![] 文本框中输入剖面线图样比例值为 2，在 ![] 文本框中输入角度值为 15.0，结果如图 4.6.24 所示。

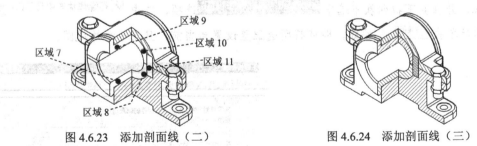

图 4.6.23　添加剖面线（二）　　　　　　图 4.6.24　添加剖面线（三）

4.6.5　爆炸视图

为了全面地反映装配体的零件组成，可以通过创建其爆炸视图来达到目的。爆炸视图是一个模型视图，通常使用轴测视图。下面说明创建装配体爆炸视图的一般操作步骤。

Step1. 打开图4.6.25所示的装配体文件D:\sw18.5\work\ch04.06.05\asm_clutch.SLDASM。

Step2. 添加新配置。在设计树上方单击 [⚙] 选项卡，在打开的配置树中右击 ⊟ [🔧] asm_clutch 配置，在弹出的快捷菜单中选择 [📋] 添加配置... (F) 命令，系统弹出"添加配置"对话框，在 配置属性 区域的 配置名称(N): 文本框中输入名称"exploded_view"，在 说明(D): 文本框中输入"爆炸视图"，其他参数采用系统默认的设置值，最后单击 ✔ 按钮，关闭对话框。

Step3. 选择下拉菜单 插入(I) ➡ [🔧] 爆炸视图(V)... 命令，创建图4.6.26所示的爆炸视图（具体操作步骤此处不做赘述，如有需要，请查阅本系列丛书的相关书籍）。

图4.6.25　装配体模型

图4.6.26　爆炸视图

Step4. 新建工程图。选择下拉菜单 文件(F) ➡ [📄] 新建(N)...命令，系统弹出"新建SOLIDWORKS文件"对话框。单击 高级 按钮，在"新建SOLIDWORKS文件"对话框的 模板 选项卡中选择"gb_a3"工程图模板，单击 确定 按钮。

Step5. 插入模型视图。在"模型视图"对话框（一） 要插入的零件/装配体(E) 区域的 打开文档: 区域中双击 [🔧] asm_clutch 选项，在"模型视图"对话框（二） 方向(O) 区域的 标准视图: 区域中单击等轴测按钮 [📐]，在 更多视图: 区域中选中 ☑ 上下二等角轴测 复选框，然后在图形区合适的位置单击来放置视图，结果如图4.6.27所示。

说明： 在插入视图时，如果装配体模型当前的配置没有使用以上添加的新配置，可在放置视图后右击模型，在弹出的快捷菜单中选择 [📋] 属性...命令，系统弹出图4.6.28所示的"工程视图属性"对话框，在 视图属性 选项卡的 配置信息 区域中选中 ⊙ 使用命名的配置(N): 单选按钮，并在其下拉列表中选中 exploded_view "爆炸视图" 选项，选中 ☑ 在爆炸状态中显示(E) 复选框，然后单击 确定 按钮，即可将所选配置设置为当前，且显示爆炸视图。

图4.6.27　爆炸视图

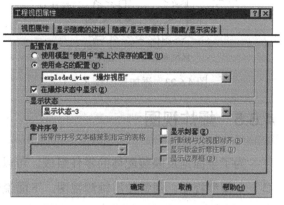

图4.6.28　"工程视图属性"对话框

4.7　工程图视图范例

4.7.1　范例1——创建基本视图

范例概述

本范例是一个简单的工程图视图制作范例，通过本例的学习，读者可以认识到工程图视图创建的一般操作步骤。本范例的工程图视图如图 4.7.1 所示。

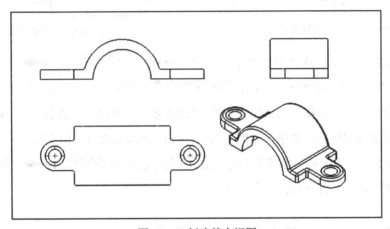

图 4.7.1　创建基本视图

Step1. 新建一个工程图文件。

（1）选择命令。选择下拉菜单 文件(F) ➡ 新建(N)... 命令，系统弹出"新建 SOLIDWORKS 文件"对话框。

（2）在"新建 SOLIDWORKS 文件"对话框中选择"gb_a3"工程图模板，单击 确定 按钮，进入工程图环境，且在图形区左侧显示"模型视图"对话框（一）。

说明：本范例是在"新建 SOLIDWORKS 文件"对话框的"高级"模式中来选择"工程图"模板的。以后若无说明，均采用"高级"模式选择工程图模板。

Step2. 选择零件模型。在"模型视图"对话框（一）中单击 要插入的零件/装配体(E) ⋀ 区域的 浏览(B)... 按钮，在系统弹出的"打开"对话框的"查找范围"下拉列表中选择目录 D:\sw18.5\work\ch04.07.01，然后选择零件模型"ex01.SLDPRT"，单击 打开 按钮，系统弹出"模型视图"对话框（二）。

Step3. 放置主要视图。在"模型视图"对话框（二）的 选项(N) 区域中选中 ☑ 自动开始投影视图(A) 复选框，其他参数采用系统默认设置值；然后在图形区放置图 4.7.2 所示的主视图、左视图和俯视图，放置完成后，单击对话框的 ✔ 按钮。

Step4. 隐藏切边。

（1）在图形区右击图 4.7.2 所示的主视图，在弹出的快捷菜单中选择 切边 ➡️ 切边不可见 (C) 命令，取消切边的显示。

（2）参照以上步骤，隐藏左视图和俯视图的切边，结果如图4.7.3所示。

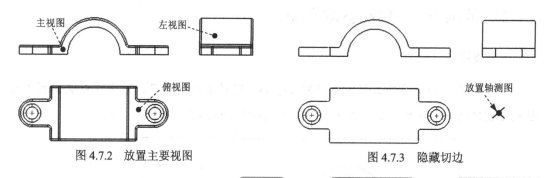

图 4.7.2 放置主要视图   图 4.7.3 隐藏切边

Step5. 放置轴测图。选择下拉菜单 插入(I) ➡️ 工程图视图(V) ➡️ 模型(M)... 命令，在"模型视图"对话框（一）中双击 要插入的零件/装配体(E) 区域的零部件名称 ex01，然后在"模型视图"对话框（二）的 方向(O) 区域中单击"等轴测"按钮，在图 4.7.3 所示的位置放置等轴测视图，单击对话框中的 ✔ 按钮，结果如图4.7.1所示。

Step6. 至此，工程图的基本视图创建完成，选择下拉菜单 文件(F) ➡️ 保存(S) 命令，采用系统默认的文件名称，保存文件。

4.7.2　范例2——创建全剖和半剖视图

范例概述

本范例介绍了全剖、半剖视图的创建过程。创建全剖、半剖视图的关键在于剖视图父视图的选择和剖切线的绘制，在学习本范例时，请读者注意总结。本范例的工程图视图如图 4.7.4 所示。

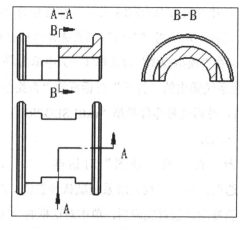

图 4.7.4　创建全剖视图和半剖视图

Step1. 新建一个工程图文件。

（1）选择命令。选择下拉菜单 文件(F) ➡ 新建(N)... 命令，系统弹出"新建SOLIDWORKS 文件"对话框。

（2）在"新建 SOLIDWORKS 文件"对话框中选择"gb_a3"工程图模板，单击 确定 按钮，进入工程图环境，且在图形区左侧显示"模型视图"对话框（一）。

Step2. 选择零件模型。在"模型视图"对话框（一）中单击 要插入的零件/装配体(E) ⌃ 区域中的 浏览(B)... 按钮，在系统弹出的"打开"对话框的"查找范围"下拉列表中选择目录 D:\sw18.5\work\ch04.08.02，然后选择零部件模型"ex02.SLDPRT"，单击 打开 ▾ 按钮，系统弹出"模型视图"对话框（二）。

Step3. 放置视图。在"模型视图"对话框（二）的 方向(0) 区域中单击"后视"按钮 ▢，选中 ☑ 预览(P) 复选框，在 选项(N) 区域中取消选中 ☐ 自动开始投影视图(A) 复选框；在图形区合适的位置单击放置视图，结果如图 4.7.5 所示。

Step4. 旋转视图。在图形区右击刚插入的视图，在弹出的快捷菜单中选择 缩放/平移/旋转 ▸ ➡ ↻ 旋转视图 (E) 命令，在弹出的图 4.7.6 所示的"旋转工程视图"对话框的 工程视图角度(A): 文本框中输入旋转角度值为 90.0，依次单击 应用 ➡ 关闭 按钮，完成视图的旋转，结果如图 4.7.7 所示。

 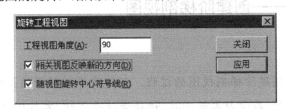

图 4.7.5　放置视图　　　图 4.7.6　"旋转工程视图"对话框　　　图 4.7.7　旋转视图

Step5. 创建半剖视图。

（1）绘制剖切线。利用草图绘制工具绘制图 4.7.8 所示的两条直线作为参考；这两条直线分别位于视图水平和竖直的中轴线上。

（2）选择命令。选择下拉菜单 插入(I) ➡ 工程图视图(V) ➡ ↯ 剖面视图(S) 命令，系统弹出"剖面视图辅助"对话框。在"剖面视图"对话框中选择 半剖面 选项卡，在 半剖面 区域单击 ⌖ 按钮，然后选取图 4.7.8 所示的圆点。

（3）在"剖面视图"对话框的 A→ 文本框中输入视图标号"A"。

（4）放置视图。在父视图的上方放置半剖视图，结果如图 4.7.9 所示。

（5）单击"剖面视图 A-A"对话框中的 ✔ 按钮，完成操作。

Step6. 创建全剖视图。

（1）选择命令。选择下拉菜单 插入(I) ➡ 工程图视图(V) ➡ ↯ 剖面视图(S) 命令，系统弹出"剖面视图辅助"对话框。

（2）在 切割线 区域单击 按钮，选中 ☑ 自动启动剖面实体 复选框，然后选取图 4.7.10 所示的点，单击 反转方向(L) 按钮。

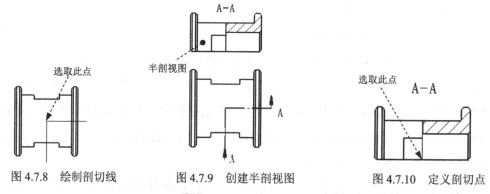

图 4.7.8　绘制剖切线　　　图 4.7.9　创建半剖视图　　　图 4.7.10　定义剖切点

（3）在"剖面视图"对话框的 文本框中输入视图标号"B"。

（4）放置视图。在父视图的右侧放置全剖视图，结果如图 4.7.4 所示。

（5）单击"剖面视图 B-B"对话框中的 按钮，完成操作。

Step7. 至此，工程图的半剖和全剖视图创建完成，选择下拉菜单 文件(F) ➡ 保存(S) 命令，采用系统默认的文件名称，保存文件。

4.7.3　范例 3——创建阶梯剖视图

范例概述

本范例介绍了创建阶梯剖视图的过程。创建阶梯剖视图的关键在于剖视图父视图的选择和剖切线的绘制，在学习本范例时，请读者注意总结。本范例的工程图视图如图 4.7.11 所示。

Step1. 新建一个工程图文件。

（1）选择命令。选择下拉菜单 文件(F) ➡ 📄 新建(N)... 命令，系统弹出"新建 SOLIDWORKS 文件"对话框。

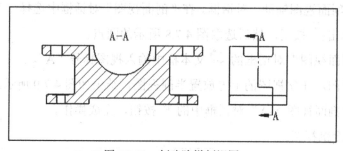

图 4.7.11　创建阶梯剖视图

（2）在"新建 SOLIDWORKS 文件"对话框中选择"gb_a3"工程图模板，单击 确定 按钮，进入工程图环境，且在图形区左侧显示"模型视图"对话框（一）。

Step2. 选择零件模型。在"模型视图"对话框（一）中单击 要插入的零件/装配体(E) ∧ 区域中的 浏览(B)... 按钮，在系统弹出的"打开"对话框的"查找范围"下拉列表中选择目录 D:\sw18.5\work\ch04.08.03，然后选择零件模型 "ex03.SLDPRT"，单击 打开 ▾ 按钮，系统弹出"模型视图"对话框（二）。

Step3. 放置视图。在"模型视图"对话框（二）的 方向(O) 区域中单击"左视"按钮 ▣，选中 ☑ 预览(P) 复选框，在 选项(N) 区域中取消选中 ☐ 自动开始投影视图(A) 复选框；在图形区合适的位置单击放置图 4.7.12 所示的视图。

Step4. 隐藏切边。在图形区右击刚创建的视图，在弹出的快捷菜单中选择 切边 ➡ 切边不可见 (C) 命令，隐藏切边。

Step5. 创建阶梯剖视图。

（1）绘制剖切线。利用草图绘制工具绘制图 4.7.13 所示的三条直线作为剖切线，并添加尺寸约束。

（2）隐藏尺寸约束。选择下拉菜单 视图(V) ➡ 隐藏/显示 (H) ➡ Abc 注解(A) 命令，分别选取图 4.7.13 所示的两个尺寸，然后按 Esc 键，完成尺寸的隐藏。

（3）选择命令。选择下拉菜单 插入(I) ➡ 工程图视图(V) ➡ ⮃ 剖面视图(S) 命令，系统弹出"剖面视图"对话框。

（4）定义剖切点。在"剖面视图"对话框的 切割线 区域单击 ⮃ 按钮，取消选中 ☐ 自动启动剖面实体 复选框，然后选取图 4.7.14 所示的点 1，在系统弹出的快捷菜单中单击 ⮃ 按钮，在图 4.7.14 所示的点 2 和点 3 处单击，单击 ☑ 按钮。

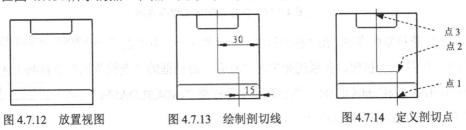

图 4.7.12 放置视图　　　图 4.7.13 绘制剖切线　　　图 4.7.14 定义剖切点

（5）在"剖面视图"对话框的 A→‖ 文本框中输入视图标号"A"，其他参数接受默认设置值。

（6）放置视图。在父视图的左侧放置阶梯剖视图，结果如图 4.7.11 所示。

（7）单击"剖面视图 A-A"对话框中的 ☑ 按钮，完成操作。

Step6. 至此，工程图的阶梯剖视图创建完成，选择下拉菜单 文件(F) ➡ 🖫 保存(S) 命令，采用系统默认的文件名称，保存文件。

4.7.4 范例 4——创建装配体工程图视图

范例概述

本范例介绍了创建装配体工程图视图的过程。该工程图中包括装配体的全剖视图、半剖视图和局部放大视图。本范例的工程图视图如图 4.7.15 所示。

Step1. 新建一个工程图文件。

（1）选择命令。选择下拉菜单 文件(F) ➡ 新建(N)... 命令，系统弹出"新建SOLIDWORKS 文件"对话框。

（2）在"新建 SOLIDWORKS 文件"对话框中选择"gb_a3"工程图模板，单击 确定 按钮，进入工程图环境，且在图形区左侧显示"模型视图"对话框（一）。

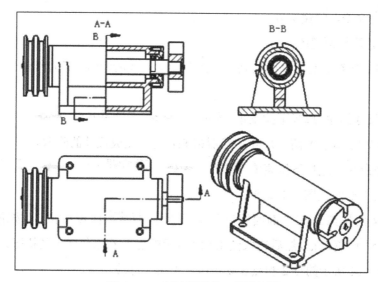

图 4.7.15 创建装配体工程图视图

Step2. 选择零件模型。在"模型视图"对话框（一）中单击 要插入的零件/装配体(E) 区域中的 浏览(B)... 按钮，在系统弹出的"打开"对话框的"查找范围"下拉列表中选择目录 D:\sw18.5\work\ch04.07.04，然后选择零件模型 "ex04.SLDASM"，单击 打开 ▾ 按钮，系统弹出"模型视图"对话框（二）。

Step3. 放置视图。在"模型视图"对话框（二）的 方向(O) 区域中单击"上视"按钮 ▣，选中 ☑ 预览(P) 复选框，在 选项(N) 区域中取消选中 □ 自动开始投影视图(A) 复选框；在 比例(A) 区域中选中 ◉ 使用自定义比例(C) 单选按钮，在其下方的列表框中选择 1:5 选项，在图形区合适的位置单击放置图 4.7.16 所示的视图。

Step4. 隐藏切边。在图形区右击刚创建的视图，在弹出的快捷菜单中选择 切边 ➡ 切边不可见 (C) 命令，取消切边的显示，结果如图 4.7.17 所示。

Step5. 创建半剖视图。

（1）绘制剖切线。利用草图绘制工具绘制图4.7.18所示的两条直线作为剖切线，这两条直线分别位于视图水平和竖直的中心轴线上。

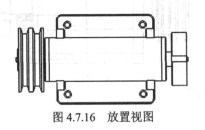

图 4.7.16　放置视图

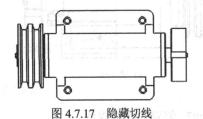

图 4.7.17　隐藏切线

（2）选择命令。选择下拉菜单 插入(I) ➡ 工程图视图(Y) ➡ 🔄 剖面视图(S) 命令，系统弹出"剖面视图"对话框。在该对话框中选择 半剖面 选项卡，在 半剖面 区域单击 🎯 按钮，然后选取图4.7.18所示的点，此时系统弹出"剖面视图"对话框。

（3）选取不剖切的零部件。在设计树中依次展开 ⊞ 📄 图纸1 、⊞ 📰 工程图视图1 和 ⊞ 📦 ex04<1> ，然后依次选取零件 ⊞ 🔧 shaft<1> 、⊞ 🔧 key2<1> 、⊞ 🔧 screw<1> 和 ⊞ 🔧 pin<1> ，展开 ⊞ 🔀 局部圆周阵列2 ，选取 ⊞ 🔧 bolt<6> 和 ⊞ 🔧 bolt<8> ，然后在对话框中选中 ☑ 自动打剖面线(A) 复选框，单击 确定 按钮。

（4）放置视图。在"剖面视图"对话框的 A→ 文本框中输入视图标号"A"，在父视图的上方放置剖视图，最后单击 ✔ 按钮，结果如图4.7.19所示。

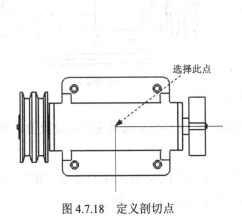

图 4.7.18　定义剖切点

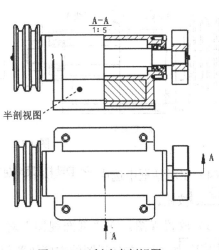

图 4.7.19　创建半剖视图

Step6. 修改剖面线。在半剖视图中选择图4.7.20a所示的剖面线区域，系统弹出"区域剖面线/填充"对话框，在该对话框中取消选中 □ 材质剖面线(M) 复选框，在 应用到(T): 下拉列表中选择 局部范围 选项，然后选中 ⊙ 无(N) 单选按钮，单击 ✔ 按钮，完成剖面线的修改，单击"重建模型"按钮 🔘 ，结果如图4.7.20b所示。

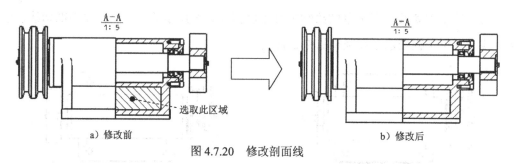

图 4.7.20　修改剖面线

Step7. 创建阶梯剖视图。

（1）绘制剖切线。利用草图绘制工具绘制图 4.7.21a 所示的三条直线作为剖切线，并添加尺寸约束。

（2）隐藏尺寸约束。选择下拉菜单 视图(V) ➡ 隐藏/显示(H) ➡ Abc 注解(A) 命令，在图形区选取图 4.7.21a 所示的尺寸，然后按 Esc 键，完成尺寸的隐藏，结果如图 4.7.21b 所示。

（3）选择命令。选择下拉菜单 插入(I) ➡ 工程图视图(V) ➡ ╝ 剖面视图(S) 命令，此时系统弹出"剖面视图辅助"对话框。在 切割线 区域单击 按钮，取消选中 □ 自动启动剖面实体 复选框。然后选取图 4.7.21b 所示的点 1，在系统弹出的快捷菜单中单击 按钮，在图 4.7.21b 所示的点 2 和点 3 处单击，单击 ✓ 按钮。

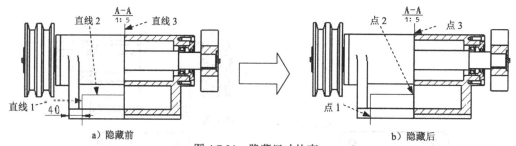

图 4.7.21　隐藏尺寸约束

（4）在对话框中选中 ☑ 自动打剖面线(A) 复选框，其他参数采用系统默认设置值，单击 确定 按钮。

（5）放置视图。在"剖面视图"对话框的 ♙ 文本框中输入视图标号"B"，单击 反转方向(L) 按钮，在父视图的右侧放置剖视图，结果如图 4.7.22 所示。

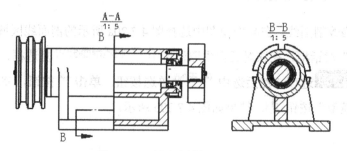

图 4.7.22　创建阶梯剖视图

Step8. 创建等轴测视图。

（1）选择下拉菜单 插入(I) ➡ 工程图视图(V) ➡ 模型(M)... 命令，系统弹出"模型视图"对话框（一）。

（2）在"模型视图"对话框（一）中双击 要插入的零件/装配体(E) ∧ 区域中的零件名称 ex04，然后在"模型视图"对话框（二）的 方向(O) 区域中单击"等轴测"按钮，在 比例(A) 区域中选中 ⊙ 使用自定义比例(C) 单选按钮，并在其下的下拉列表中选择 用户定义 选项，在文本框中输入比例值为 1∶5，在阶梯剖视图的下方放置等轴测视图，结果如图4.7.15所示。

Step9. 至此，装配体的工程图视图创建完成，选择下拉菜单 文件(F) ➡ 保存(S) 命令，采用系统默认的文件名称，保存文件。

学习拓展：扫一扫右侧二维码，可以免费学习更多视频讲解。
讲解内容：结构分析背景知识及流程等。

第 5 章　工程图中二维草图的绘制

本章包括　在 SolidWorks 的工程图模块中，用户可以利用草图绘制工具直接生成工程图，而不需要插入参考模型；还可以对绘制的几何实体添加尺寸和几何约束。本章主要内容包括：

- 网格线在二维草图绘制中的应用。
- 修改草图绘制实体的线型。
- 层的使用。
- 草图的约束。
- 空白视图。

5.1　概　　述

利用插入视图及插入其各子视图的方法生成工程图一般都可以满足用户的要求，但是 SolidWorks 在工程图模块中为用户提供了草图绘制功能，这样用户就可以表达更多的图纸信息或自定义符号。

利用工程图模块中的草图绘制功能，用户可以不需要零件模型而直接绘制一个完整的工程图，这其中包括线条的绘制、编辑，剖面区域的填充及线型的修改等；用户还可以直接用草图绘制表格来创建格式文件。

工程图模块中的草图绘制方法与零件环境中的草图绘制方法相同，也是选择下拉菜单 **工具(T)** ➡ **草图绘制实体(K)** 或 **草图工具(T)** 命令来绘制或编辑草图；在工程图中绘制的草图实体可以和视图中的点、边线或面建立几何约束；如果将草图绘制在空白视图内，则该空白视图中的所有草图将作为一个整体来编辑。

工程图二维草图的绘制与在零件的草图绘制相同，故本书中关于草图绘制工具的使用将不做具体介绍，而只对工程图特有的草图绘制命令和技巧进行说明（草图绘制的具体操作请参考本系列丛书的相关书籍）。

5.2　显示网格线

在绘制草图实体时，在图纸中显示网格线可方便点的捕捉和预定义草图尺寸。下面介绍显示和设置网格线的操作步骤。

Step1. 打开工程图文件 D:\sw18.5\work\ch05.02\grid.SLDDRW。

Step2. 显示网格线。在图形区右击，在弹出的快捷菜单中选择 ▦　显示网格线 ⑫ 命令，此时的图形区如图 5.2.1b 所示。

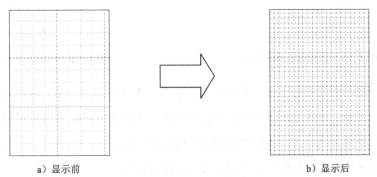

　　　a）显示前　　　　　　　　　　　　　　　　b）显示后

图 5.2.1　显示网格线

Step3. 设置网格线。

（1）选择下拉菜单 工具(T) ➡ ⚙ 选项(P)… 命令，在弹出的"系统选项(S)-普通"对话框中打开 文档属性(D) 选项卡，在对话框左侧的区域中选中 网格线/捕捉 选项，此时显示图 5.2.2 所示的对话框；在 主网格间距(M) 文本框中输入间距值为 10.00，在 主网格间次网格数(N) 文本框中输入网格数为 5，在 捕捉到每个次网格点(S) 文本框中输入次网格点数为 2。

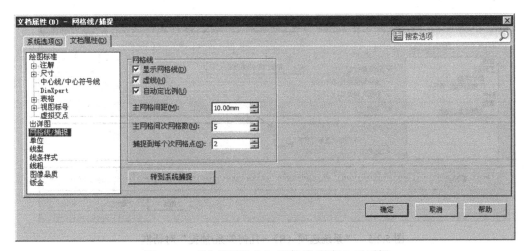

图 5.2.2　"文档属性(D)-网格线/捕捉"对话框

图 5.2.2 所示的"文档属性（D）-网格线/捕捉"对话框中各选项的功能说明如下。

● ☑ 显示网格线(D) 复选框：选中该复选框可在图形区显示网格线，反之则取消显示。

● ☑ 虚线(H) 复选框：选中该复选框后，将以虚线显示网格线，如图 5.2.3 所示；反之则以实线显示，如图 5.2.4 所示。

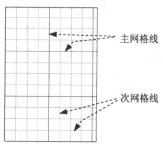

主网格线

次网格线

图 5.2.3　以虚线显示网格线　　　　　图 5.2.4　以实线显示网格线

- ☑ 自动定比例(U)复选框：选中该复选框后，随着视图的缩放，系统会自动调整网格线的显示。如当视图缩小到一定比例后，网格线中的次网格线将逐渐减少；当取消选中该复选框后，网格线的显示不随着视图的缩放而变化。

- 主网格间距(M):文本框：用于设置主网格线的间距。

- 主网格间次网格数(N)文本框：用于设置两主网格线之间次网格线的数量。

- 捕捉到每个次网格点(S):文本框：设置次网格中水平或竖直网格点的数量。

（2）在图 5.2.2 所示的"文档属性（D）-网格线/捕捉"对话框中单击 转到系统捕捉 按钮，在系统弹出的"系统选项（S）-几何关系/捕捉"对话框（图 5.2.5）中选中 ☑ 网格(G)复选框和 ☑ 只在网格线显示时捕捉(W)复选框，单击 确定 按钮，返回到图形区，此时如果添加草图绘制，可捕捉到网格点。

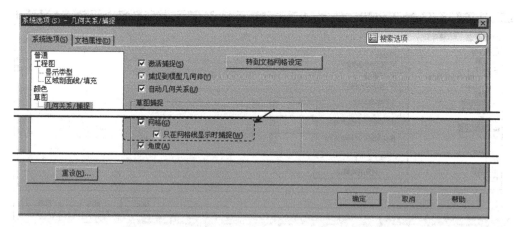

图 5.2.5　"系统选项（S）-几何关系/捕捉"对话框

图 5.2.5 所示的"系统选项（S）-几何关系/捕捉"对话框中部分选项的功能说明如下。

- ☑ 网格(G)复选框：选中该复选框，在绘制草图实体时，可捕捉网格的水平或竖直分隔线。

- ☑ 只在网格线显示时捕捉(W)复选框：选中该复选框后，则只在网格线显示时才能捕捉到网格线；反之，无论网格线是否显示，始终可以捕捉到网格线。

5.3 "线型"命令在二维草图绘制中的应用

在绘制二维草图时，常常需要更改草图的线型，如使用虚线或点画线等，这就需要使用图 5.3.1 所示"线型"工具栏的各项命令，显示"线型"工具栏的操作请参照本书第 2.2 节。

5.3.1 设置二维草图的线型

下面介绍设置二维草图线型的操作步骤。

Step1. 使用"gb_a3"模板新建一张空白工程图。

Step2. 在图 5.3.1 所示的"线型"工具栏中单击"线粗"按钮 ≣，在弹出的图 5.3.2 所示的"线粗"下拉列表中选取第四种线粗样式，然后单击"线条样式"按钮 ▦，在弹出的图 5.3.3 所示的"线条样式"下拉列表中选取 实线 选项。

图 5.3.1　"线型"工具栏　　图 5.3.2　"线粗"下拉列表　　图 5.3.3　"线条样式"下拉列表

Step3. 绘制草图（一）。选择下拉菜单 工具(T) → 草图绘制实体(K) → ⊙ 圆(C) 命令，绘制图 5.3.4 所示的圆，单击 ✔ 按钮，然后在空白处单击结束圆的绘制。

Step4. 在"线型"工具栏中单击"线粗"按钮 ≣，在弹出的"线粗"下拉列表中选取第一种线粗样式，然后单击"线条样式"按钮 ▦，在"线条样式"下拉列表中选取 中心线 选项。

Step5. 绘制草图（二）。选择下拉菜单 工具(T) → 草图绘制实体(K) → ╲ 直线(L) 命令，绘制图 5.3.5 所示的两条直线。

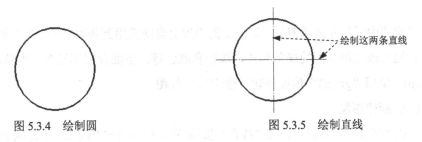

图 5.3.4　绘制圆　　　　　　　　　图 5.3.5　绘制直线

Step6. 修改草图颜色。按住 Ctrl 键，在图形区中依次选取圆和两条直线，然后在"线型"工具栏中单击"线色"按钮 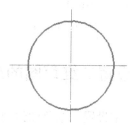，在弹出的"编辑线色"对话框中选取图 5.3.6 所示的颜色，单击 确定 按钮，关闭对话框，结果如图 5.3.7 所示。

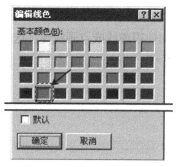

图 5.3.6 "编辑线色"对话框

图 5.3.7 修改草图颜色

说明：在"线型"工具栏中单击"颜色显示模式"按钮 ，可将线色在自定义颜色和系统默认颜色之间切换。修改系统默认颜色的方法：选择下拉菜单 工具(T) ➡ 选项(P)... 命令，在弹出的"系统选项"对话框左侧的区域中选取 颜色 选项，然后在图 5.3.8 所示对话框的 颜色方案设置 区域中更改 草图，完全定义 和 草图，欠定义 选项的颜色来设置草图的默认颜色，其中当草图完全定义时，更改 草图，完全定义 选项的颜色，反之则更改 草图，欠定义 选项的颜色。

图 5.3.8 "系统选项（S）–颜色"对话框

5.3.2 使用图层

在工程图中添加并激活图层，该图层的设置会自动应用到新添加的二维草图中；使用图层可方便地更改二维草图的线条样式、线粗和颜色等。下面介绍图层在二维草图中的应用。

Step1. 使用"gb_a3"模板新建一张空白工程图。

Step2. 新建图层。

（1）在"线型"工具栏中单击"线粗"按钮 ，在弹出的"线粗"下拉列表中确认 默认 选项被选中；单击"线条样式"按钮 ，在弹出的"线条样式"下拉列表中确认 默认 选项被选中；单击"线色"按钮![icon]，在弹出的"设定下一直线颜色"对话框中确认![默认]复选框被选中。

　　说明：如果在以上三种选项中添加了非默认设置，图层中相应的设置将不能被应用到新添加的草图中。

　　（2）在"线型"工具栏中单击"图层属性"按钮![icon]，系统弹出图 5.3.9 所示的"图层"对话框（一），在对话框右侧单击 ![新建(N)] 按钮，完成图层的新建，采用系统默认的名称，结果如图 5.3.10 所示。

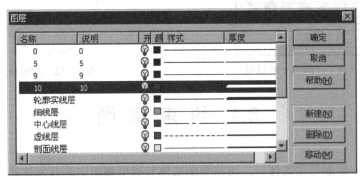

图 5.3.9　"图层"对话框（一）

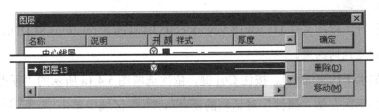

图 5.3.10　"图层"对话框（二）

　　说明：在图 5.3.10 所示的"图层"对话框（二）中，![名称]列表中的 ⇨ 图标表示该图层已被激活，如果对话框中有多个图层，可通过双击图层来激活所需图层；![开/关]列表中的 ![灯泡]图标表示所有使用该图层的草图或边线处于显示状态，单击此图标后，图标显示为![灯泡]，则所有使用该图层的草图或边线处于隐藏状态。

　　Step3. 设置图层。

　　（1）设置颜色。在图 5.3.9 所示的"图层"对话框中单击![颜色]列表中的图标，在弹出的"颜色"对话框中选取图 5.3.11 所示的颜色，单击 ![确定] 按钮，关闭"颜色"对话框。

　　（2）设置线条样式。在"图层"对话框中单击![样式]列表中的图标，在弹出的"线条样式"对话框中选取![虚线]选项。

　　（3）设置线粗。在"图层"对话框中单击![厚度]列表中的图标，在弹出的"线粗"下拉列表中选取第四种线粗类型。

　　（4）单击 ![确定] 按钮，关闭对话框。

　　Step4. 绘制草图。选择下拉菜单 ![工具(T)] ➡ ![草图绘制实体(K)] ➡ ![圆] 圆(C) 命令，绘制图 5.3.12 所示的圆，此时"图层 13"的设置已被添加到草图中。

Step5. 修改图层。在"线型"工具栏中单击 按钮，打开"图层"对话框，单击"图层 13"中的图标 ，此时可观察到图形中的草图被隐藏，读者可根据需要修改图层的其他选项，最后单击 确定 按钮，关闭对话框。

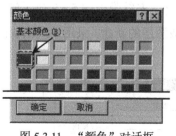

图 5.3.11　"颜色"对话框

图 5.3.12　绘制草图

5.4　约 束 草 图

在工程图中绘制草图实体时，可将草图实体与模型视图中的几何体建立几何约束，下面介绍其操作步骤。

Step1. 打开工程图文件 D: \sw18.5\work\ch05.04\sketch_relations.SLDDRW。

Step2. 建立几何约束。

（1）添加水平约束（一）。按住 Ctrl 键，依次选取图 5.4.1a 所示的"顶点 1"和"顶点 2"，然后在图形区左侧"属性"对话框的 添加几何关系 区域中单击 ─ 水平(H) 按钮，完成水平约束的添加。

说明：图 5.4.1a 所示的左侧的直线为草图实体，右侧的图形为插入的模型视图。

（2）添加水平约束（二）。参照上面的步骤完成"顶点 3"和"顶点 4"水平约束的添加。

（3）添加平行约束。按住 Ctrl 键，依次选取图 5.4.1a 所示的直线和边线，然后在图形区左侧"属性"对话框的 添加几何关系 区域中单击 ＼ 平行(E) 按钮，完成平行约束的添加，结果如图 5.4.1b 所示。

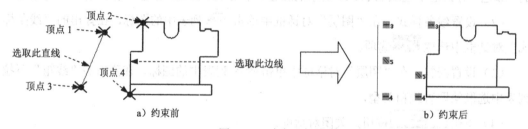

图 5.4.1　建立几何约束

5.5　使用空白视图

空白视图可用来放置草图实体，如果把草图实体直接绘制到空白视图内，则草图实体与空白视图作为整体来缩放、移动或删除，但仍可以编辑空白视图中的单个草图实体。下面介绍创建空白视图的一般操作步骤。

Step1. 打开工程图文件 D:\sw18.5\work\ch05.05\empty_views.SLDDRW。

Step2. 添加空白视图。选择下拉菜单 插入(I) ➡ 工程图视图(V) ➡ 空白视图(E) 命令，此时鼠标指针上附着一矩形虚线框，在图形区合适的位置单击以放置空白视图，如图 5.5.1 所示，此时系统弹出图 5.5.2 所示的"工程图视图 1"对话框，采用系统默认的参数设置值，单击 ✔ 按钮。

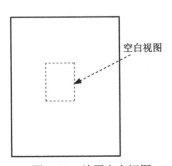

图 5.5.1　放置空白视图

图 5.5.2　"工程图视图 1"对话框

说明：图 5.5.2 所示的"工程图视图 1"中的 比例(A) 区域用来设置空白视图中草图实体的缩放比例。

Step3. 添加草图和尺寸约束。选择下拉菜单 工具(T) ➡ 草图绘制实体(K) ➡ 边角矩形(R) 命令，在空白视图内绘制图 5.5.3 所示的矩形，并添加尺寸约束。

Step4. 旋转视图。右击空白视图，在弹出的快捷菜单中选择 缩放/平移/旋转 ▸ ➡ 旋转视图(E) 命令，在弹出的"旋转工程视图"对话框的 工程视图角度(A): 文本框中输入旋转角度值为90.0,其他参数采用系统默认设置值，最后依次单击 应用 和 关闭 按钮，结果如图 5.5.4 所示。由此可见，视图中的草图实体随着视图的旋转而旋转。

Step5. 修改视图比例。单击空白视图，系统弹出"工程图视图 1"对话框，在 比例(A) 区域中选中 ⊙ 使用自定义比例(C) 单选按钮，并在其下方的下拉列表中选择 1:2 选项，单击 ✔ 按钮，结果如图 5.5.5 所示。

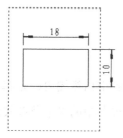

图 5.5.3　添加草图和尺寸约束

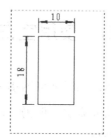

图 5.5.4　旋转视图

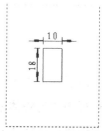

图 5.5.5　修改视图比例

学习拓展：扫一扫右侧二维码，可以免费学习更多视频讲解。

讲解内容：渲染设计背景知识及流程等。

第6章 工程图的标注

本章提要 标注在工程图中占有重要的地位。本章把标注分成尺寸标注、注释标注、基准标注、公差标注与符号标注几个部分来讲述，并配以适当的范例让读者巩固所学知识。本章主要内容包括：

- 创建中心线与中心符号线。
- 尺寸的标注与编辑。
- 基准、公差的标注。
- 表面粗糙度符号的标注。
- 注释的标注与编辑。
- 在工程图中显示3D注解。
- 销钉符号。
- 装饰螺纹线。
- 毛虫、端点处理和焊接符号。

6.1 工程图标注概述

在工程图中，标注的重要性是不言而喻的。工程图作为设计者与制造者之间交流的语言，重在向其用户反映零部件的各种信息，这些信息中的绝大部分是通过工程图中的标注来反映的。因此，一张高质量的工程图必须具备完整、合理的标注。

工程图中的标注种类很多，如尺寸标注、注释标注、基准标注、公差标注、表面粗糙度标注、焊接符号标注等。

- 尺寸标注：对于刚创建完视图的工程图，习惯上先添加其尺寸标注。由于在 SolidWorks 系统中存在着两种不同类型的尺寸：模型尺寸和参考尺寸，所以添加尺寸标注一般有两种方法：其一是通过选择下拉菜单 插入(I) ➡ 模型项目(E)... 命令来显示存在于零件模型的尺寸信息；其二是通过选择下拉菜单 工具(T) ➡ 尺寸(S) ➡ 智能尺寸(S) 命令手动创建尺寸。在标注尺寸的过程中，要注意国家制图标准中关于尺寸标注的具体规定，以免标注出的尺寸不符合国标的要求。

- 注释标注：作为加工图样的工程图很多情况下需要使用文本方式来指引性地说明零部件的加工、装配体的技术要求，这可通过添加注释来实现。SolidWorks 系统提供了多种不同的注释标注方式，可根据具体情况加以选择。

- 基准标注：在 SolidWorks 系统中，选择下拉菜单 插入(I) ➝ 注解(A) ➝ Ａ 基准特征符号 (U)… 命令，可创建基准特征符号，所创建的基准特征符号主要用于作为创建几何公差时公差的参照。

- 公差标注：主要用于对加工所需要达到的要求做相应的规定。公差包括尺寸公差和几何公差两部分；其中，尺寸公差可通过尺寸编辑来将其显示。

- 表面粗糙度标注：对零件表面有特殊要求的需标注表面粗糙度。在 SolidWorks 系统中，表面粗糙度有各种不同的符号，应根据要求选取。

- 焊接符号标注：对于有焊接要求的零件或装配体，还需要添加焊接符号。由于有不同的焊接形式，所以具体的焊接符号也不一样，因此在添加焊接符号时需要用户自己先选取一种标准，再添加到工程图中。

SolidWorks 的工程图模块具有方便的尺寸标注功能，既可以由系统根据已有约束自动标注尺寸，也可以由用户根据需要手动标注尺寸。

6.2　创建中心线与中心符号线

在工程图中，中心线与中心符号线不但可以用来标记视图的对称轴线和圆心位置，还可以参照中心线与中心符号线添加注解或标注尺寸。下面介绍中心线与中心符号线的创建方法。

6.2.1　创建中心线

中心线是以点画线标记的工程图中的对称轴。用户可以在视图中手动添加中心线，也可以在创建视图时自动添加中心线。SolidWorks 系统可避免中心线的重复添加。

在插入中心线时，用户可以选择：

- 零件边线、圆柱面。
- 在设计树中选择特征、零件。
- 在图形区域选择一个工程图。

1. 手动创建中心线

方法一：通过选取两条边线创建中心线

Step1. 打开工程图文件 D:\sw18.5\work\ch06.02.01.01\centerlines_01.SLDDRW。

Step2. 选择命令。选择下拉菜单 插入(I) ➝ 注解(A) ➝ ⊞ 中心线 (L)… 命令，系统弹出图 6.2.1 所示的"中心线"对话框。

　　Step3. 选取要添加中心线的两直线。选取图 6.2.2 所示的两条边线。

　　Step4. 单击"完成"按钮 ✔ ，完成中心线的创建，如图 6.2.3 所示。

图 6.2.1　"中心线"对话框

图 6.2.2　选取两条边线

选取这两条边线

方法二：通过选取零件特征创建中心线

　　Step1. 继续以上面的模型为例来讲解方法二。

　　Step2. 展开设计树。单击"设计树"按钮 🖾 ，在设计树中依次展开 ▸ 🖾图纸1 、▸ 🐾工程视图1 和 ▸ 🐾 connecting_base⟨7⟩ 。

　　Step3. 选择命令。选择下拉菜单 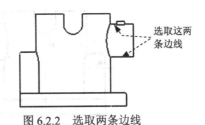 命令，系统弹出"中心线"对话框。

　　Step4. 选取要添加中心线的零件特征。单击"设计树"按钮 🖾 ，然后选择 🗐 拉伸(E)... 特征。

　　Step5. 单击"完成"按钮 ✔ ，完成中心线的创建，如图 6.2.4 所示。

图 6.2.3　创建中心线（一）

图 6.2.4　创建中心线（二）

中心线

中心线

　　Step6. 保存文件。选择下拉菜单 文件(F) ➡ 🖫 保存(S) 命令。

方法三：通过选取零件创建中心线

　　Step1. 打开工程图文件 D:\sw18.5\work\ch06.02.01.01\centerlines_02.SLDDRW。

　　Step2. 展开设计树。单击"设计树"按钮 🖾 ，在设计树中依次展开 ▸ 🖾图纸1 和 ▸ 🐾工程视图1 。

Step3. 选择命令。先在图形区选中视图，然后选择下拉菜单 插入(I) ➡ 注解(A)
➡ 中心线(L)… 命令，系统弹出"中心线"对话框。

Step4. 选取要添加中心线的零件特征。单击"设计树"按钮 ，选取零件
connecting_base<7> 。

Step5. 单击"完成"按钮 ，完成中心线的创建，如图6.2.5所示。

Step6. 保存文件。选择下拉菜单 文件(F) ➡ 保存(S) 命令。

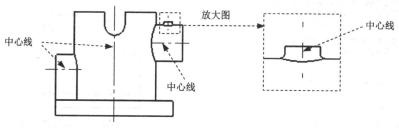

图6.2.5　创建中心线（三）

2. 自动创建中心线

Step1. 新建一个工程图文件。

（1）选择命令。选择下拉菜单 文件(F) ➡ 新建(N)… 命令，系统弹出"新建SOLIDWORKS文件"对话框。

（2）选择新建类型。在"新建SOLIDWORKS文件"对话框中选择"工程图"选项，单击 确定 按钮，系统进入工程图环境，且在图形区左侧显示"模型视图"对话框。

Step2. 设置自动生成中心线。单击"选项"按钮 选项(P)… ，系统弹出"系统选项（S）–普通"对话框。在该对话框中单击 文档属性(D) 选项卡，选中 出详图 选项，在该选项卡的 视图生成时自动插入 区域中选中 ☑中心线(E) 复选框，单击 确定 按钮。

Step3. 插入零件模型。单击"模型视图"对话框中的 浏览(B)… 按钮，系统弹出"打开"对话框；在该对话框中选择零件模型 D:\sw18.5\work\ch06.02.01.02\connecting_base. SLDPRT，单击 打开 ▾ 按钮。

Step4. 创建视图。在 方向(0) 区域中单击"下视"按钮 ，在图形区单击放置视图，如图6.2.6所示。

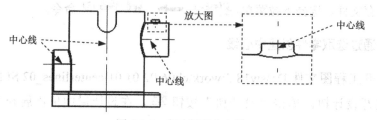

图6.2.6　自动创建中心线

Step5. 单击"完成"按钮 ✔，完成中心线的创建。

Step6. 保存文件。选择下拉菜单 文件(F) ➡️ 💾 保存(S) 命令。

说明：使用该方法创建的中心线较凌乱，读者可以根据实际要求删除多余的中心线。

6.2.2　创建中心符号线

在工程图中，中心符号线用来标记视图中圆或圆弧的圆心，可以作为尺寸标注的参考体。读者可以在视图中手动添加中心符号线，也可以在创建视图时自动添加中心符号线，下面分别介绍这两种创建中心符号线的方法。

1．手动创建中心符号线

手动创建中心符号线的一般操作步骤介绍如下。

Step1. 打开工程图文件 D:\sw18.5\work\ch06.02.02.01\center_marks.SLDDRW。

Step2. 选择命令。选择下拉菜单 插入(I) ➡️ 注解(A) ➡️ ⊕ 中心符号线(C)… 命令，系统弹出图 6.2.7 所示的"中心符号线"对话框。

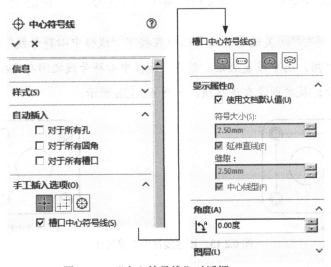

图 6.2.7　"中心符号线"对话框

Step3. 选取要添加中心符号线的圆弧（圆）。选取图 6.2.8 所示的圆弧（圆）。

Step4. 单击"完成"按钮 ✔，完成中心符号线的创建，如图 6.2.9 所示。

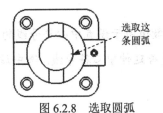

图 6.2.8　选取圆弧　　　　　图 6.2.9　中心符号线

Step5. 保存文件。选择下拉菜单 文件(F) ➡ 📄 保存(S) 命令。

图 6.2.7 所示的"中心符号线"对话框说明如下。

● 手工插入选项(O) 区域：用于选择中心符号线的类型。

☑ ⊞ （单一中心符号线）按钮：选中此按钮后，在图形区选取单一圆或圆弧，即可创建中心符号线，如图 6.2.10 所示。

☑ ⊞ （线性中心符号线）按钮：选中此按钮后，在图形区选取两个或两个以上的圆弧或圆，即可创建出图 6.2.11 所示的线性中心符号线。

☑ ⊕ （圆形中心符号线）按钮：选中此按钮后，在图形区选取三个圆弧，即可生成图 6.2.12 所示的圆形中心符号线。

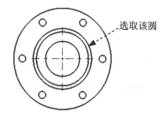 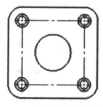 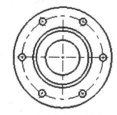

图 6.2.10　单一中心符号线　　图 6.2.11　线性中心符号线　　图 6.2.12　圆形中心符号线

☑ ☑ 连接线(N) 复选框：该复选框在按下"线性中心符号线"按钮⊞时才显示为可用。选中该复选框，创建的线性中心符号线之间有连接线，如图 6.2.13a 所示；反之则没有连接线，如图 6.2.13b 所示。

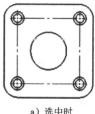 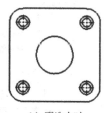

a）选中时　　　　　　　　　　　　　　b）不选中时

图 6.2.13　创建线性中心符号线

● 显示属性(I) 区域：用于设置中心符号线是否延伸和设置线型。

☑ ☑ 使用文档默认值(U) 复选框：用于确定是否接受中心符号线在"选项"对话框中的设置。选中该复选框则接受"选项"对话框中的设置，反之则通过自定义来设置中心符号线属性。

☑ 符号大小(S) 文本框：该文本框中的数值用于设置中心符号线的大小。

☑ ☑ 延伸直线(E) 复选框：用于指定是否延伸中心符号线。选中该复选框则延伸中心符号线，如图 6.2.14b 所示。

 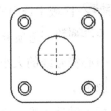

a）不延伸　　　　　　　　　　　　　　b）延伸

图 6.2.14　延伸中心符号线

☑　　☑ 中心线型(F) 复选框：用于切换中心符号线的线型。选中该复选框，中心
符号线的线型为点画线，不选中则采用系统默认的线型，如实线，如图
6.2.15 所示。

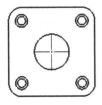 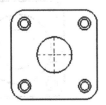

a）默认线型　　　　　　　　　　　　　b）中心线线型

图 6.2.15　切换中心符号线线型

● 角度(A) 区域：用于设置单一中心符号线的旋转角度。 文本框中的数值用于设
置中心符号线的旋转角度值，图 6.2.16 所示的是旋转 0° 和旋转 30° 的中心符号线。

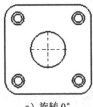 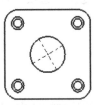

a）旋转 0°　　　　　　　　　　　　　b）旋转 30°

图 6.2.16　单一中心符号线旋转角度

2. 自动创建中心符号线（孔）

Step1. 新建一个工程图文件。

（1）选择命令。选择下拉菜单 文件(F) ➡ 新建(N)... 命令，系统弹出"新建
SolidWorks 文件"对话框。

（2）选择新建类型。在"新建 SolidWorks 文件"对话框中选择"gb_a4p"模板，单击
确定 按钮，系统进入工程图环境，在图形区左侧显示"模型视图"对话框。

Step2. 设置自动生成中心符号线。

（1）选择下拉菜单 工具(T) ➡ 选项(P)... 命令，系统弹出"系统选项（S）-普通"
对话框。在该对话框中单击 文档属性(D) 选项卡，选中 出详图 选项，在该选项卡的

视图生成时 自动插入 区域中选中 ☑ 中心符号-孔-零件(M) 复选框。

（2）在 文档属性(D) 选项卡中选中 中心线/中心符号线 选项，在 中心符号线 区域的 大小(Z)： 文本框中输入中心符号线的大小值为 2.5，并选中 ☑ 延伸直线(E) 和 ☑ 中心线型(R) 复选框，单击 确定 按钮。

Step3. 插入零件模型。单击"模型视图"对话框中的 浏览(B)... 按钮，系统弹出"打开"对话框；在该对话框中选择零件模型 D:\sw18.5\work\ch06.02.02.02\connecting_base. SLDPRT，单击 打开 ▼按钮。

Step4. 创建视图。在 方向(O) 区域中单击"前视"按钮 ▭，在图形区单击放置视图，如图 6.2.17 所示。

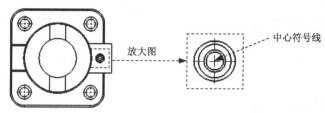

图 6.2.17　自动创建中心线

Step5. 单击"完成"按钮 ✔，完成中心符号线的创建。

Step6. 保存文件。选择下拉菜单 文件(F) ➡ 🖫 保存(S) 命令。

说明：通过在"选项"对话框中添加设置，只能为圆和圆弧添加单一中心符号线。

6.3　尺　寸　标　注

在工程图的各种标注中，尺寸标注是最重要的一种，它有着自身的特点与要求。首先，尺寸是反映零件几何形状的重要信息（对于装配体，尺寸是反映连接配合部分、关键零部件尺寸等的重要信息），在具体的工程图尺寸标注中，应力求尺寸能全面地反映零件的几何形状，不能有遗漏的尺寸，也不能有重复的尺寸（在本书中，为了便于介绍某些尺寸的操作，并未标注出能全面反映零件几何形状的全部尺寸）；其次，工程图中的尺寸标注是与模型相关联的，而且模型中的变更会反映到工程图中，在工程图中改变尺寸也会改变模型；最后，由于尺寸标注属于机械制图的一个必不可少的部分，因此标注应符合制图标准中的相关要求。

在 SolidWorks 软件中，工程图中的尺寸被分为两种类型：模型尺寸和参考尺寸。模型尺寸是存在于系统内部数据库中的尺寸信息，它们来源于零件的三维模型尺寸；参考尺寸是用户根据具体的标注需要手动创建的尺寸。这两类尺寸的标注方法不同，功能与应用也不同。通常先显示出存在于系统内部数据库中的某些重要的尺寸信息，再根据需要手动创建某些尺寸。

在具体标注尺寸时，应结合制图标准中的相关规定，注意相应的尺寸标注要求，以使尺寸能充分合理地反映零部件的各种信息。下面简要介绍一些常见尺寸标注的要求。

- 合理选择尺寸基准。
  - ☑ 在标注尺寸时，为了满足加工的需要，常以工件的某个加工面为基准，将各尺寸以此基准面为基准来标注（即便于实现设计基准和工序基准的重合，便于安排加工工艺规程），但要注意在同一方向内，同一加工表面不能作为两个或两个以上非加工表面的基准。
  - ☑ 对于孔等具有轴线的位置标注，应以轴线为基准标注出轴线之间的距离。
  - ☑ 对于具有对称结构的尺寸标注，应以对称中心平面或中心线为基准标注出对称尺寸（若对称度要求高时，还应注出对称度公差）。
- 避免出现封闭的尺寸链。标注尺寸时，不能出现封闭的尺寸链，应留出其中某个封闭环。对于有参考价值的封闭环尺寸，可将其作为参照尺寸标注出。
- 标注的尺寸应是便于测量的尺寸。在标注尺寸时，应考虑到其便于直接测量，即便于使用已有的通用测量工具进行测量。
- 标注尺寸要考虑加工所使用的工具及加工可能性。
  - ☑ 标注尺寸时，要考虑加工所使用的工具。例如，在用端面铣刀铣端面时，在边与边的过渡处应标注出铣刀直径。
  - ☑ 所标注的尺寸应是加工时用于定位等直接可以读取的尺寸数值。
- 尺寸布局要合理。

在视图中有较多的尺寸时，其布局应做到清晰合理并力求美观。在标注有内孔的尺寸时，应尽量将尺寸布置在图形之外；在有几个平行的尺寸线时，应使小尺寸在内，大尺寸在外；内外形尺寸尽可能分开标注。

6.3.1　模型尺寸

在 SolidWorks 软件中，模型尺寸是创建零件特征时系统自动生成的尺寸。当在工程图中显示模型尺寸，修改零件模型的尺寸时，工程图的尺寸会更新，同样，在工程图中修改模型尺寸也会改变模型。由于工程图中的模型尺寸受零件模型驱动，并且也可反过来驱动零件模型，所以这些尺寸也常被称为"驱动尺寸"。这里有一点要注意：在工程图中可以修改模型尺寸值的小数位数，但是四舍五入之后的尺寸值不驱动模型。

模型尺寸是创建零件特征时标注的尺寸信息，在默认情况下，将模型插入到工程图时，这些尺寸是不可见的，利用 插入(I) ➡ 模型项目(E)... 命令，可将模型尺寸在工程图中自动地显现出来。

下面讲解用"模型项目"命令显示模型尺寸的一般操作过程。

Step1. 打开工程图文件 D:\sw18.5\work\ch06.03.01\connecting_base.SLDDRW。

Step2. 选择命令。选择下拉菜单 插入(I) ➡ 模型项目(E)... 命令，系统弹出图 6.3.1 所示的"模型项目"对话框。

Step3. 选取要标注的视图或特征。在 来源/目标(S) 区域中的 来源: 下拉列表中选取 整个模型 选项，并选中 ☑ 将项目输入到所有视图(I) 复选框。

Step4. 在 尺寸(D) 区域中按下"为工程图标注"按钮 ，并选中 ☑ 消除重复(E) 复选框，其他参数设置接受系统默认设置值。

Step5. 单击"模型项目"对话框中的"完成"按钮 ✔，完成模型项目标注，尺寸如图 6.3.2 所示。

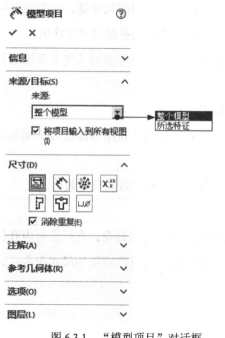

图 6.3.1　"模型项目"对话框

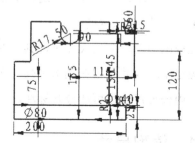

图 6.3.2　使用"模型项目"标注尺寸

Step6. 保存文件。选择下拉菜单 文件(F) ➡ 保存(S) 命令，完成文件的保存。

说明：使用"模型项目"标注尺寸时，尺寸的排列比较凌乱，尺寸的整理将在 6.3.3 节中讲到，这里不做讲解。

图 6.3.1 所示的"模型项目"对话框的部分选项说明如下。

● 来源/目标(S) 区域：用于选取要标注的特征或视图。

☑ 来源: 下拉列表：在该下拉列表可选取要插入模型项目的对象，包括 整个模型 和 所选特征 选项。选取 整个模型 选项，标注的是整个模型的尺寸；选取 所选特征 选项，标注的是所选零件特征的尺寸。

- ☑ ☑ 将项目输入到所有视图(I) 复选框：选中该复选框，模型项目将插入到所有视图中；不选中该复选框，则需要在图形区指定视图。

- 尺寸(D) 区域：用于选取要标注的模型项目。

  - ☑ 🔲 (为工程图标注) 按钮：按下该按钮，将对工程图标注尺寸。

  - ☑ 🔲 (设为工程图标注) 按钮：按下该按钮，将不对工程图标注尺寸。

  - ☑ 🔲 (实例/圈数计数) 按钮：按下该按钮，将对阵列特征的实例个数进行标注。

  - ☑ 🔲 (异型孔向导轮廓) 按钮：按下该按钮，将对工程图中孔的尺寸进行标注。

  - ☑ 🔲 (异型孔向导位置) 按钮：按下该按钮，将对工程图中孔的位置进行标注。

  - ☑ 🔲 (孔标注) 按钮：按下该按钮，将对工程图中的孔进行标注。

  - ☑ ☑ 消除重复(E) 复选框：选中该复选框，将工程图中标注的重复尺寸自动删除；不选中则在工程图中会出现重复标注的情况。

说明： 在 尺寸(D) 区域中，只有"异型孔向导轮廓"按钮 🔲 和"孔标注"按钮 🔲 不能同时按下外，其他都可以同时按下。

6.3.2 参考尺寸

参考尺寸是通过"标注尺寸"命令在工程图中创建的尺寸。该尺寸的尺寸值不允许被修改，当在零件环境中修改零件模型时，参考尺寸也会随之变化。由此可见，参考尺寸与零件模型具有单向关联性，所以参考尺寸又被称作"从动尺寸"。标注参考尺寸的操作方法如下。

1. 自动标注尺寸

下面讲解用"智能尺寸"命令自动标注尺寸的一般操作过程。

Step1. 打开工程图文件 D:\sw18.5\work\ch06.03.02.01\label.SLDDRW。

Step2. 选择命令。选择下拉菜单 工具(T) ➡ 尺寸(S) ➡ 🔧 智能尺寸(S) 命令，系统弹出图 6.3.3 所示的"尺寸"对话框，单击 自动标注尺寸 选项卡，系统弹出图 6.3.4 所示的"自动标注尺寸"对话框。

Step3. 单击"完成"按钮 ✓，完成自动标注尺寸的操作，如图 6.3.5 所示。

Step4. 保存文件。选择下拉菜单 文件(F) ➡ 🔲 保存(S) 命令。

说明： 本例中只有一个视图，所以系统默认将其选中。在选取要标注尺寸的视图时，必须要在视图以外、视图虚线框以内的区域单击；因为是系统自动添加尺寸，所以每次标注的位置有所不同。

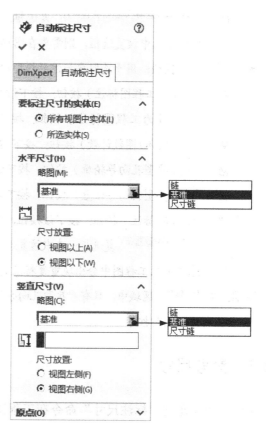

图 6.3.4　"自动标注尺寸"对话框

图 6.3.3　"尺寸"对话框

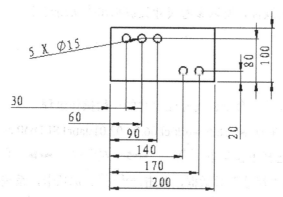

图 6.3.5　以基准的方式标注尺寸

图 6.3.4 所示的"自动标注尺寸"对话框中各命令的说明如下。

- **要标注尺寸的实体(E)** 区域：用于选择需要标注的视图或实体零件的尺寸。

  ☑　**⊙ 所有视图中实体(L)** 单选按钮：选择该单选按钮，标注所选视图中的所有实体尺寸。

  ☑　**⊙ 所选实体(S)** 单选按钮：选择该单选按钮，只标注所选实体尺寸。

- **水平尺寸(H)** 区域：用于控制水平尺寸标注的尺寸类型和尺寸放置位置。

☑ **链** 选项：选取该选项，以链的方式标注水平尺寸，如图 6.3.6 所示。

☑ **基准** 选项：选取该选项，以基准尺寸的方式标注水平尺寸，如图 6.3.7 所示。

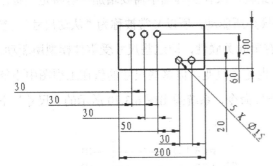

图 6.3.6 以链的方式标注尺寸

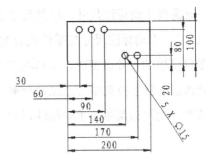

图 6.3.7 以基准尺寸的方式标注尺寸

☑ **尺寸链** 选项：选取该选项，以尺寸链的方式标注水平尺寸，如图 6.3.8 所示。

☑ **◉ 视图以上(A)** 单选按钮：选取该单选按钮，尺寸将放置在视图的上方。

☑ **◉ 视图以下(W)** 单选按钮：选取该单选按钮，尺寸将放置在视图的下方。

● **垂直尺寸(V)** 区域：该区域的设置与 **水平尺寸(H)** 区域设置相同，如图 6.3.9 所示。

☑ **◉ 视图左侧(F)** 单选按钮：选取该单选按钮，尺寸将放置在视图的左侧。

☑ **◉ 视图右侧(G)** 单选按钮：选取该单选按钮，尺寸将放置在视图的右侧。

● **原点(O)** 区域：用于设置尺寸原点。原点一般设定在一条水平边线的端点，原点为所有尺寸的零起点。

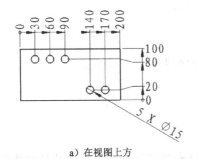

a）在视图上方

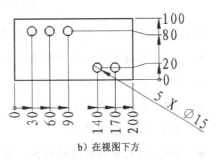

b）在视图下方

图 6.3.8 以尺寸链的方式标注尺寸

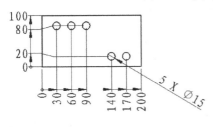

a）视图左侧

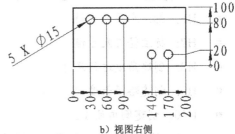

b）视图右侧

图 6.3.9 以尺寸链的方式标注尺寸

2. 手动标注尺寸

当自动生成尺寸不能全面地表达零件的结构，或在工程图中需要增加一些特定的标注时，就需要手动标注尺寸，这类尺寸受零件模型所驱动，所以又常被称为"从动尺寸"（参考尺寸）。手动标注尺寸与零件或装配体具有单向关联性，即这些尺寸受零件模型所驱动，当零件模型的尺寸改变时，工程图中的尺寸也随之改变，但这些尺寸的值在工程图中不能被修改。选择下拉菜单 工具(T) ➡️ 尺寸(S) 命令，系统弹出图 6.3.10 所示的"尺寸"下拉菜单，利用该菜单可手动标注尺寸。

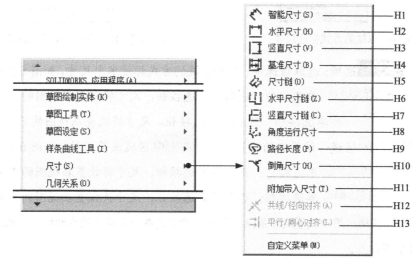

图 6.3.10　"尺寸"子菜单

图 6.3.10 所示的"尺寸"下拉菜单的说明如下。

- H1：根据用户选取的对象以及光标位置智能地判断尺寸类型。
- H2：标注水平尺寸。
- H3：标注竖直尺寸。
- H4：标注基准尺寸。
- H5：以尺寸链标注的形式，包括水平尺寸链和竖直尺寸链，且尺寸链的类型（水平或竖直）由用户所选点的方位来定义。
- H6：标注水平尺寸链。
- H7：标注竖直尺寸链。
- H8：创建角度运行尺寸。
- H9：创建路径长度。
- H10：创建倒角尺寸。
- H11：添加工程图附加带入的尺寸。
- H12：使所选尺寸共线或径向对齐。
- H13：使所选尺寸平行或同心对齐。

下面将详细介绍标注基准尺寸、尺寸链、圆柱（孔）尺寸和倒角尺寸的方法。

a．标注基准尺寸

基准尺寸是用于工程图中的参考尺寸，用户无法更改其数值或将其用来驱动模型。基准尺寸自动成组，并能指定间隔距离，其标注方法：选择下拉菜单 工具(T) ➡️ ⚙️ 选项(P)... 命令，在系统弹出的"系统选项"对话框中单击 文档属性(D) 选项卡，在 尺寸 选项的 等距距离 区域指定间隔距离。

下面讲解标注基准尺寸的一般操作过程。

Step1．打开工程图文件 D:\sw18.5\work\ch06.03.02.02\a\label.SLDDRW。

Step2．选择命令。选择下拉菜单 工具(T) ➡️ 尺寸(S) ➡️ 基准尺寸(B) 命令。

Step3．选取要标注的图元。依次选取图 6.3.11 所示的"直线 1""圆 1""圆 2"和"圆 3"。

Step4．完成标注，按下 Esc 键，完成基准尺寸标注，如图 6.3.12 所示。

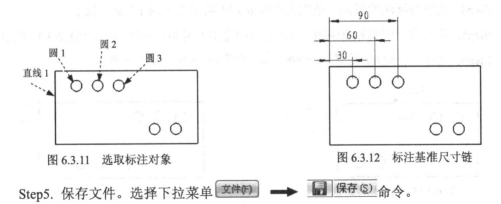

图 6.3.11　选取标注对象　　　　　图 6.3.12　标注基准尺寸链

Step5．保存文件。选择下拉菜单 文件(F) ➡️ 保存(S) 命令。

b．标注水平尺寸链

在工程图中生成水平尺寸链（从第一个所选项目水平测量）时，选取第一个项目后，其他所有项目将以此为测量基准。下面讲解标注水平尺寸链的一般操作过程。

Step1．打开工程图文件 D:\sw18.5\work\ch06.03.02.02\b\label.SLDDRW。

Step2．选择下拉菜单 工具(T) ➡️ 尺寸(S) ➡️ 水平尺寸链(Z) 命令。

Step3．定义尺寸链的基准。选取图 6.3.13 所示的"直线 1"为尺寸链基准，再选取合适的位置单击以放置基准尺寸。

Step4．选取要标注的图元。依次选取图 6.3.13 所示的"圆 1""圆 2""圆 3""圆 4"和"圆 5"。

Step5．单击"尺寸"对话框中的 ✔ 按钮，完成标注水平尺寸链操作，结果如图 6.3.14 所示。

Step6．选择下拉菜单 文件(F) ➡️ 保存(S) 命令，保存文件。

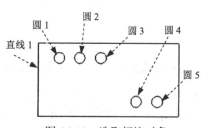

图 6.3.13　选取标注对象

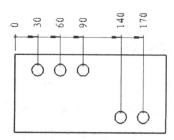

图 6.3.14　标注水平尺寸链

c. 标注竖直尺寸链

下面讲解标注竖直尺寸链的一般操作过程。

Step1. 打开工程图文件 D:\sw18.5\work\ch06.03.02.02\c\label.SLDDRW。

Step2. 选择命令。选择下拉菜单 工具(T) ➡ 尺寸(S) ➡ 竖直尺寸链(C) 命令。

Step3. 定义尺寸链的基准。在系统的提示下，选取图 6.3.15 所示的"直线 1"，再选择合适的位置单击，以放置第一个尺寸。

Step4. 选取要标注的图元。依次选取图 6.3.15 所示的"圆 1"和"圆 2"。

Step5. 单击"尺寸"对话框中的 ✔ 按钮，完成竖直尺寸链的标注，结果如图 6.3.16 所示。

Step6. 选择下拉菜单 文件(F) ➡ 保存(S) 命令，保存文件。

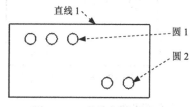

图 6.3.15　选取标注对象

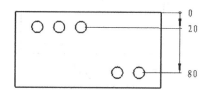

图 6.3.16　标注竖直尺寸链

d. 标注倒角尺寸

标注倒角尺寸时，先选取倒角边线，再选择引入边线，然后单击图形区域来放置尺寸。下面讲解标注倒角尺寸的一般操作过程。

Step1. 打开工程图文件 D:\sw18.5\work\ch06.03.02.02\d\label_bevel.SLDDRW。

Step2. 选择下拉菜单 工具(T) ➡ 尺寸(S) ➡ 倒角尺寸(H) 命令。

Step3. 依次选取图 6.3.17 所示的"直线 1"和"直线 2"。

Step4. 放置尺寸。选择合适的位置放置尺寸，系统弹出图 6.3.18 所示的"尺寸"对话框。

Step5. 定义标注尺寸文字类型。在"尺寸"对话框的 标注尺寸文字(T) 区域单击 C1 按钮。

Step6. 单击对话框中的"完成"按钮 ✔ ，完成标注倒角尺寸操作，结果如图 6.3.17 所示。

Step7. 选择下拉菜单 文件(F) ➡ 保存(S) 命令，保存文件。

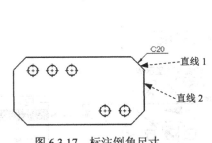

图 6.3.17　标注倒角尺寸

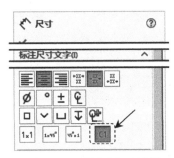

图 6.3.18　"尺寸"对话框

图 6.3.18 所示的"标注尺寸文字"区域的说明如下。

- ⎡1x1⎤按钮：倒角尺寸样式以"距离×距离"的样式显示，如图 6.3.19 所示。

- ⎡1x45°⎤按钮：倒角尺寸样式以"距离×角度"的样式显示，如图 6.3.20 所示。

- ⎡45°x1⎤按钮：倒角尺寸样式以"角度×距离"的样式显示，与"距离×角度"的样式相反。

- ⎡C1⎤按钮：标注尺寸样式以"C 距离"的样式显示，如图 6.3.17 所示。

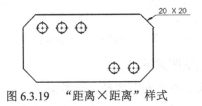

图 6.3.19　"距离×距离"样式

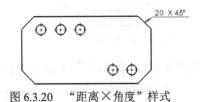

图 6.3.20　"距离×角度"样式

e. 标注圆柱（孔）尺寸

使用"智能尺寸"命令可标注一般的圆柱（孔）尺寸，如只含单一圆柱的通孔，对于含较多尺寸信息的圆柱孔，如沉孔等，可使用"孔标注"命令来创建，此方法将在 6.10 节中讲到。标注圆柱（孔）尺寸时的尺寸样式较多，读者应留意各尺寸样式的创建方法。下面讲解标注圆柱（孔）尺寸的一般操作步骤。

Step1. 打开工程图文件 D:\sw18.5\work\ch06.03.02.02\e\label.SLDDRW。

Step2. 选择下拉菜单 工具(T) ➡ 尺寸(S) ➡ 智能尺寸(S) 命令，系统弹出"尺寸"对话框。

Step3. 选取要标注的图元，选取图 6.3.21 所示的圆。

Step4. 放置尺寸。选择合适的位置放置尺寸。

Step5. 定义标注引线。在"尺寸"对话框中单击 引线 选项卡，"引线"选项卡参数设置如图 6.3.22 所示。

Step6. 单击对话框中的"完成"按钮 ✓，完成标注圆尺寸操作，结果如图 6.3.21 所示。

Step7. 选择下拉菜单 文件(F) ➡ 保存(S) 命令，保存文件。

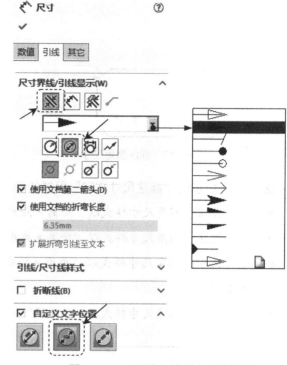

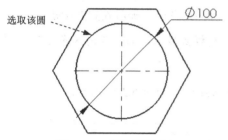

图 6.3.21　标注圆尺寸　　　　　　　　图 6.3.22　"引线"选项卡参数设置

图 6.3.22 所示的 引线 选项卡中各选项的功能说明如下。

- 在 尺寸界线/引线显示(W) 区域中可设置尺寸界线和引线的显示类型。
  - ☑ （外面）按钮：单击该按钮，尺寸箭头放置在圆或尺寸界线外。
  - ☑ （里面）按钮：单击该按钮，尺寸箭头放置在圆或尺寸界线内。
  - ☑ （智能）按钮：单击该按钮，根据实际情况和用户意向来放置尺寸箭头。
  - ☑ ☑使用文档的折弯长度 复选框：取消选中该复选框时，该复选框下的文本框被激活，引线不使用"选项"设置中定义的弯折长度，可以在文本框中输入数值来定义引线弯折长度。
  - ☑ （半径）按钮：以半径形式标注圆。
  - ☑ （直径）按钮：以直径形式标注圆。
  - ☑ （线型）按钮：以线型直径形式标注圆。
  - ☑ （尺寸线折弯）按钮：单击该按钮，半径尺寸线以折弯的形式显示。当圆弧的圆心位于工程图外或与另一工程图视图相互干扰时，常使用"尺寸线折弯"命令简化半径的标注。
  - ☑ （空引线）按钮：单击该按钮，半径尺寸将位于圆外，且圆内不含尺寸线。
  - ☑ （实引线）按钮：单击该按钮，半径尺寸将位于圆外，且尺寸线由圆心引出。
  - ☑ （双箭头/空引线）按钮：单击该按钮，直径尺寸将位于圆外，且圆内不含尺寸线。

☑ [图标]（单箭头/实引线）按钮：单击该按钮，直径尺寸将位于圆外，且尺寸线穿过圆心，以单箭头的形式显示。

☑ [图标]（单箭头/空引线）按钮：单击该按钮，直径尺寸在圆外以单箭头的形式显示，且圆内不含尺寸线。

☑ [图标]（双箭头/实引线）按钮：单击该按钮，以双箭头的形式显示直径尺寸，尺寸箭头位于圆外，且尺寸线穿过圆心。

☑ [图标]（与轴垂直）按钮：单击该按钮，在圆的径向平面以双箭头的形式标注线性直径尺寸。

☑ 为了更清楚地表达尺寸引线的样式，下面将详细介绍 **尺寸界线/引线显示(W)** 区域中各按钮的配合（图 6.3.23～图 6.3.31）。

☑ 尺寸在外的半径尺寸。

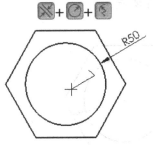

图 6.3.23 尺寸线折弯

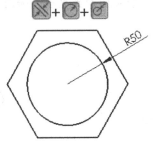

图 6.3.24 实引线

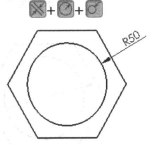

图 6.3.25 空引线

◆ 尺寸在外的直径尺寸。

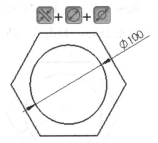

图 6.3.26 双箭头/实引线

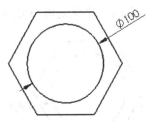

图 6.3.27 双箭头/空引线

◆ 尺寸在内的半径尺寸。

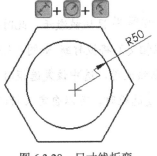

图 6.3.28 尺寸线折弯

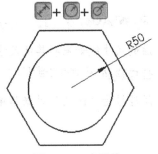

图 6.3.29 实引线

◆ 尺寸在内的直径尺寸。

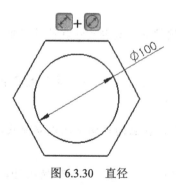

图 6.3.30　直径

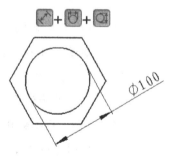

图 6.3.31　与轴垂直

☑　☑ 使用文档第二箭头(D) 复选框：当"直径"按钮 被按下时，该复选框将被激活，取消选中该复选框时，将以双箭头的形式显示直径尺寸，如图 6.3.32 所示；反之，将以单箭头的形式显示，如图 6.3.33 所示。

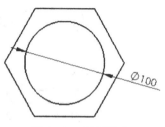

图 6.3.32　取消选中

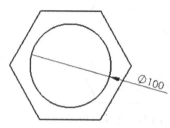

图 6.3.33　选中

☑　☑ 尺寸置于圆弧内(R) 复选框：当"半径"按钮 被按下时，该复选框被激活，取消选中该复选框时,如图 6.3.34 所示；选中该复选框时，如图 6.3.35 所示。

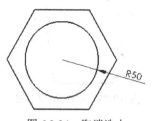

图 6.3.34　取消选中

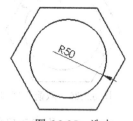

图 6.3.35　选中

● 折断线(B) 复选框：选中此复选框时， 折断线(B) 区域被激活，此时，当前标注的尺寸线如果和其他尺寸线相交，该尺寸线在相交处将被打断，如图 6.3.36 所示。该区域的 ☑ 使用文档间隙(G) 复选框用于设置折断线间隙，选中该复选框时，折断线间隙接受"选项"对话框中的设置；不选中该复选框时，可以自定义折断线间隙。

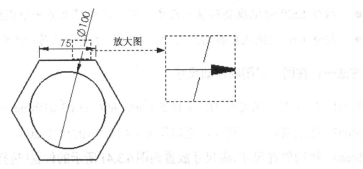

图 6.3.36　折断线

- 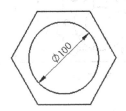 复选框：选中此复选框时，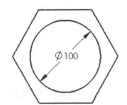 区域被激活，该区域用于设置尺寸文本的位置。

  - ☑ "实引线，文字对齐" 按钮 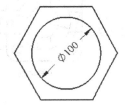：单击该按钮，尺寸文本位于引线上方且与引线保持平齐，如图 6.3.37 所示。

  - ☑ "折断引线，水平文字" 按钮 ：单击该按钮，尺寸文本保持水平，如果尺寸文本位于圆内，将打断引线放置，如图 6.3.38 所示；如果尺寸文本位于圆外，将以折弯引线的形式放置。

  - ☑ "折断引线，文字对齐" 按钮 ：单击该按钮，尺寸文本打断引线且与引线对齐，如图 6.3.39 所示。

图 6.3.37　实引线，文字对齐　　　图 6.3.38　折断引线，水平文字　　　图 6.3.39　折断引线，文字对齐

6.3.3　编辑尺寸

从前面 "尺寸标注" 的操作中我们注意到，由系统自动显示的尺寸在工程图中有时会显得杂乱无章，如尺寸相互遮盖，尺寸间距过松或过密，某个视图上的尺寸太多，出现重复尺寸，这些问题通过尺寸的操作工具都可以解决。尺寸的操作包括尺寸（包含尺寸文本）的移动、隐藏、删除、切换视图、修改尺寸线或尺寸延长线等。下面分别对它们进行讲解。

1. 移动尺寸

移动尺寸及尺寸文本有以下三种方法。

- 拖拽要移动的尺寸文本，可在视图内移动尺寸。

- 按住 Shift 键拖拽要移动的尺寸，可将尺寸移至另一个视图。
- 按住 Ctrl 键拖拽要移动的尺寸，可将尺寸复制至另一个视图。

方法一：在同一视图内移动尺寸

Step1. 打开工程图文件 D:\sw18.5\work\ch06.03.03.01\bluepencil _01.SLDDRW。

Step2. 选取要移动的尺寸，选取图 6.3.40 所示的尺寸 200。

Step3. 移动放置尺寸。将尺寸放置到图 6.3.41 所示的位置（选择合适的位置放置尺寸）。

说明： 在拖拽尺寸时，先选中要移动的尺寸，按住鼠标左键不放，移动到合适位置后松开左键。

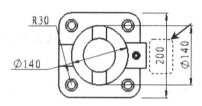

图 6.3.40　选取要移动的尺寸

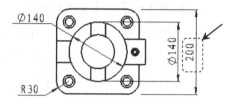

图 6.3.41　放置移动的尺寸

Step4. 参照以上步骤移动其他三个尺寸，完成移动后的尺寸如图 6.3.42b 所示。

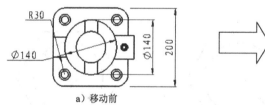

a）移动前

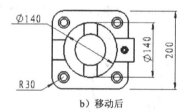

b）移动后

图 6.3.42　移动尺寸

说明： 当选中尺寸后，尺寸上会出现图 6.3.43 所示的 7 个尺寸点（实心小方框），这 7 个点对尺寸的移动是很重要的，具体作用如下。

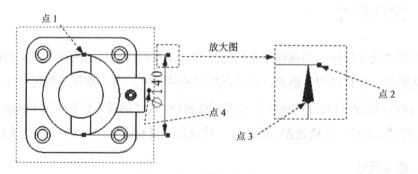

图 6.3.43　移动尺寸点

- 点 1：拖动该点，可以改变尺寸延长线的长度和方向，如图 6.3.44b 所示；和点 1 对应的点与点 1 的作用是一样的。

a）改变前　　　　　　　　　　　　　b）改变后

图 6.3.44　改变尺寸延长线

- 点 2：拖动该点，可以将尺寸沿竖直方向移动，如图 6.3.45b 所示；和点 2 对应的点与点 2 的作用一样。

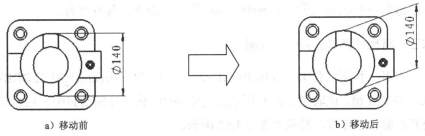

a）移动前　　　　　　　　　　　　　b）移动后

图 6.3.45　移动尺寸

- 点 3：单击该点，可以改变尺寸箭头的方向，如图 6.3.46b 所示；和点 3 对应的点与点 3 的作用一样。

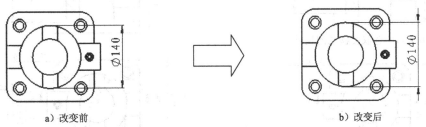

a）改变前　　　　　　　　　　　　　b）改变后

图 6.3.46　改变尺寸箭头方向

- 点 4：拖动该点，可以将尺寸沿圆心旋转，如图 6.3.47b 所示。

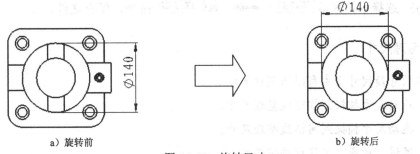

a）旋转前　　　　　　　　　　　　　b）旋转后

图 6.3.47　旋转尺寸

方法二：将尺寸移至另一个视图

Step1. 打开工程图文件 D:\sw18.5\work\ch06.03.03.01\bluepencil_02.SLDDRW。

Step2. 移动尺寸。按 Shift 键，选取图 6.3.48 所示的尺寸 ϕ60，将尺寸移动到俯视图后，松开左键和 Shift 键，结果如图 6.3.49 所示。

Step3. 参照 Step2，再将尺寸 ϕ60 移动到主视图中。

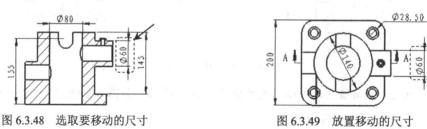

图 6.3.48　选取要移动的尺寸　　　　图 6.3.49　放置移动的尺寸

Step4. 选择下拉菜单 文件(F) ➡️ 保存(S) 命令，保存文件。

方法三：将尺寸复制至另一个视图

Step1. 打开工程图文件 D:\sw18.5\work\ch06.03.03.01\bluepencil_03.SLDDRW。

Step2. 按 Ctrl 键，选取图 6.3.50 所示的尺寸 ϕ60，将尺寸拖动到图 6.3.51 所示的俯视图后，松开左键和 Ctrl 键，结果如图 6.3.52 所示。

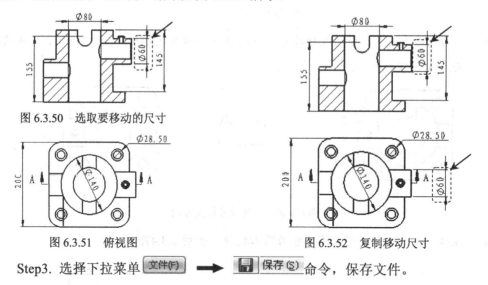

图 6.3.50　选取要移动的尺寸

图 6.3.51　俯视图　　　　　　　　　图 6.3.52　复制移动尺寸

Step3. 选择下拉菜单 文件(F) ➡️ 保存(S) 命令，保存文件。

2. 整理尺寸

整理尺寸及尺寸文本有以下三种方法。

- 拖动尺寸捕捉到推理线整理尺寸。
- 拖动尺寸捕捉到网格线整理尺寸。
- 通过"对齐"工具栏整理尺寸。

方法一：拖动尺寸捕捉到推理线整理尺寸

Step1. 打开工程图文件 D:\sw18.5\work\ch06.03.03.02\coordinate_01.SLDDRW。

Step2. 选取要整理的尺寸。选取图 6.3.53 所示尺寸"φ140"的文本。

Step3. 移动放置尺寸。将尺寸移动到图 6.3.54 所示的位置，捕捉到"推理线"，调整与尺寸"φ80"的距离，结果如图 6.3.54 所示。

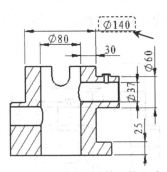

图 6.3.53　选取要整理的尺寸

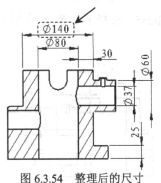

图 6.3.54　整理后的尺寸

说明：在拖动尺寸时，选中的尺寸在移动过程中会出现黄色的虚线"推理线"，可以根据捕捉到的"推理线"对齐尺寸。

Step4. 参照移动尺寸"φ140"的步骤移动其他尺寸，结果如图 6.3.55b 所示。

Step5. 选择下拉菜单 文件(F) ➡ 保存(S) 命令，保存文件。

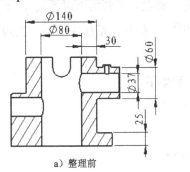

a）整理前

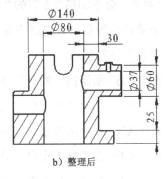

b）整理后

图 6.3.55　整理尺寸

方法二：拖动尺寸捕捉到网格线整理尺寸

Step1. 打开工程图文件 D:\sw18.5\work\ch06.03.03.02\coordinate_02. SLDDRW。

Step2. 选取要整理的尺寸。选取图 6.3.56 所示尺寸"φ140"的文本。

Step3. 移动放置尺寸。将尺寸移动到图 6.3.57 所示的位置，并捕捉到"网格线"，调整与尺寸"φ80"的距离，结果如图 6.3.57 所示。

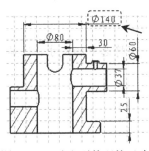

图 6.3.56　选取要整理的尺寸

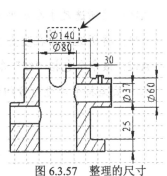

图 6.3.57　整理的尺寸

说明：在拖动尺寸时，选中的尺寸在移动过程中便可以捕捉到网格线上，调整好与其他尺寸的位置放置尺寸。

Step4. 参照移动尺寸"φ140"的步骤移动其他尺寸，完成移动后的尺寸如图 6.3.58b 所示。

Step5. 选择下拉菜单 文件(F) ➡ 保存(S) 命令，保存文件。

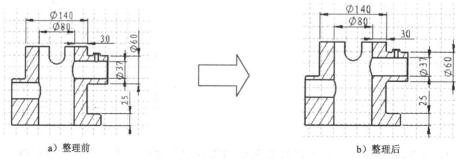

a）整理前   b）整理后

图 6.3.58 整理尺寸

方法三：通过"对齐"工具栏整理尺寸

"对齐"命令和第 2.2 节的"对齐"工具栏的作用是一样的，主要用于对齐尺寸、注解、几何公差符号等项目。选择下拉菜单 工具(T) ➡ 对齐 命令，系统弹出图 6.3.59 所示的"对齐"下拉菜单。

图 6.3.59 所示的"对齐"下拉菜单的部分选项说明如下。

- A1：在所选尺寸中，将尺寸与最左边的尺寸对齐。
- A2：在所选尺寸中，将尺寸与最右边的尺寸对齐。
- A3：在所选尺寸中，将尺寸与最上端的尺寸对齐。
- A4：在所选尺寸中，将尺寸与最下端的尺寸对齐。
- A5：将所选尺寸全部水平对齐。
- A6：将所选尺寸全部竖直对齐。
- A7：将尺寸在两条水平或竖直线之间对齐。
- A8：将所选尺寸在水平方向上均匀等距对齐。
- A9：将所选尺寸在竖直方向上均匀等距对齐。
- A10：将所选尺寸在水平方向上紧密等距对齐。
- A11：将所选尺寸在竖直方向上紧密等距对齐。
- A12：该命令包括"组"命令和"解除组"命令；可将选中的尺寸、注解、注释、几何公差符号等进行分组组合或解除组合。

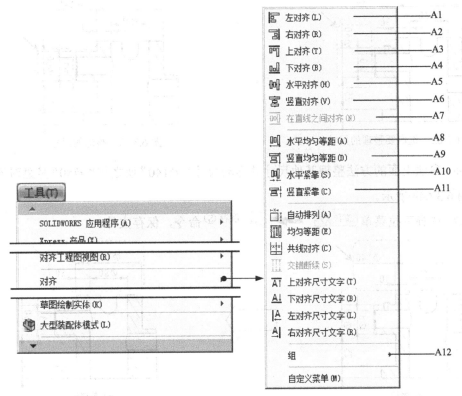

图 6.3.59 "对齐"下拉菜单

下面以竖直对齐与水平对齐混合使用的方法讲解对齐整理尺寸。

Step1. 打开工程图文件 D:\sw18.5\work\ch06.03.03.02\coordinate_03.SLDDRW。

Step2. 按 Ctrl 键，选取图 6.3.60 所示的尺寸"25"和"$\phi 60$"。

Step3. 选取命令。选取下拉菜单 工具(T) ➡ 对齐 ➡ 竖直对齐(V)命令，选取的尺寸将竖直对齐，如图 6.3.61 所示。

Step4. 按 Ctrl 键，选取图 6.3.62 所示的尺寸"$\phi 37$"和"$\phi 60$"。

Step5. 选取命令。选择下拉菜单 工具(T) ➡ 对齐 ➡ 水平对齐(H)命令，选中的尺寸将水平对齐，如图 6.3.63 所示。

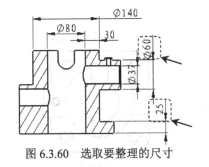

图 6.3.60 选取要整理的尺寸

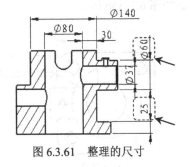

图 6.3.61 整理的尺寸

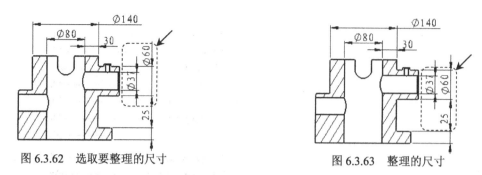

图 6.3.62　选取要整理的尺寸　　　　　　　图 6.3.63　整理的尺寸

Step6. 参照上面的方法整理其他尺寸并拖动尺寸"$\phi140$"使之与"$\phi80$"竖直对齐，结果如图 6.3.64b 所示。

Step7. 选择下拉菜单 文件(F) ➡ 💾 保存(S) 命令，保存文件。

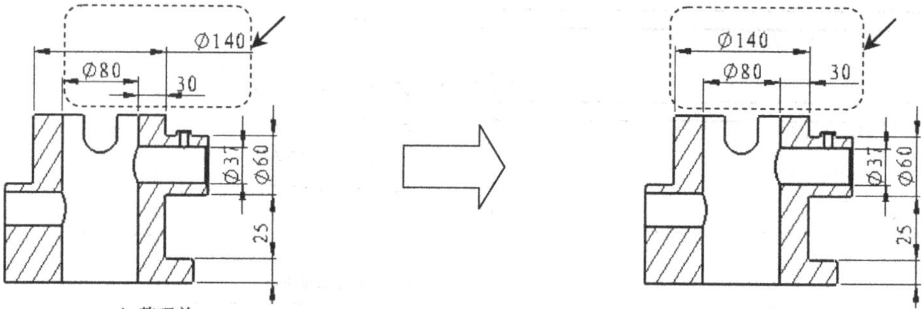

a）整理前　　　　　　　　　　　　　　b）整理后

图 6.3.64　整理尺寸

3. 隐藏与显示尺寸

隐藏只是暂时使尺寸处于不可见的状态，其还可以通过显示操作使其显示出来。隐藏尺寸不同于删除尺寸，隐藏的尺寸仍存在于视图中，可根据需要将其显示；如果删除尺寸，尺寸将不能被显示，必须重新标注。

下面讲解隐藏与显示尺寸的一般操作步骤。

Step1. 打开工程图文件 D:\sw18.5\work\ch06.03.03.03\bluepencil.SLDDRW。

Step2. 选取命令。选择下拉菜单 视图(V) ➡ 隐藏/显示 (H) ➡ 🔤 注解(A) 命令。

Step3. 选取要隐藏的尺寸，选取图 6.3.65a 所示的尺寸，再按 Esc 键即可将其隐藏，隐藏后如图 6.3.65b 所示。

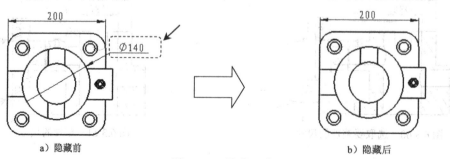

a）隐藏前　　　　　　　　　　　　　　b）隐藏后

图 6.3.65　隐藏尺寸

Step4. 选择命令。选择下拉菜单 视图(V) ➡ 隐藏/显示(H) ➡ Abc 注解(A)命令。
已隐藏的尺寸在图形区以灰色显示。

Step5. 选取要显示的尺寸。选取图 6.3.66a 所示的尺寸（灰色尺寸），再按 Esc 键即可
将其显示，结果如图 6.3.66b 所示。

Step6. 选择下拉菜单 文件(F) ➡ 保存(S)命令，保存文件。

说明：可以按住 Ctrl 键连续选取多个尺寸后再同时隐藏。隐藏尺寸还可以先选择尺寸，
再右击，在弹出的快捷菜单中选择 隐藏(E)命令。该方法也可以同时显示多个尺寸。

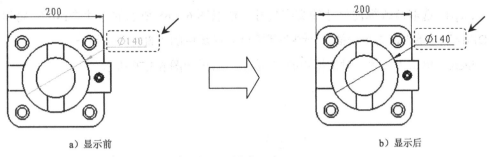

a）显示前   b）显示后

图 6.3.66 显示尺寸

4. 删除尺寸

删除尺寸是将创建的多余尺寸删除，不在视图中显示出来。

下面讲解删除尺寸的一般操作步骤。

Step1. 打开工程图文件 D:\sw18.5\work\ch06.03.03.04\bluepencil.SLDDRW。

Step2. 选取要删除的尺寸。选取图 6.3.67a 所示的尺寸。

Step3. 选取命令。选择下拉菜单 编辑(E) ➡ ✕ 删除(D) Del 命令，尺寸便自动删除，
结果如图 6.3.67b 所示。

Step4. 选择下拉菜单 文件(F) ➡ 保存(S)命令，保存文件。

说明：可以按住 Ctrl 键连续选取多个尺寸后再同时删除。选取所要删除的尺寸，再按
Delete 键。

a）删除前   b）删除后

图 6.3.67 删除尺寸

5. 修改尺寸文字

修改尺寸文字是指修改尺寸的主要值、标注尺寸文字、公差、字体、字体样式等。下面讲解修改主要值和标注尺寸文字的一般操作步骤。

Step1. 打开工程图文件 D:\sw18.5\work\ch06.03.03.05\bluepencil.SLDDRW。

Step2. 选取要修改的尺寸。选取图 6.3.68 所示的尺寸"200"，系统会弹出图 6.3.69 所示的"尺寸"对话框。

Step3. 设置修改参数。在 主要值(V) 区域 ↗ 后的文本框中输入主要值为 250。

Step4. 选取修改标注尺寸的文字尺寸。选取图 6.3.68 所示的尺寸"140"，将鼠标在"<DIM>"前单击，再单击插入 标注尺寸文字(T) 区域中的"直径"按钮 Ø 。

Step5. 单击"尺寸"对话框中的 ✔ 按钮，结果如图 6.3.70 所示。

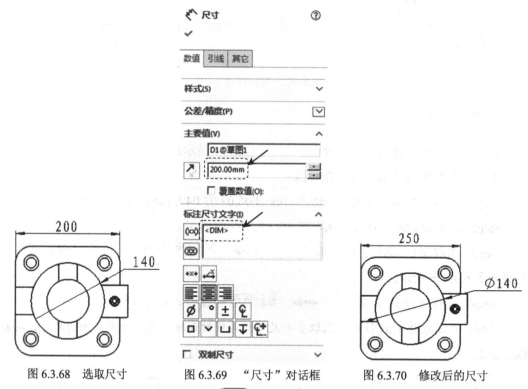

图 6.3.68　选取尺寸　　　　图 6.3.69　"尺寸"对话框　　　图 6.3.70　修改后的尺寸

图 6.3.69 所示的"尺寸"对话框 数值 选项卡中部分选项的功能说明如下。

- 主要值(V)：指工程图中能改变零部件模型的尺寸（草图尺寸）。系统允许将公差添加到已覆盖的尺寸上。

- 标注尺寸文字(T)：<DIM> 表示尺寸的真实值。在该区域的文本框中，通过改变光标的位置可添加文字的前缀、后缀、上标和下标。如果在文本框中删除"<DIM>"，可自定义尺寸值，该尺寸值不能改变零部件尺寸，只能作为原始尺寸的覆盖值。

Step6. 在工具栏中单击"重建模型"按钮 ⚙️，此时工程图的尺寸和视图得到更新，结果如图 6.3.71b 所示。

Step7. 选择下拉菜单 文件(F) ➡️ 💾 保存(S) 命令，保存文件。

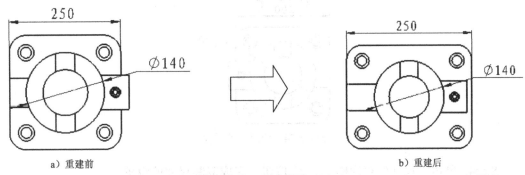

a）重建前　　　　　　　　　　b）重建后

图 6.3.71　重建模型

6．设置双制尺寸

设置双制尺寸是指指定视图中的尺寸以双制尺寸单位显示，如米制尺寸和英制尺寸同时显示。一般设置显示双制尺寸在"文档属性"中的"尺寸"对话框中设置。在"系统选项"对话框的 文档属性(D) 选项卡中选择 尺寸 选项，在对话框中选中 ☑ 双制尺寸显示(U) 复选框，可在标注尺寸时自动显示双制尺寸；通过在"尺寸"对话框中设置双制尺寸显示模式，可自定义单个尺寸的显示模式。

下面讲解在"尺寸"对话框中设置双制尺寸的一般操作步骤。

Step1. 打开工程图文件 D:\sw18.5\work\ch06.03.03.06\bluepencil.SLDDRW。

Step2. 选取要修改的尺寸。选取图 6.3.72 所示的尺寸，系统弹出图 6.3.73 所示的"尺寸"对话框。

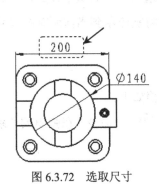

图 6.3.72　选取尺寸　　　　图 6.3.73　"尺寸"对话框

Step3. 设置双制尺寸。在对话框中选中 ☑ 双制尺寸 复选框，其他参数接受系统默认设置值，此时所选取的尺寸如图 6.3.74 所示。

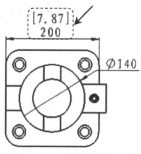

图 6.3.74　修改后的尺寸

Step4. 单击"尺寸"对话框中的 ✔ 按钮，完成双制尺寸的设置。

Step5. 选择下拉菜单 文件(F) ➡ 💾 保存(S) 命令，保存文件。

7. 设置尺寸箭头大小和样式

a. 设置尺寸箭头大小

尺寸箭头的大小和样式可在"文档属性"对话框中进行设置，其一般操作步骤如下。

Step1. 选择命令。选择下拉菜单 工具(T) ➡ ⚙ 选项(P)... 命令，在弹出的"系统选项"对话框中打开 文档属性(D) 选项卡。

Step2. 在对话框中单击 尺寸 选项，此时对话框如图 6.3.75 所示。通过修改 箭头 区域各文本框中的数值可修改箭头的大小。

图 6.3.75 所示的"文档属性（D）-尺寸"对话框部分选项的说明如下。

● 箭头 区域：用于设置尺寸、注释及其他注解的箭头的大小。选中 ☑ 以尺寸高度调整比例(S) 复选框后，系统会根据尺寸文本高度自动调整箭头大小的比例，该箭头大小也适用于注释、零部件序号、几何公差符号以及焊接符号。

b. 设置尺寸箭头样式

设置尺寸箭头的样式有两种方法：第一种是在"系统选项"对话框中设置，第二种是在"尺寸"对话框中设置。通过前者设置的尺寸箭头样式将被应用到当前所有的尺寸标注中，而后者只能修改单个尺寸的箭头样式。

方法一：

在"系统选项"对话框中设置箭头样式的一般操作步骤如下。

Step1. 选择命令。选择下拉菜单 工具(T) ➡ ⚙ 选项(P)... 命令，在弹出的"系统选项"对话框中打开 文档属性(D) 选项卡。

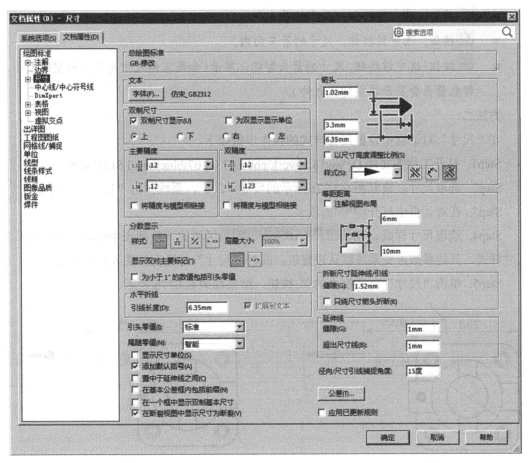

图 6.3.75 "文档属性（D）-尺寸"对话框（一）

Step2. 在对话框中选取 尺寸 选项，此时对话框如图 6.3.76 所示。在 箭头 区域的 样式(S): 下拉列表中可选取所需的箭头样式。

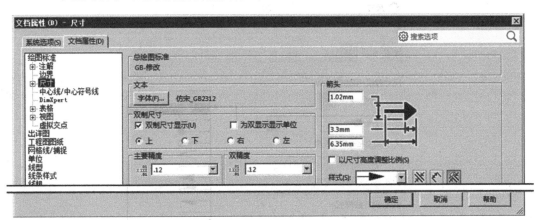

图 6.3.76 "文档属性（D）-尺寸"对话框（二）

图 6.3.76 所示的"文档属性（D）-尺寸"对话框中 箭头 区域的部分选项说明如下。

● 样式(S): 下拉列表：在该下拉列表中可选取所需的箭头样式。

- ⊠按钮：选中该按钮，尺寸的箭头向外。

- ⬁按钮：选中该按钮，尺寸的箭头向内。

- ⊠按钮：选中该按钮，尺寸的箭头智能化显示（如果容纳尺寸与箭头的空间太小，智能箭头会显示在延伸线之外）。

方法二：

在"尺寸"对话框中设置尺寸样式的操作步骤如下。

Step1. 打开工程图文件 D:\sw18.5\work\ch06.03.03.07\bluepencil.SLDDRW。

Step2. 选取尺寸。选取图 6.3.77a 所示的尺寸"200"，系统弹出"尺寸"对话框。

Step3. 在对话框中打开 引线 选项卡。

Step4. 选取尺寸样式。在 尺寸界线/引线显示(W) 区域的下拉列表中选取"实心箭头"尺寸样式，其他参数接受系统默认设置值，此时"尺寸"对话框如图 6.3.78 所示。

Step5. 单击"尺寸"对话框中的 ✓ 按钮，结果如图 6.3.77b 所示。

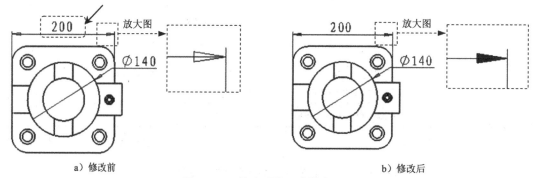

图 6.3.77　修改后的尺寸样式

Step6. 选择下拉菜单 文件(F) ➡ 💾保存(S)命令，保存文件。

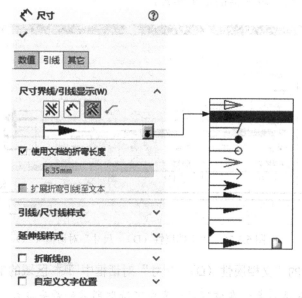

图 6.3.78　"尺寸"对话框

8. 断开剖面线

断开剖面线是指当尺寸放置在剖视图的剖面线上时，设置剖面线是否围绕尺寸断开显示。断开剖面线只可在"系统选项"对话框中设置，其一般操作步骤如下。

Step1. 打开工程图文件 D:\sw18.5\work\ch06.03.03.08\coordinate.SLDDRW。

Step2. 选择命令。选择下拉菜单 工具(T) ➡ ⚙ 选项(P)… 命令，在弹出的"系统选项"对话框中打开 文档属性(D) 选项卡。

Step3. 在对话框中单击 出详图 选项；在 区域剖面线显示 区域选中 ☑ 在注解周围显示光环(H) 复选框，其他参数采用系统默认设置值。

Step4. 单击"文档属性-出详图"对话框中的 确定 按钮，完成断开剖面线的设置，结果如图 6.3.79b 所示。

Step5. 选择下拉菜单 文件(F) ➡ 💾 保存(S) 命令，保存文件。

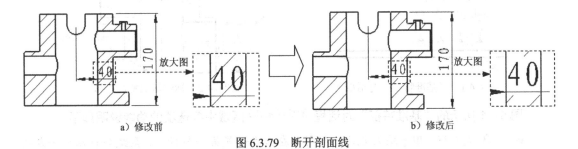

a）修改前   b）修改后

图 6.3.79　断开剖面线

6.4　基准的标注

6.4.1　标注基准面与基准轴

在工程图中，基准标注（基准面和基准轴）常被作为几何公差的参照。基准面一般标注在视图的边线上，基准轴一般标注在中心轴或尺寸上。在 SolidWorks 中标注基准面和基准轴使用的是"基准特征"命令。下面分别介绍基准面和基准轴的标注方法。

1. 标注基准面

下面讲解标注基准面特征符号的一般操作步骤。

Step1. 打开工程图文件 D:\sw18.5\work\ch06.04.01\tolerance.SLDDRW。

Step2. 选择命令。选择下拉菜单 插入(I) ➡ 注解(A) ➡ 🅰 基准特征符号(U)… 命令，系统弹出图 6.4.1 所示的"基准特征"对话框。

Step3. 设置参数。在"基准特征"对话框 标号设定(S) 区域的 🅰 文本框中输入"A"，

在 引线(E) 区域中取消选中 □ 使用文件样式(U) 复选框，单击 ▣ 按钮以显示其他按钮，再单击 Ⓐ 和 ⊥ 按钮。

Step4. 放置基准特征符号。选取图 6.4.2 所示的边线，在合适的位置单击。

Step5. 单击"基准特征"对话框中的"完成"按钮 ✔，完成基准面的标注，结果如图 6.4.2 所示。

Step6. 选择下拉菜单 文件(F) ➡ 🖫 保存(S) 命令，保存文件。

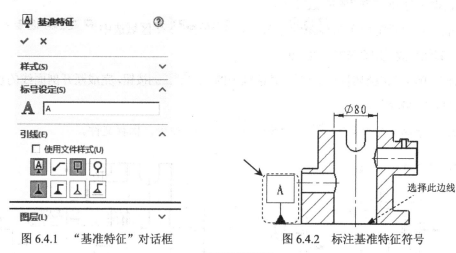

图 6.4.1　"基准特征"对话框　　　　　图 6.4.2　标注基准特征符号

图 6.4.1 所示的"基准特征"对话框 标号设定(S) 区域中各选项的功能说明如下。

- **A 文本框**：用于输入基准的标号。在这里设置第一个标号，系统会自动按一定的顺序自动添加标号。

- ☑ 使用文件样式(U) 复选框：取消选中该复选框，"方形"按钮 ▣ 被激活；如果选中该复选框，系统默认使用"圆形"按钮 ◯。

  ☑ ▣ （方形）按钮：按下该按钮，将激活两种引线样式及四种基准样式："实三角形" ⊥、"带肩角的实三角形" ⌐、"虚三角形" ⊥ 和"带肩角的虚三角形" ⌐。"方形"按钮 ▣ 与四种基准样式的组合如图 6.4.3 所示。

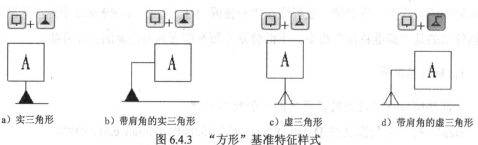

a）实三角形　　　b）带肩角的实三角形　　　c）虚三角形　　　d）带肩角的虚三角形

图 6.4.3　"方形"基准特征样式

  ☑ ◯ （圆形）按钮：按下该按钮，将激活以下三种基准样式："垂直" ✔、"竖直" ↓ 和"水平" ←。"圆形"按钮 ◯ 与三种基准样式的组合如图 6.4.4 所示。

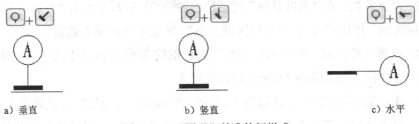

a) 垂直　　　　　　　　　b) 竖直　　　　　　　　　c) 水平

图 6.4.4 "圆形"基准特征样式

2. 标注基准轴

下面继续以上面的例子，讲解标注基准轴特征符号的一般操作步骤。

Step1. 选择命令。选择下拉菜单 插入(I) ➡ 注解(A) ➡ 基准特征符号(U)... 命令，系统弹出"基准特征"对话框。

Step2. 设置参数。在"基准特征"对话框 标号设定(S) 区域的 A 文本框中输入"B"，在 引线(E) 区域中取消选中 □ 使用文件样式(U) 复选框，单击 按钮以显示其他按钮，再单击 和 按钮。

Step3. 放置基准特征符号 B。选取图 6.4.5 所示的中心线，在合适的位置处单击。

Step4. 放置基准特征符号 C。选取图 6.4.5 所示的尺寸"φ80"，在合适的位置处单击。

Step5. 单击"基准特征"对话框中的"完成"按钮 ✔，完成基准轴的标注。

Step6. 选择下拉菜单 文件(F) ➡ 保存(S) 命令，保存文件。

说明：还可以在"注解"工具栏中选择 命令或在图形区中右击，在弹出的快捷菜单中选择 注解(A) ➡ 基准特征符号(U)... 命令。

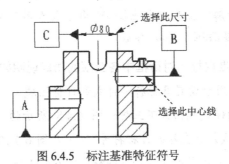

图 6.4.5 标注基准特征符号

6.4.2 创建基准目标

当需要在基准要素上指定某些点、线或局部面来体现基准平面时，应标注基准目标。下面讲解标注基准目标的一般操作步骤。

Step1. 打开工程图文件 D:\sw18.5\work\ch06.04.02\coordinate.SLDDRW。

Step2. 选择命令。选择下拉菜单 插入(I) ➡ 注解(A) ➡ 基准目标(U)... 命令，系统弹出图 6.4.6 所示的"基准目标"对话框。

Step3. 设置参数。在"基准目标"对话框的 设定(S) 区域中单击"目标符号"按钮 ⊖ 和"X目标区域"按钮 ⊠，在"目标区域大小" ⊕ 文本框中输入数值为35。

Step4. 设置引线样式。在"基准目标"对话框的 引线(L) 区域中按下"弯实引线"按钮 ⌐，在下拉列表中选取图6.4.6所示的箭头样式。

Step5. 放置基准目标符号。选取图6.4.7所示的圆弧，在合适的位置处单击。

Step6. 单击"基准目标"对话框中的"完成"按钮 ✓，完成基准目标的标注，结果如图6.4.7所示。

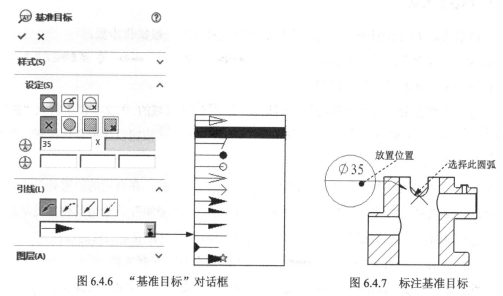

图6.4.6　"基准目标"对话框　　　　图6.4.7　标注基准目标

Step7. 选择下拉菜单 文件(F) ➡ 💾 保存(S) 命令，保存文件。

说明：还可以在"注解"工具栏中选择 📐 命令或在图形区中右击，在快捷菜单中选取 注解(A) ➡ 📐 基准目标...(L) 命令。

图6.4.6所示的"基准目标"对话框中各选项的功能说明如下。

- 设定(S) 区域：用于设置目标符号样式和目标区域。
  - ☑ 基准目标的样式包括如下三种：图6.4.8所示的"目标符号" ⊖、图6.4.9所示的"区域大小在外的目标符号" ⊖ 和图6.4.10所示的"无目标符号" ⊠。
  - ☑ 基准目标区域的样式包括如下四种：图6.4.11所示的"X目标区域" ⊠、图6.4.12所示的"圆形目标区域" ◎、图6.4.13所示的"矩形目标区域" ▨ 和图6.4.14所示的"不显示目标区域" ▨。

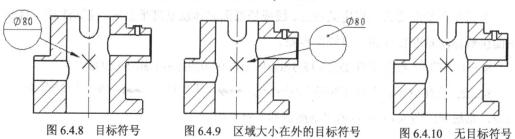

图6.4.8　目标符号　　　图6.4.9　区域大小在外的目标符号　　　图6.4.10　无目标符号

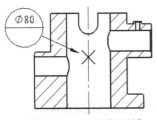

图 6.4.11　X 目标区域

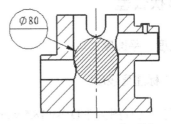

图 6.4.12　圆形目标区域

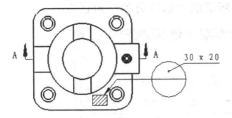

图 6.4.13　矩形目标区域

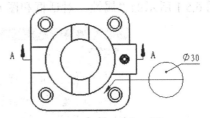

图 6.4.14　不显示目标区域

☑　"目标区域大小"文本框⊕：用于指定宽度和高度（矩形）或直径（圆）的区域大小。

☑　"基准参考"文本框⊕：用于指定基准参考的个数，最多可以指定三个参考，如图 6.4.15 所示。注：目标区域的样式只能选择 ✕ 和 ▨ 才能使用此功能。

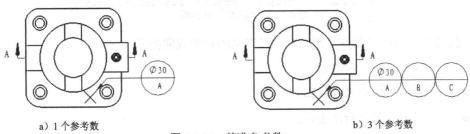

a）1 个参考数　　　　　　　　　　　　　　　　　　　b）3 个参考数

图 6.4.15　基准参考数

●　引线(L) 区域：用于设置目标符号引线样式和箭头样式。目标符号引线样式主要包括"弯实引线" ⌐ 、"弯虚引线" ⌐ 、"直实引线" ╱ 和"直虚引线" ╱ 。

6.5　形　位　公　差

形状公差和位置公差简称形位公差（GB/T 1182—2008 为几何公差），用来指定零件的尺寸和形状与精确值之间所允许的最大偏差。

本节将形位公差按形状公差和位置公差分为两小节来讲解，由于软件中仍沿用形位公差名称，本书按软件中实际设置来讲解。

6.5.1　形状公差

1. 直线度、平面度

Stage1. 标注直线度

Step1. 打开工程图文件 D:\sw18.5\work\ch06.05.01.01\tolerance.SLDDRW。

Step2. 选择下拉菜单 插入(I) ➡ 注解(A) ➡ 形位公差(T)... 命令，系统弹出图 6.5.1 所示的"属性"对话框和图 6.5.2 所示的"形位公差"对话框。

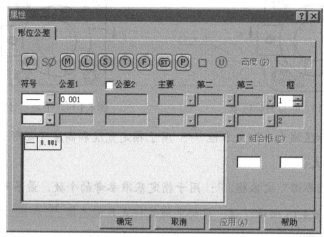

图 6.5.1　"属性"对话框

图 6.5.1 所示的"属性"对话框中各选项的功能说明如下。

- Ø 按钮：直径按钮。
- SØ 按钮：球形直径按钮。
- M 按钮：最大材质条件。
- L 按钮：最小材质条件。
- S 按钮：无论特征大小如何按钮。
- T 按钮：相切基准面。
- F 按钮：自由状态按钮。
- ST 按钮：统计按钮。
- P 按钮：投影公差按钮。
- 符号 区域：用于选择形位公差符号。在该区域的下拉列表中选取形位公差符号。

  形位公差符号主要包括：

  ☑ （直线）选项：选取该选项，用于定义直线度。

  ☑ （平性）选项：选取该选项，用于定义平面度。

  ☑ ○（圆性）选项：选取该选项，用于定义圆度。

☑ ◇ （圆柱性）选项：选取该选项，用于定义圆柱度。

☑ ⌒ （直线轮廓）选项：选取该选项，用于定义直线轮廓度。

☑ ⌒ （曲面轮廓）选项：选取该选项，用于定义曲面轮廓度。

☑ ∥ （平行）选项：选取该选项，用于定义平行度。

☑ ⊥ （垂直）选项：选取该选项，用于定义垂直度。

☑ ∠ （尖角性）选项：选取该选项，用于定义倾斜度。

☑ ↗ （环向跳动）选项：选取该选项，用于定义圆偏转度。

☑ ↗↗ （全跳动）选项：选取该选项，用于定义总偏转度。

☑ ⊕ （定位）选项：选取该选项，用于定义位置度。

☑ ◎ （同心）选项：选取该选项，用于定义同心/同轴度。

☑ ⩵ （对称）选项：选取该选项，用于定义对称度。

- 公差1 文本框：用于设置形位公差的公差值。
- ☑公差2 复选框：选中该复选框，"公差 2"文本框被激活，该文本框用于设置形位公差的第二公差值。
- 主要 、 第二 和 第三 文本框：在这三个文本框中可输入形位公差的主要、第二和第三基准。
- 框 数值框：用于定义形位公差的个数。
- ☑组合框(C) 复选框：选中该复选框，当指定基准点时，软件检查以确保在下层中指定的基准点以与上层相同的优先顺序输入。
- 高度(G) 文本框：该文本框在单击"投影公差"按钮 Ⓟ 后激活，用于设置延伸带的高度。

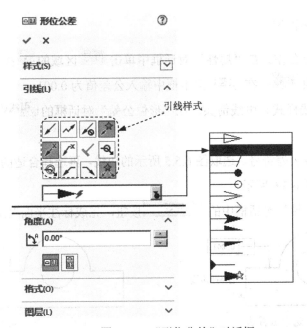

图 6.5.2 "形位公差"对话框

Step3. 定义形位公差。在"属性"对话框中单击 符号 区域的 按钮，在其下拉列表中选取"直线"选项 ─ ；在 公差1 文本框中输入公差值 0.001。

Step4. 定义引线样式和引线箭头。在"形位公差"对话框的 引线(L) 区域中添加图 6.5.2 所示的设置。

说明：引线样式可以用鼠标拖动形位公差而改变，这里可以设置，也可以不设置；引线样式箭头在"文件属性"对话框中设置为实心箭头后这里也可以不用设置。在下面的例子中引线样式和引线箭头的设置将不再讲述。

Step5. 放置形位公差符号。选取图 6.5.3 所示的边线，再选取合适的位置单击，以放置形位公差，如图 6.5.4 所示。

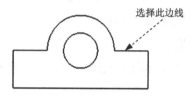
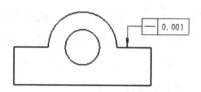

图 6.5.3　选取放置边　　　　　图 6.5.4　"直线度"形位公差

图 6.5.2 所示的"形位公差"对话框中部分选项的说明如下。

● 引线(L) 区域：用于设置引线的样式。

● 角度(A) 区域：用于设置形位公差文本框的放置角度。

　　☑ 文本框：在该文本框中输入数值时定义形位公差文本框的放置角度。

　　☑ （设置水平尺寸）按钮：水平放置形位公差符号。

　　☑ （设置竖直尺寸）按钮：竖直放置形位公差符号。

Stage2. 标注平面度

Step1. 定义形位公差。在"属性"对话框中单击 符号 区域的 按钮，在其下拉列表中选择"平性"选项 ，在 公差1 文本框中输入公差值为 0.001。

Step2. 定义引线样式和引线箭头。在"形位公差"对话框的 引线(L) 区域中依次单击 、 和 按钮。

Step3. 放置形位公差符号。选取图 6.5.5 所示的边线，再选择合适的位置单击，以放置形位公差，结果如图 6.5.6 所示。

Step4. 单击"属性"对话框中的 确定 按钮，完成标注平面度形位公差。

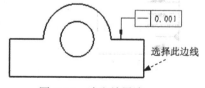
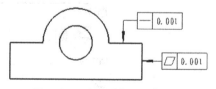

图 6.5.5　选取放置边　　　　　图 6.5.6　"平面度"形位公差

说明：在图形区单击形位公差符号，然后拖动形位公差符号箭头的端点，可改变引出端的位置。

2. 圆度、圆柱度

Stage1. 标注圆度

Step1. 打开工程图文件 D:\sw18.5\work\ch06.05.01.02\rotundity.SLDDRW。

Step2. 选择下拉菜单 插入(I) ➡ 注解(A) ➡ 形位公差(T)... 命令，系统弹出"形位公差"对话框和"属性"对话框。

Step3. 定义形位公差。在"属性"对话框中单击 符号 区域的 按钮，在其下拉列表中选取"圆性"选项 ○ ，在 公差1 文本框中输入公差值为 0.001。

Step4. 定义引线样式和引线箭头。在"形位公差"对话框的 引线(L) 区域中依次单击 、 和 按钮，并在其下拉列表中选择第二种箭头（实心箭头）。

Step5. 放置形位公差符号。选取图 6.6.7 所示的边线，再选择合适的位置单击，以放置形位公差，如图 6.6.8 所示。

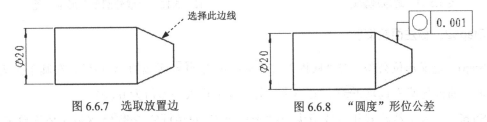

图 6.6.7　选取放置边　　　　图 6.6.8　"圆度"形位公差

Stage2. 标注圆柱度

Step1. 定义形位公差。在"属性"对话框中单击 符号 区域的 按钮，在其下拉列表中选取"圆柱性"选项 ，在 公差1 文本框中输入公差值为 0.001。

Step2. 定义引线样式和引线箭头。在"形位公差"对话框的 引线(L) 区域中单击 按钮。

Step3. 设置形位公差符号。选取图 6.6.9 所示的边线，然后在图 6.6.2 所示的"形位公差"对话框的 角度(A) 区域中单击"竖直设定"按钮 ，结果如图 6.6.10 所示。

Step4. 单击"属性"对话框中的 确定 按钮，完成圆柱度形位公差的标注。

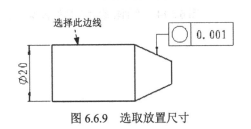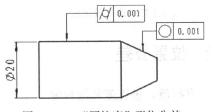

图 6.6.9　选取放置尺寸　　　　图 6.6.10　"圆柱度"形位公差

3. 线轮廓度、面轮廓度

Stage1. 标注线轮廓度

Step1. 打开工程图文件 D:\sw18.5\work\ch06.05.01.03\curve.SLDDRW。

Step2. 选择下拉菜单 插入(I) ➜ 注解(A) ➜ ▣|形位公差 (T)... 命令，系统弹出"形位公差"对话框和"属性"对话框。

Step3. 定义形位公差。在"属性"对话框中单击 符号 区域的 ▾ 按钮，在其下拉列表中选取"直线轮廓"选项 ⌒，在 公差1 文本框中输入公差值为 0.001。

Step4. 定义引线样式和引线箭头。在"形位公差"对话框的 引线(L) 区域中依次单击 ◢、◪ 和 ◣ 按钮，并在其下的下拉列表中选择第二种箭头（实心箭头）。

Step5. 放置形位公差符号。选取图 6.5.11 所示的边线，再选择合适的位置单击，以放置形位公差，如图 6.5.12 所示。

图 6.5.11　选取放置边　　　　　　图 6.5.12　"线轮廓度"形位公差

Stage2. 标注面轮廓度

Step1. 定义形位公差。在"属性"对话框中单击 符号 区域的 ▾ 按钮，在其下拉列表中选取"曲面轮廓"选项 ⌒，在 公差1 文本框中输入公差值为 0.001。

Step2. 定义引线样式和引线箭头。在"形位公差"对话框的 引线(L) 区域中依次单击 ◢、◪ 和 ◣ 按钮，并在其下的下拉列表中选择第二种箭头（实心箭头）。

Step3. 设置形位公差符号。选取图 6.5.13 所示的边线，再选择合适的位置单击以放置形位公差，结果如图 6.5.14 所示。

Step4. 单击"形位公差"对话框中的"完成"按钮 ✔（或单击"属性"对话框中的 确定 按钮），完成标注面轮廓度形位公差。

图 6.5.13　选取放置边　　　　　　图 6.5.14　"面轮廓度"形位公差

6.5.2　位置公差

1. 平行度、垂直度和倾斜度

Stage1. 标注平行度

Step1. 打开工程图文件 D:\sw18.5\work\ch06.05.02.01\hardware.SLDDRW。

Step2. 选择下拉菜单 插入(I) ➡️ 注解(A) ➡️ 📐|形位公差(T)... 命令，系统弹出"形位公差"对话框和"属性"对话框。

Step3. 定义形位公差。在"属性"对话框中单击 符号 区域的 ▾ 按钮，在其下拉列表中选取"平行"选项 ╱，在 公差1 文本框中输入公差值为 0.001，在 主要 文本框中输入基准"A"。

Step4. 定义引线样式和引线箭头。在"形位公差"对话框的 引线(L) 区域中依次单击 ⚲、⚲ᵡ 和 ⌐ 按钮，并在其下的下拉列表中选择第二种箭头（实心箭头）。

Step5. 放置形位公差符号。选取图 6.5.15 所示的边线，再选择合适的位置单击以放置形位公差，结果如图 6.5.16 所示。

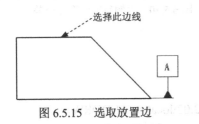

图 6.5.15 选取放置边   图 6.5.16 "平行度"形位公差

Stage2. 标注垂直度

Step1. 定义形位公差。在"属性"对话框中单击 符号 区域的 ▾ 按钮，在其下拉列表中选取"垂直"选项 ⊥，在 公差1 文本框中输入公差值为 0.001，在 主要 文本框中输入基准"A"。

Step2. 定义引线样式和引线箭头。在"形位公差"对话框的 引线(L) 区域中依次单击 ⚲、⚲ᵡ 和 ⌐ 按钮，并在其下的下拉列表中选择第二种箭头（实心箭头）。

Step3. 放置形位公差符号。选取图 6.5.17 所示的边线，在合适的位置单击以放置形位公差，结果如图 6.5.18 所示。

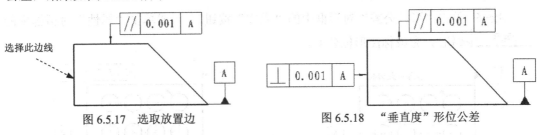

图 6.5.17 选取放置边   图 6.5.18 "垂直度"形位公差

Stage3. 标注倾斜度

Step1. 定义形位公差。在"属性"对话框中单击 符号 区域的 ▾ 按钮，在其下拉列表中选择"尖角性"选项 ╱，在 公差1 文本框中输入公差值为 0.001，在 主要 文本框中输入基准"A"。

Step2. 定义引线样式和引线箭头。在"形位公差"对话框的 引线(L) 区域中依次单击 、和 按钮，并在其下的下拉列表中选择第二种箭头（实心箭头）。

Step3. 放置形位公差符号。选取图 6.5.19 所示的边线，在合适的位置单击以放置形位公差，结果如图 6.5.20 所示。

Step4. 单击"形位公差"对话框中的"完成"按钮 （或单击"属性"对话框中的 确定 按钮），完成标注形位公差。

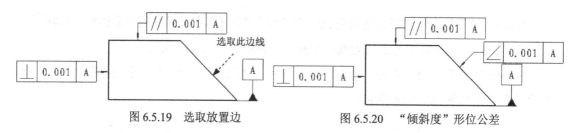

图 6.5.19　选取放置边　　　　　图 6.5.20　"倾斜度"形位公差

2. 位置度、同轴度和对称度

Stage1. 标注位置度

Step1. 打开工程图文件 D:\sw18.5\work\ch06.05.02.02\location.SLDDRW。

Step2. 选择下拉菜单 插入(I) ➡ 注解(A) ➡ 形位公差(T)... 命令，系统弹出"形位公差"对话框和"属性"对话框。

Step3. 定义形位公差。在"属性"对话框中单击 符号 区域的 按钮，在其下拉列表中选取"定位"选项 ，在 公差1 文本框中单击，再单击"直径"按钮 ，输入公差值为 0.02，在 主要 文本框中输入基准"B"。

Step4. 定义引线样式和引线箭头。在"形位公差"对话框的 引线(L) 区域中依次单击 、和 按钮，并在其下的下拉列表中选择第二种箭头（实心箭头）。

Step5. 放置形位公差符号。选取图 6.5.21 所示的边线，再选取合适的位置单击以放置形位公差，结果如图 6.5.22 所示。

Step6. 单击"形位公差"对话框中的"完成"按钮 （或单击"属性"对话框中的 确定 按钮），完成标注形位公差。

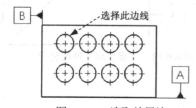　　　　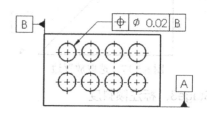

图 6.5.21　选取放置边　　　　　图 6.5.22　"位置度"形位公差

Stage2. 标注同轴度

Step1. 打开工程图文件 D:\sw18.5\work\ch06.05.02.02\spindle.SLDDRW。

Step2. 选择下拉菜单 插入(I) ➡ 注解(A) ➡ 形位公差(T)... 命令，系统弹出"形位公差"对话框和"属性"对话框。

Step3. 定义形位公差。在"属性"对话框中单击 符号 区域的 按钮，在其下拉列表中选取"同心"选项 ，单击 按钮，在 公差1 文本框中输入公差值为 0.001，在 主要 区域中单击 按钮，在弹出的列表 下的文本框中输入基准"A"，在 下的文本框中输入基准"B"。

Step4. 定义引线样式和引线箭头。在"形位公差"对话框的 引线(L) 区域中依次单击 、 和 按钮，并在其下的下拉列表中选择第二种箭头（实心箭头）。

Step5. 放置形位公差符号。选取图 6.5.23 所示的尺寸界线以放置形位公差，拖动形位公差符号的框体至图 6.5.24 所示的位置。

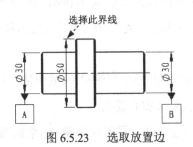

图 6.5.23　选取放置边

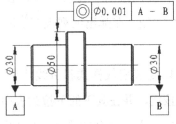

图 6.5.24　"同轴度"形位公差

Step6. 单击"形位公差"对话框中的"完成"按钮 （或单击"属性"对话框中的 确定 按钮），完成标注形位公差。

Stage3．标注对称度

Step1. 打开工程图文件 D:\sw18.5\work\ch06.05.02.02\symmetry.SLDDRW。

Step2. 选择下拉菜单 插入(I) ➡ 注解(A) ➡ 形位公差(T)... 命令，系统弹出"形位公差"对话框和"属性"对话框。

Step3. 定义形位公差。在"属性"对话框中单击 符号 区域中的 按钮，在其下拉列表中选择"对称"选项 ，在 公差1 文本框中输入公差值为 0.03，在 主要 文本框中输入基准"A"。

Step4. 定义引线样式和引线箭头。在"形位公差"对话框的 引线(L) 区域中依次单击 、 和 按钮，并在其下的下拉列表中选择第二种箭头（实心箭头）。

Step5. 放置形位公差符号。选取图 6.5.25 所示的尺寸界线以放置形位公差，如图 6.5.26 所示。

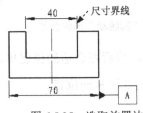

图 6.5.25　选取放置边

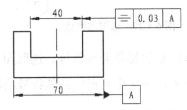

图 6.5.26　"对称度"形位公差

Step6. 单击"形位公差"对话框中的"完成"按钮 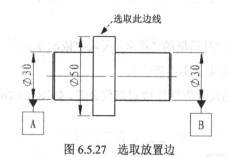 （或单击"属性"对话框中的 确定 按钮），完成标注形位公差。

3．圆跳动、全跳动

Stage1．标注圆跳动

Step1. 打开工程图文件 D:\sw18.5\work\ch06.05.02.03\spindle.SLDDRW。

Step2. 选择下拉菜单 插入(I) ➡ 注解(A) ➡ 形位公差(T)... 命令，系统弹出"形位公差"对话框和"属性"对话框。

Step3. 定义形位公差。在"属性"对话框中单击 符号 区域中的 按钮，在其下拉列表中选取"环向跳动"选项 ，在 公差1 文本框中输入公差值为 0.004，在 主要 区域中单击 按钮，在弹出的列表 (M) 下的文本框中输入基准"A"，在 (L) 下的文本框中输入基准"B"。

Step4. 定义引线样式和引线箭头。在"形位公差"对话框的 引线(L) 区域中依次单击 、 和 按钮，并在其下的下拉列表中选择第二种箭头（实心箭头）。

Step5. 放置形位公差符号。选取图 6.5.27 所示的边线以放置形位公差，结果如图 6.5.28 所示。

Stage2．标注全跳动

Step1. 定义形位公差。在"属性"对话框中单击 符号 区域中的 按钮，在其下拉列表中选取"全跳动"选项 ，在 公差1 文本框中输入公差值为 0.004，在 主要 文本框中输入基准"A"。

Step2. 定义引线样式和引线箭头。在"形位公差"对话框的 引线(L) 区域中依次单击 、 和 按钮，并在其下的下拉列表中选择第二种箭头（实心箭头）。

图 6.5.27 选取放置边

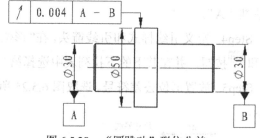

图 6.5.28 "圆跳动"形位公差

Step3. 放置形位公差符号。选取图 6.5.29 所示的边线，然后在合适的位置单击以放置形位公差，分别拖动形位公差符号的箭头和框体至图 6.5.30 所示的位置。

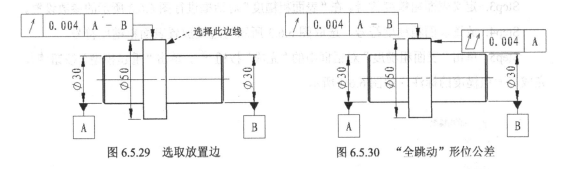

图 6.5.29　选取放置边　　　　图 6.5.30　"全跳动"形位公差

Step4. 单击"形位公差"对话框中的"完成"按钮 ✔ （或单击"属性"对话框中的 确定 按钮），完成标注形位公差。

6.6　表面粗糙度符号

在机械制造中，任何经过加工后的表面上都具有较小间距和峰谷的不同起伏，这种微观的几何形状误差称为表面粗糙度。SolidWorks 提供了所有机械制图需要用到的专业符号供用户直接调用，在模型中或工程图中都可以插入表面粗糙度符号。

表面粗糙度只与零件的表面相关，与所选的参考图元或视图并不相关，故每个粗糙度值都用于整个表面，在已指定粗糙度的表面上重新指定粗糙度时，系统重新定义零件表面的粗糙度信息，并更换粗糙度符号。

GB/T 131－1993 规定了表面粗糙度符号、代号的标注，现简要说明，具体规定请读者参照机械制图标准、手册等书籍。表面粗糙度符号、代号通常标注在可见轮廓线、尺寸界线、引出线以及这些线的延长线上，符号的尖端必须从材料外指向材料表面，符号、代号中的数字及符号应该按图6.6.1所示的方向标注。

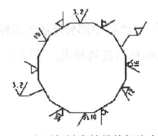

图 6.6.1　表面粗糙度符号的标注方向

下面讲解标注表面粗糙度的一般操作步骤。

Step1. 打开工程图文件 D:\sw18.5\work\ch06.06\roughness.SLDDRW。

Step2. 选择命令。选择下拉菜单 插入(I) ➡ 注解(A) ➡ √ 表面粗糙度符号(F) 命令，系统弹出图 6.6.2 所示的"表面粗糙度"对话框。

Step3. 定义表面粗糙度符号。在"表面粗糙度"对话框进行图 6.6.2 所示的参数设置。

Step4. 放置表面粗糙度符号。选取图 6.6.3 所示的边线放置表面粗糙度符号。

Step5. 单击"表面粗糙度"对话框中的"完成"按钮 ✔，单击"重建模型"按钮 🔘，完成表面粗糙度的标注，如图 6.6.4 所示。

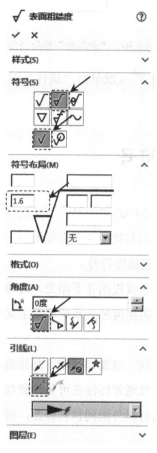

图 6.6.2 "表面粗糙度"对话框

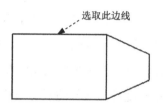

图 6.6.3 选取放置边

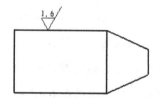

图 6.6.4 标注表面粗糙度

图 6.6.2 所示的"表面粗糙度"对话框中部分选项的说明如下。

● 符号(S) 区域：用于设置表面粗糙度的样式。表面粗糙度的组合样式如图 6.6.5～图 6.6.19 所示。

☑ 基本样式。

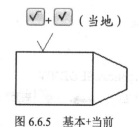

图 6.6.5 基本+当前

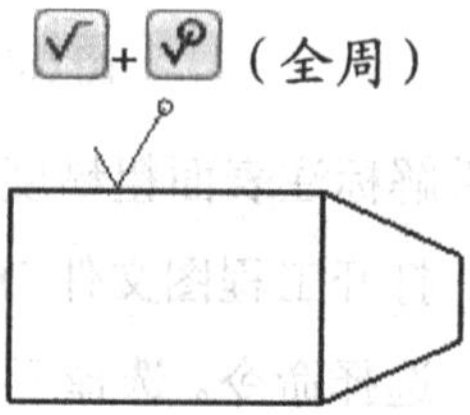

图 6.6.6 基本+全部

☑　要求切削加工。

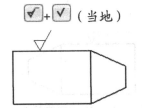　（当地）

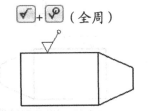　（全周）

图 6.6.7　要求切削加工+当前

图 6.6.8　要求切削加工+全部

☑　禁止切削加工。

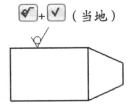　（当地）

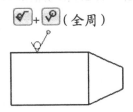　（全周）

图 6.6.9　禁止切削加工+当前

图 6.6.10　禁止切削加工+全部

☑　JIS 基本样式。

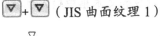　（JIS 曲面纹理 1）

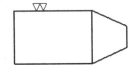　（JIS 曲面纹理 2）

图 6.6.11　JIS 曲面纹理 1

图 6.6.12　JIS 曲面纹理 2

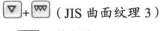　（JIS 曲面纹理 3）

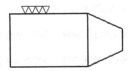　（JIS 曲面纹理 4）

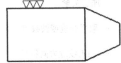

图 6.6.13　JIS 曲面纹理 3

图 6.6.14　JIS 曲面纹理 4

☑　需要 JIS 切削加工。

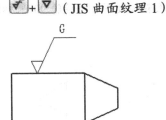　（JIS 曲面纹理 1）

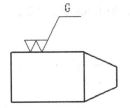　（JIS 曲面纹理 2）

图 6.6.15　JIS 曲面纹理 1

图 6.6.16　JIS 曲面纹理 2

 （JIS 曲面纹理 3）  （JIS 曲面纹理 4）

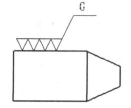

图 6.6.17　JIS 曲面纹理 3　　　　图 6.6.18　JIS 曲面纹理 4

☑　禁止 JIS 切削加工。

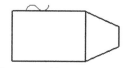（禁止 JIS 切削加工）

图 6.6.19　禁止 JIS 切削加工

● 符号布局(M) 区域：用于设置表面粗糙度的有关数值；图 6.6.20 所示各个字母分别与该区域的文本框对应，读者根据需要在对应的文本框中输入参数。

图 6.6.20　表面粗糙度参数

a、b—表面粗糙度高度参数代号及数值　　　　　　　　c—加工余量

d—加工要求、镀覆、涂覆、表面处理或其他说明　　　　e—取样长度或波纹度

f—粗糙度间距参数值或轮廓支承长度率　　　　　　　　g—加工纹理方向符号

● 角度(A) 区域：用于设置表面粗糙度符号的旋转角度。

☑　文本框：该文本框中输入的数值用于定义表面粗糙度符号的旋转角度。

☑　（竖直）按钮：单击该按钮，表面粗糙度符号如图 6.6.21a 所示。

☑　（旋转 90°）按钮：单击该按钮，表面粗糙度符号将旋转 90°来标注表面粗糙度，如图 6.6.21b 所示。

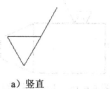　　　　　　　　　　　　

a）竖直　　　　　　　　　　　　　　　　　　　b）旋转 90°

图 6.6.21　表面粗糙度符号

☑ **↓** （垂直）按钮：单击该按钮，表面粗糙度符号垂直标注在选取的边线上。

☑ **↑** （垂直反转）按钮：单击该按钮，表面粗糙度符号反向垂直标注在选取的边线上。

● **引线(L)** 区域：用于设置表面粗糙度符号的引线样式。这里主要介绍带引线的两种形式和不带引线样式，如图 6.6.22 所示。

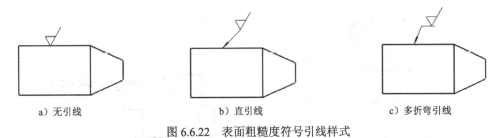

a）无引线   b）直引线   c）多折弯引线

图 6.6.22　表面粗糙度符号引线样式

6.7　注释的标注

在工程图中，除了尺寸标注外，还应有相应的文字说明，即技术要求，如工件的热处理要求、表面处理要求等。所以在创建完视图的尺寸标注后，还需要创建相应的注释标注。

6.7.1　创建注释

在本小节中将注释分为带引线和不带引线两种情况进行讲解，其创建方法如下。

1. 创建带引线的注释

下面讲解标注带引线注释，一般操作步骤如下。

Step1. 打开工程图文件 D:\sw18.5\work\ch06.07.01\annotation.SLDDRW。

Step2. 选择命令。选择下拉菜单 **插入(I)** ➡ **注解(A)** ➡ **A 注释(N)** 命令，系统弹出图 6.7.1 所示的"注释"对话框。

Step3. 定义引线类型。 **引线(L)** 区域的设置如图 6.7.1 所示。

Step4. 选取要注释的特征。选取图 6.7.2 所示的边线为要注释的特征。

Step5. 创建注释文本。在图 6.7.3 所示注释文本处单击，系统弹出"格式化"对话框，在"注释"文本框中输入文字"此面淬火处理"。

Step6. 单击"注释"对话框中的"完成"按钮 **✔**，完成注释的标注。

图 6.7.1　"注释"对话框

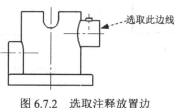

图 6.7.2　选取注释放置边

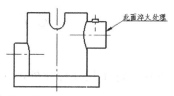

图 6.7.3　标注注释

图 6.7.1 所示的**"注释"**对话框中部分选项的功能说明如下。

● **文字格式(T)**区域：用于设置字体格式。

☑ 文本框：该文本框中输入的数值用于设置"注释"文本框的旋转角度，如图 6.7.4 所示。

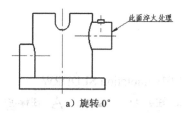
a）旋转 0°

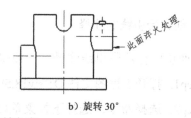
b）旋转 30°

图 6.7.4　标注注释旋转角度

● **引线(L)** 区域：用于设置"注释"文本框的引线样式，常用的引线样式如图 6.7.5 所示。

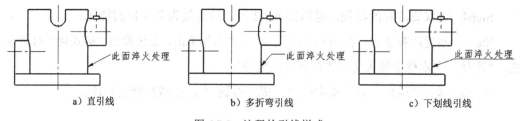

a）直引线　　　　　　　　b）多折弯引线　　　　　　　　c）下划线引线

图 6.7.5　注释的引线样式

2. 创建不带引线的注释

接上面的例子来讲解标注不带引线注释文本的方法，一般操作步骤如下。

Step1. 选择命令。选择下拉菜单 插入(I) ➡ 注解(A) ➡ A 注释(N) 命令，系统弹出"注释"对话框。

Step2. 定义引线样式并选取放置注释文本的位置。在 引线(L) 区域中单击 按钮，在视图下的空白处单击，系统弹出图6.7.6所示的"格式化"对话框。

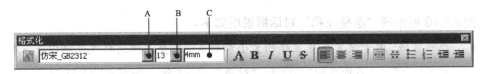

图6.7.6 "格式化"对话框

图6.7.6所示的"格式化"对话框说明如下。

- A下拉列表：用于设置注释文本中的字体。
- B下拉列表：用于设置注释文本中字体的字号。
- C下拉列表：用于设置注释文本中字体的高度。
- **A**（颜色）按钮：单击该按钮，用于设置字体的颜色。
- **B**（粗体）按钮：单击该按钮，使字体以粗体字显示。
- **I**（斜体）按钮：单击该按钮，使字体以斜体字显示。
- **U**（下划线）按钮：单击该按钮，用于给文字添加下划线。
- **S**（删除线）按钮：单击该按钮，用于给文字添加删除线，如图6.7.7所示。

技术要求

1. 未注圆角半径为R1。
2. ~~未注倒角为C1。~~

图6.7.7 给文字添加删除线

- **≔**（项目符号）按钮：单击该按钮，用于项目符号，如图6.7.8所示。
- **≔**（数字）按钮：单击该按钮，用于添加数字符号，如图6.7.9所示。

<table>
<tr><td>

技术要求

- 未注圆角半径为R1。
- 未注倒角为C1。

图6.7.8 "项目符号"文本注释
</td><td>

技术要求

1. 未注圆角半径为R1。
2. 未注倒角为C1。

图6.7.9 "数字"文本注释
</td></tr>
</table>

- **※**（层叠）按钮：单击该按钮，系统弹出图6.7.10所示的"层叠注释"对话框，该对话框用于添加层叠注释。

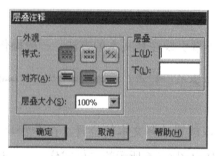

图 6.7.10   "层叠注释"对话框

图 6.7.10 所示的"层叠注释"对话框说明如下。

● **外观** 区域：用于设置层叠注释的大小和样式。层叠注释的样式包括以下三种："带直线" ▦、"不带直线" ▦ 和"对角" ▧ 三种，如图 6.7.11 所示。

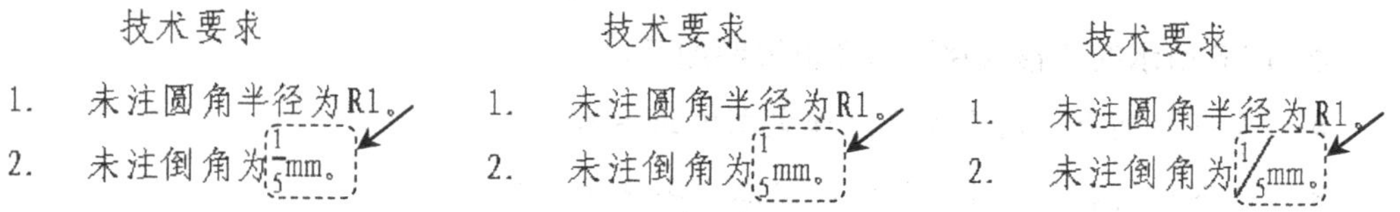

技术要求

1.   未注圆角半径为R1。
2.   未注倒角为 ¹⁄₅ mm。

a）带直线

技术要求

1.   未注圆角半径为R1。
2.   未注倒角为 ¹⁄₅ mm。

b）不带直线

技术要求

1.   未注圆角半径为R1。
2.   未注倒角为 ¹⁄₅ mm。

c）对角

图 6.7.11   "层叠注释"样式

● **层叠** 区域：用于设置层叠注释的文字。

☑   **上(U):** 文本框：该文本框中输入的文字为层叠注释上方文字。

☑   **下(L):** 文本框：该文本框中输入的文字为层叠注释下方文字，如图 6.7.12 所示。

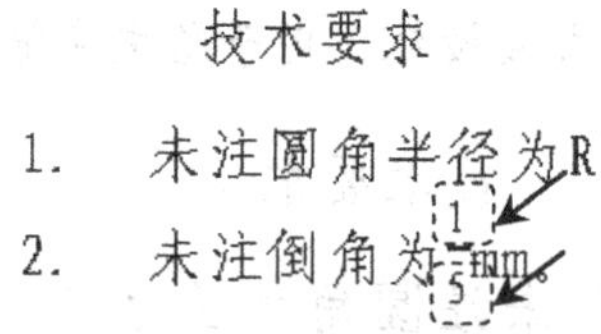

技术要求

1.   未注圆角半径为R1。

2.   未注倒角为 ¹⁄₅ mm。

图 6.7.12   "层叠注释"的上下文字

Step3. 创建注释文本。在弹出的"注释"文本框中输入文字"技术要求"，将字号改为 14。

Step4. 单击"注释"对话框中的"完成"按钮 ✓。

Step5. 选择命令。选择下拉菜单 插入(I) ➜ 注解(A) ➜ A 注释(N) 命令，系统弹出"注释"对话框。

Step6. 选取放置注释文本位置。在"技术要求"文本框下的空白处单击，系统弹出"格式化"对话框。

Step7. 创建注释文本。

（1）输入注释文字。在弹出的"注释"文本框中输入"未注圆角半径为 R1。未注倒角为C1。"

（2）给注释文字添加数字符号。选取文本框中的文字"未注圆角半径为R1。未注倒角为C1。"，单击"格式化"对话框中的"数字"按钮 ，完成数字符号注释文本的添加。

说明：文本框中的文字必须分好行。分行是在输入"未注圆角半径为R1。"后按 Enter 键。

Step8. 单击"注释"对话框中的"完成"按钮 ，完成注释文本的标注，如图6.7.13所示。

Step9. 选择下拉菜单 文件(F) ➡ 保存(S) 命令，保存文件。

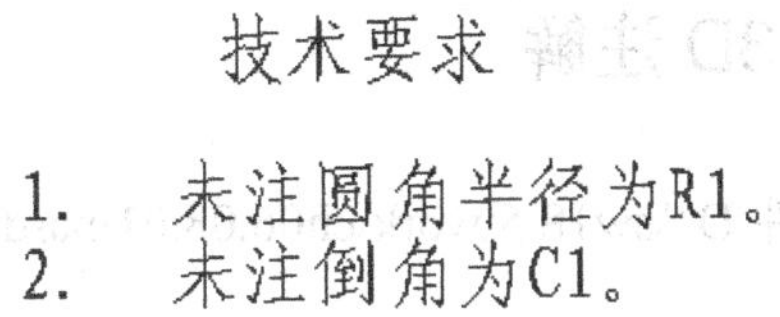

技术要求

1.　未注圆角半径为R1。
2.　未注倒角为C1。

图6.7.13　无引线标注注释

6.7.2　编辑参数注释

下面讲述编辑参数注释的一般操作过程。

Step1. 打开工程图文件 D:\sw18.5\work\ch06.07.02\annotation.SLDDRW。

Step2. 双击视图中的注释文本，系统弹出"格式化"对话框和"注释"对话框。

Step3. 选取要编辑的参数注释。选取图6.7.14所示注释文本中的"R2"。

Step4. 定义尺寸值为注释文本。选取图6.7.15所示的尺寸文本"R3"。

Step5. 单击"注释"对话框中的"完成"按钮 ，完成编辑参数注释，如图6.7.16所示。

Step6. 保存文件。选择下拉菜单 文件(F) ➡ 保存(S) 命令。

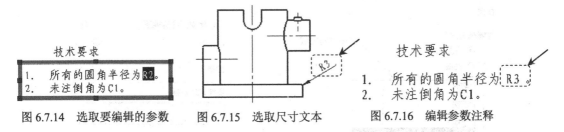

图6.7.14　选取要编辑的参数　　图6.7.15　选取尺寸文本　　图6.7.16　编辑参数注释

说明：如果尺寸中的数值改变，注释中的数值也会随之改变。

6.8　3D　注　解

SolidWorks 软件的零件和装配体文件支持 3D 注解。3D 注解是按照零件模型的正交视图（如前视、下视、轴测视图等）来显示的，这些正交视图称作注解视图，它们会复制标准工程图视图的方向，可以自动或手动生成注解视图。在模型中生成注解视图后，可以在工程图中使用这些视图，注解视图将被转换成 2D 工程图视图，这样在模型中插入的注解将在工程图中出现。

零件中的 3D 注解不链接到相应的工程图。如果在零件中更改 3D 注解，工程图将不更新，需要重新插入工程图才可让更改生效。

6.8.1 在零件中插入 3D 注解

Step1. 打开零件模型文件 D:\sw18.5\work\ch06.08.01\hardware.SLDPRT。

Step2. 创建注解视图。

（1）选取命令。在设计树中右击 田A注解，在弹出的快捷菜单中选取 插入注解视图 (P) 命令，系统弹出图 6.8.1 所示的"注解视图"对话框。

（2）定义视图方向。在 注解观阅方向 区域中选中 视图方向 单选按钮，在视图方向区域中选取 *下视 选项，其他参数采用系统默认设置值。

（3）单击"注解视图"对话框中的"完成"按钮 ，完成创建注解视图。

说明：默认情况下，零部件和装配体存在一个注解视图未指派项，此视图包含任何未指定注解视图的 3D 注解。标注的 3D 基准特征、形位公差和注释必须在所要显示的视图激活状态下标注，否则在工程图同一视图中无法显示。单击"注解视图"对话框中的"下一步"按钮 ，系统弹出图 6.8.2 所示的"移动到注解视图"对话框。

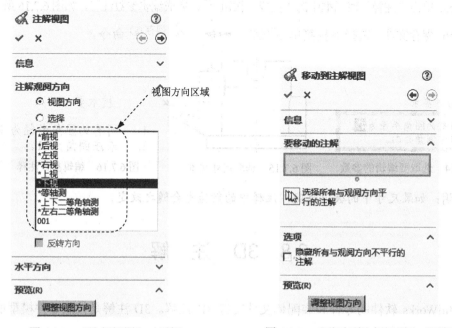

图 6.8.1 "注解视图"对话框   图 6.8.2 "移动到注解视图"对话框

图 6.8.1 所示的"注解视图"对话框部分选项的说明如下。

- **注解观阅方向** 区域：用于定义注解视图方向。
  - ☑ ⦿ **视图方向** 单选按钮：选取该单选按钮，**注解观阅方向** 区域中的"视图方向"区域被激活，可以在该区域中选取注解视图方向。
  - ☑ ⦿ **选择** 单选按钮：选取该单选按钮，选择一个面或基准面来定义注解视图。
  - ☑ ☑ **反转方向** 复选框：选取该复选框，反转注解视图方向。
- **水平方向** 区域：用于选取一基准（草图、边线或面）来设定视图的水平方向，在"旋转"文本框中输入一数值，使注解视图沿基准旋转。

图 6.8.2 所示的"移动到注解视图"对话框部分选项的说明如下。

- **要移动的注解** 区域：用于选取要移动的尺寸和注解。
- **选项** 区域：用于设置显示或隐藏与注解视图不平行的所有 3D 注解。
  - ☑ ☑ **隐藏所有与观阅方向不平行的注解** 复选框：用于显示或隐藏与注解视图不平行的所有 3D 注解。

Step3. 标注 3D 基准特征。

（1）选择命令。选择下拉菜单 **插入(I)** ➡ **注解(N)** ➡ **Ⓐ 基准特征符号(U)...** 命令，系统弹出"基准特征"对话框。

（2）设置参数。在"基准特征"对话框 **标号设定(S)** 区域的 **Ⓐ** 文本框中输入"A"。

（3）放置基准特征符号。选取图 6.8.3 所示的模型表面，在合适的位置处单击放置基准特征符号。

说明：放置基准特征符号时，可以将模型视图切换到后视图（图 6.8.4），方便放置。

图 6.8.3　基准特征放置面

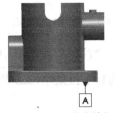

图 6.8.4　3D 基准特征

（4）单击"基准特征"对话框中的 ✔ 按钮，完成标注 3D 基准特征，结果如图 6.8.4 所示。

Step4. 标注 3D 形位公差。

（1）选择命令。选择下拉菜单 **插入(I)** ➡ **注解(N)** ➡ **▥ 形位公差(T)...** 命令，系统弹出"形位公差"对话框和"属性"对话框。

（2）定义形位公差。在"属性"对话框中单击 **符号** 区域的 ▾ 按钮，在下拉列表中选取"垂直"选项 **⊥**，在 **公差1** 文本框中输入公差值为 0.02，在 **主要** 文本框中输入基准"A"。

（3）放置形位公差符号。选取图 6.8.5 所示的零件模型表面，放置形位公差，如图

6.8.6 所示。

图 6.8.5 形位公差放置面　　　　　　　　　　图 6.8.6 3D 形位公差

（4）单击"形位公差"对话框中的 ✔ 按钮（或单击"属性"对话框中的 ┃确定┃ 按钮），完成标注 3D 形位公差。

Step5. 标注 3D 注释。

（1）选择命令。选择下拉菜单 插入(I) ➡ 注解(N) ➡ A 注释(N)...命令，系统弹出"注释"对话框。

（2）定义引线样式。在"注释"对话框的 引线(L) 区域中依次单击 ⌐ 和 ⌐ 按钮。

（3）选取注释特征。选取图 6.8.7 所示的零部件表面。

（4）选取注释文本放置位置。将注释放置在图 6.8.8 所示的位置，系统弹出"格式化"对话框。

（5）创建注释文本。在弹出的"注释"文本框中输入图 6.8.8 所示的文本"此面淬火处理"。

图 6.8.7 3D 注释放置面　　　　　　　　　　图 6.8.8 标注 3D 注释

（6）单击"注释"对话框中的 ✔ 按钮，完成标注 3D 注释。

Step6. 选择下拉菜单 文件(F) ➡ 🖫 保存(S)命令，保存文件。

6.8.2 在工程图中显示 3D 注解

在工程图中显示 3D 注解的一般操作步骤如下。

Step1. 打开工程图文件 D:\sw18.5\work\ch06.08.02\view.SLDDRW。

Step2. 选择命令。选择下拉菜单 插入(I) ➡ 工程图视图(V) ➡ 🗒 模型(M)...命令，在图形区左侧显示"模型视图"对话框。

Step3. 选择零件模型。在"模型视图"对话框中单击 要插入的零件/装配体(E) ⌃ 区域中的 浏览(B)... 按钮，系统弹出"打开"对话框，在"查找范围"下拉列表中选择目录

D:\sw18.5\work\ch06.08.02，然后选择 view.SLDPRT，单击 打开 ▼ 按钮，系统弹出"模型视图"对话框。

Step4. 定义视图参数。

（1）在 方向(0) 区域中单击"下视"按钮 □。

（2）在 输入选项 区域分别选中 ☑ 输入注解(I) 复选框、☑ 设计注解(E) 复选框和 ☑ DimXpert注解 复选框。

Step5. 放置视图。在图形区单击，生成图6.8.9所示的主视图。

Step6. 单击"工程视图"对话框中的 ✔ 按钮，完成工程图中显示3D注解。

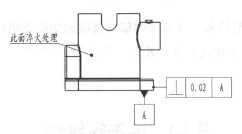

图 6.8.9　显示 3D 注释

Step7. 保存文件。选择下拉菜单 文件(F) ➡ 🖫 保存(S) 命令。

说明：基准特征和形位公差为 DimXpert 注解，注释为设计注解。

6.9　销　钉　符　号

在工程图中给孔（圆形边线或绘制的圆）添加销钉符号，符号应该与选定孔的尺寸相符。

销钉符号有以下限制：

● 包含孔的面必须与当前激活的视图的基准面垂直。

● 不能使用复制、剪切和粘贴操作移动销钉符号，除非符号已由草图定义。

下面通过一个范例来讲解标注销钉符号的一般操作步骤。

Step1. 打开工程图文件 D:\sw18.5\work\ch06.09\dowe.SLDDRW。

Step2. 标注沉孔。

（1）选择命令。选择下拉菜单 插入(I) ➡ 注解(A) ➡ ◐ 销钉符号(P) 命令（或右击，在弹出的快捷菜单中选择 注解(A) ➡ ◐ 销钉符号(Q) 命令），系统弹出"销钉符号"对话框。

（2）选取销钉符号的放置位置。在视图中分别选取图6.9.1所示的圆，此时"销钉符号"对话框如图6.9.2所示，单击"销钉符号"对话框中的 ✔ 按钮，完成销钉符号的标注，结果如图 6.9.3 所示。

Step3. 选择下拉菜单 文件(F) ➡ 📙 保存(S) 命令，保存文件。

图 6.9.1　选取放置位置　　图 6.9.2　"销钉符号"对话框　　图 6.9.3　销钉符号

图 6.9.2 所示的"销钉符号"对话框中部分选项的功能说明如下。

显示属性(I) 区域：用于使销钉符号反转。选中 ☑ 反转符号(F) 复选框，销钉符号反转（销钉符号旋转 90°）。

6.10　装饰螺纹线

装饰螺纹线不是在零件模型上创建真实的螺纹形状，而是在工程图中进行螺纹描述。对于螺杆来说，它表示螺纹的小径，而对螺孔来说，它表示螺纹的大径。

装饰螺纹线既可以在零部件模型中添加，也可以在工程图中添加。装饰螺纹线与其他注解不同，它是其所附加项目的专有特征。

螺纹线的标注标准不用于某些尺寸的标注标准。如果在零件或装配体中定义了装饰螺纹线标注但未在工程图中显示，可通过从快捷菜单选择插入标注。

下面讲解在工程图中添加装饰螺纹线的一般操作步骤。

Step1. 打开工程图文件 D:\sw18.5\work\ch06.10\solenoid.SLDDRW。

Step2. 选择命令。选择下拉菜单 插入(I) ➡ 注解(A) ➡ 📙 装饰螺纹线(D)··· 命令（或右击，在弹出的快捷菜单中选择 注解(A) ➡ 📙 装饰螺纹线··· (M) 命令），系统弹出图 6.10.1 所示的"装饰螺纹线"对话框。

Step3. 选取装饰螺纹的放置位置。在视图中依次选取图 6.10.2 所示的 4 个圆（螺纹孔）。

Step4. 定义装饰螺纹参数。在 螺纹设定(S) 区域的下拉列表中选取 通孔 选项，在 ⊘ 后面的文本框中输入半径值为 20.0，在 螺纹标注(C) 区域的文本框中输入"M22"。

Step5. 单击"装饰螺纹线"对话框中的 ✔ 按钮，完成装饰螺纹线的标注，结果如图 6.10.3 所示。

Step6. 显示螺纹标注。右击刚标注的装饰螺纹线，在快捷菜单中选择 插入标注(E) 命令，螺纹标注显示在工程图中，如图 6.10.4 所示。

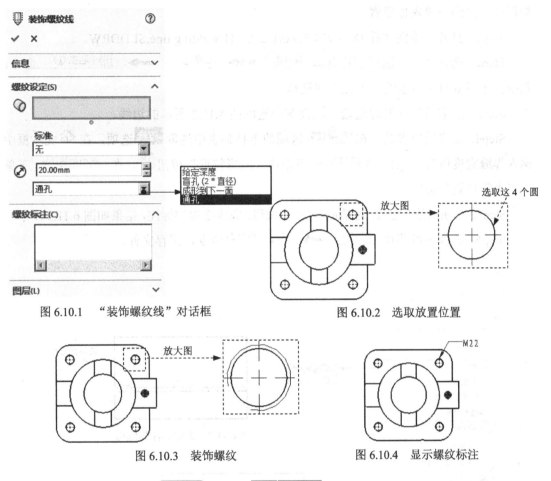

图 6.10.1 "装饰螺纹线"对话框

图 6.10.2 选取放置位置

图 6.10.3 装饰螺纹

图 6.10.4 显示螺纹标注

Step7. 选择下拉菜单 文件(F) ➡ 保存(S) 命令，保存文件。

图 6.10.1 所示的"装饰螺纹线"对话框中各选项的功能说明如下。

- 螺纹设定(S) 区域：用于定义要装饰螺纹的螺纹孔和装饰螺纹的大小。

  ☑ 列表框：用于显示选取的要装饰螺纹的螺纹孔。

  ☑ 文本框：该文本框中输入的数值用于定义装饰螺纹的直径。

- 螺纹标注(C) 区域：用于标注装饰螺纹线。螺纹标注时无须使用标注命令，右击装饰螺纹线，在快捷菜单中选择 插入标注(F) 命令，即可将螺纹标注显示在工程图中。

6.11 毛 虫

焊接毛虫用来在工程图中标注焊缝的位置和长度。毛虫符号分为圆形样式和线形样式两种。在工程图中添加的毛虫符号不等于添加的焊接符号和焊缝几何体。下面讲解添加焊接毛虫的一般操作步骤。

Step1. 打开工程图文件 D:\sw18.5\work\ch06.11\welding line.SLDDRW。

Step2. 选择命令。选择下拉菜单 插入(I) ➡ 注解(A) ➡))))毛虫(I)...命令，系统弹出图 6.11.1 所示的"毛虫"对话框。

Step3. 选取要标注的焊缝边。在视图中选取图 6.11.2 所示的边线。

Step4. 定义毛虫参数。在 参数(P) 区域的下拉列表中选取 连续 选项，在 🔾 文本框中输入焊缝宽度值为 5。在 毛虫形状(S): 下单击"圆形特形"按钮))))，在 毛虫位置(P): 下单击"中间位置"按钮)))。

Step5. 单击两次"毛虫"对话框中的 ✓ 按钮，完成毛虫的标注，结果如图 6.11.3 所示。

Step6. 选择下拉菜单 文件(F) ➡ 💾保存(S)命令，保存文件。

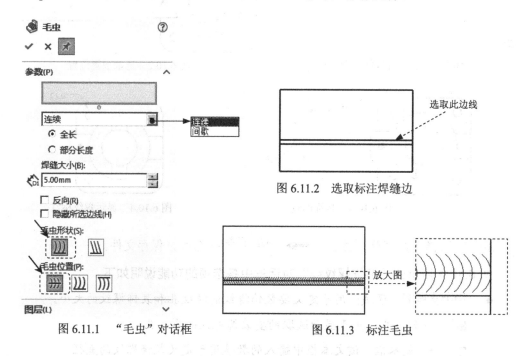

图 6.11.1　"毛虫"对话框　　图 6.11.2　选取标注焊缝边

图 6.11.3　标注毛虫

图 6.11.1 所示的"毛虫"对话框中各选项的功能说明如下。

- 参数(P) 区域：用于设置毛虫的主要参数。该区域的下拉列表用于选取焊缝类型，焊缝类型包括 连续 和 间歇 两种类型。

  - ☑ 连续 选项：选取该选项，毛虫符号将在整条焊缝边线上显示。

  - ☑ 间歇 选项：选取该选项，毛虫符号将在整条焊缝边线上间隔显示。

  - ☑ ⊙全长 单选按钮：在完整边线上生成毛虫。

  - ☑ ⊙部分长度 单选按钮：在所选边线部分长度上生成毛虫。可拖动所选边线上自动生成的控标来调整长度。

☑ 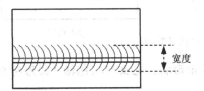 文本框：该文本框中输入的数值用来定义焊缝的宽度，如图6.11.4所示。

☑ 焊缝长度(L)：文本框：该文本框中输入的数值用来定义焊缝的长度（仅限于 间歇 选项），如图6.11.5所示。

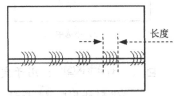

图6.11.4 焊缝宽度   图6.11.5 焊缝长度

☑ 焊缝节距(I)：文本框：该文本框中输入的数值定义焊缝之间的节距长度(仅限于 间歇 选项)，如图6.11.6所示。

☑ ☑ 显示尺寸 复选框：选中该复选框，将显示焊缝长度以及焊缝之间的节距长度，如图6.11.7所示。

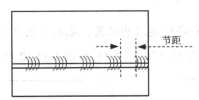

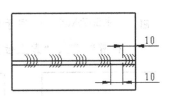

图6.11.6 焊缝节距   图6.11.7 显示尺寸

☑ ☑ 反向(R) 复选框：选中该复选框，将焊缝方向旋转180°，如图6.11.8所示。

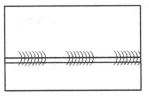

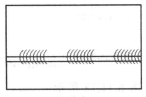

a) 不选中   b) 选中

图6.11.8 反向焊缝方向

☑ ☑ 隐藏所选边线(H) 复选框：选中该复选框，将不显示选中的焊缝边线，如图6.11.9所示。

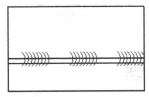

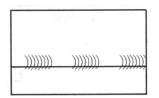

a) 不选中   b) 选中

图6.11.9 隐藏焊缝边线

☑ ☑ 反转开始点(F) 复选框：选中该复选框，将焊缝的开始点与终点位置对换，如图6.11.10所示。

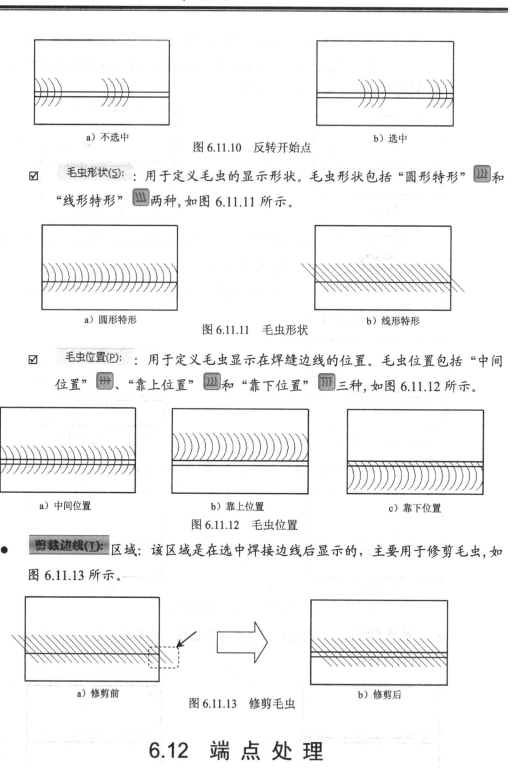

a) 不选中　　　　　图 6.11.10　反转开始点　　　　b) 选中

☑ **毛虫形状(S)**：用于定义毛虫的显示形状。毛虫形状包括"圆形特形" ▦ 和"线形特形" ▦ 两种，如图 6.11.11 所示。

a) 圆形特形　　　　　图 6.11.11　毛虫形状　　　　b) 线形特形

☑ **毛虫位置(P)**：用于定义毛虫显示在焊缝边线的位置。毛虫位置包括"中间位置" ▦ 、"靠上位置" ▦ 和"靠下位置" ▦ 三种，如图 6.11.12 所示。

a) 中间位置　　　　　b) 靠上位置　　　　　c) 靠下位置
图 6.11.12　毛虫位置

● **剪裁边线(T)**：区域：该区域是在选中焊接边线后显示的，主要用于修剪毛虫，如图 6.11.13 所示。

a) 修剪前　　　　　图 6.11.13　修剪毛虫　　　　b) 修剪后

6.12　端点处理

端点处理用于标注焊缝的端点使其在工程图中显示。端点处理主要由圆形或线形和边组成。在工程图中添加的端点处理不等于添加的焊接符号和焊缝几何体。

Step1. 打开工程图文件 D:\sw18.5\work\ch06.12\jointing.SLDDRW。

Step2. 选择命令。选择下拉菜单 插入(I) ➡ 注解(A) ➡ ⌐ 端点处理(R)... 命令，系统弹出图 6.12.1 所示的"端点处理"对话框。

Step3. 选取端点处理类型。在 参数(P) 区域的下拉列表中选取 ⌐ 选项（左边的选项）。

Step4. 选取构成端点处理的两条边线。在视图中选取图 6.12.2 所示的两条边线。

Step5. 定义端点处理参数。在 参数(P) 区域的 ↙D1 文本框中输入焊缝支柱长度值为 6.0，依次选中 ☑ 支柱长度相等(E) 复选框和 ☑ 使用实体填充 复选框。

Step6. 在图 6.12.3 所示的位置单击以确定焊接端点的放置位置，单击对话框中的 ✔ 按钮，完成焊接端点的标注，结果如图 6.12.3 所示。

图 6.12.1 "端点处理"对话框

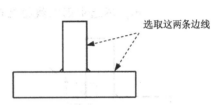

图 6.12.2 选取构成端点边

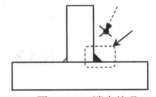

图 6.12.3 端点处理

图 6.12.1 所示的"端点处理"对话框中各选项的功能说明如下。

- 参数(P) 区域：用于设置端点处理的详细参数。
  - ☑ ⌐ ANSI 类型：选取该类型，生成的是 ANSI 标准的端点处理。
  - ☑ ⌐ ISO 类型：选取该类型，生成的是 ISO 标准的端点处理。
  - ☑ ↙D1 文本框：为第一条边线设定端点处理的长度（仅限 ANSI 类型）。
  - ☑ ↙D2 文本框：为第二条边线设定端点处理的长度（仅限 ANSI 类型）。
  - ☑ ☑ 支柱长度相等(E) 复选框：选中该复选框，第一条边线的长度等于第二条边线的长度，且 ↙D2 文本框将不显示。
  - ☑ ↙a （焊喉厚度）按钮：单击该按钮，将通过焊喉厚度来定义端点处理。在该按钮后的文本框中定义焊喉厚度（仅限 ISO 类型）。
  - ☑ ↙z （焊缝支柱长度）按钮：单击该按钮，将通过设定支柱长度来定义端点处理。在该按钮后的文本框中定义焊缝支柱长度（仅限 ISO 类型）。

☑ 边线(G)：区域：用于显示构成端点处理边界的两条边线。

☑ ☑ 显示尺寸 复选框：选中该复选框，将在图形区显示焊缝支柱长度或焊喉厚度值，如图 6.12.4 所示。

a）显示前   b）显示后

图 6.12.4 显示尺寸

☑ ☑ 使用实体填充 复选框：选中该复选框，将焊接的端点处理以实体颜色显示；不选中则以线框显示，如图 6.12.5 所示。

a）填充前   b）填充后

图 6.12.5 使用实体填充

6.13 焊接符号

在零部件、装配体及工程图中生成焊接符号，首先要设置标准（选择下拉菜单 工具(T) ➡ 选项(P)... 命令，在弹出的"系统选项"对话框中打开 文档属性(D) 选项卡；在对话框中单击 绘图标准 选项，在 总绘图标准 区域的下拉列表中选取 ANSI 、 ISO 、 DIN 、 JIS 、 BSI 、 GOST 或 GB 标注标准），因为在选择 插入(I) ➡ 注解(A) ➡ 焊接符号… (P) 命令后弹出的"属性"对话框只有一种标准焊接符号。SolidWorks 支持 ANSI 、 ISO 、 GOST 或 GB 标注库。下面以 GB/T 324—2008 为标准进行讲解。

焊接符号及数值的标注原则如图 6.13.1 所示。

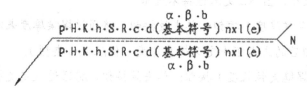

图 6.13.1 焊接符号及数值的标注原则

α. 坡度角度	β. 坡口面角度	b. 根部间隙
c. 焊缝宽度	d. 熔核直径	e. 焊缝间距
R. 根部半径	H. 坡度深度	h. 余高
l. 焊缝长度	n. 焊缝段数	K. 焊脚尺寸
S. 焊缝有效厚度	N. 相同焊缝数量	p. 钝边

下面讲解焊接符号及数据标注的一般操作过程。

Step1. 打开工程图文件 D:\sw18.5\work\ch06.13\jointing.SLDDRW。

Step2. 选择命令。选择下拉菜单 **插入(I)** ➡ **注解(A)** ➡ **焊接符号(W)…** 命令（或右击，在弹出的快捷菜单中选择 **注解(A)** ➡ **焊接符号… (F)** 命令），系统弹出 "属性" 对话框（图 6.13.2）和"焊接符号"对话框。

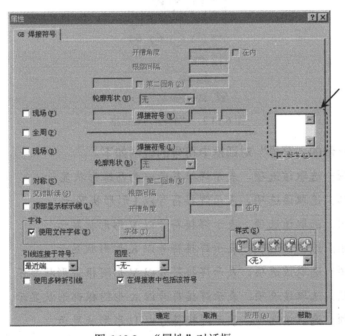

图 6.13.2 "属性"对话框

图 6.13.2 所示的 "属性" 对话框中部分选项的功能说明如下。

- **现场(F)** 和 **现场(I)** 复选框：选中其中一个复选框，添加现场焊接符号，这两个复选框不能同时选中。

- **全周(P)** 复选框：选中该复选框，表示焊接符号应用到轮廓周围。

- **对称(S)** 复选框：选中该复选框，线上和线下的注释完全一样。

- **交错断续(G)** 复选框：选中该复选框，线上或线下的圆角焊接符号交错断续。

- **顶部显示标示线(L)** 复选框：选中该复选框，将标示线移到符号线上。

- **第二圆角(2)** 复选框：选中该复选框，第二圆角只可用于某些焊接符号（如方形或斜面）。在复选框左边和右边的文本框中输入圆角尺寸。

- **轮廓形状 (U)** 下拉列表：用于选取符号上的轮廓形状。
- **焊接符号 (W)...** 按钮：单击该按钮，系统弹出图 6.13.3 所示的"符号"对话框。该对话框主要用于设置焊接符号的形状，在 **焊接符号 (W)...** 按钮的左边或右边输入焊接尺寸。

Step3. 定义焊接符号属性。

（1）在"属性"对话框中选中 **☑ 现场 (P)** 和 **☑ 全周 (P)** 复选框。

（2）单击"属性"对话框中的 **焊接符号 (Y)...** 按钮，系统弹出图 6.13.3 所示的"符号"对话框，在该对话框中选取 □ 选项后，单击 **确定** 按钮，关闭"符号"对话框。

图 6.13.3 "符号"对话框

图 6.13.3 所示的"符号"对话框中符号的说明如下。

- ∧选项：选取该选项，表示焊接符号以两凸缘形状显示。
- ‖选项：选取该选项，表示焊接符号以 I 形形状显示。
- ∨选项：选取该选项，表示焊接符号以 V 形形状显示。
- ⼁选项：选取该选项，表示焊接符号以 K 形形状显示。
- Ｙ选项：选取该选项，表示焊接符号以 V 形附根部形状显示。
- ⼁选项：选取该选项，表示焊接符号以 K 形附根部形状显示。
- Ｙ选项：选取该选项，表示焊接符号以 U 形形状显示。
- ⼁选项：选取该选项，表示焊接符号以 J 形形状显示。
- △选项：选取该选项，表示焊接符号以封底焊缝显示。
- ◺选项：选取该选项，表示焊接符号以三角形状显示。
- ⊓选项：选取该选项，表示焊接符号以槽状形状显示。
- ○选项：选取该选项，表示焊接符号以点形状浮凸显示。
- ⊙选项：选取该选项，表示焊接符号以点形状在中心显示。
- ⊖选项：选取该选项，表示焊接符号以两凸缘形状显示。
- ⊖选项：选取该选项，表示焊接符号以两凸缘形状在中心显示。
- ✳选项：选取该选项，表示焊接符号以两凸缘点形状浮凸显示。
- ✳✳选项：选取该选项，表示焊接符号以"米"字形状显示。

（3）在图 6.13.2 所示"属性"对话框 焊接符号(W)... 右侧的文本框中输入数值为 3.0。

（4）在图 6.13.2 所示"属性"对话框 焊接符号(W)... 左侧的文本框中输入数值为 1/4。

Step4. 选取焊接符号边线。在视图中选取图 6.13.4 所示的边线，然后在合适的位置单击。

Step5. 单击"属性"对话框中的 确定 按钮，完成焊接符号的标注，结果如图 6.13.5 所示。

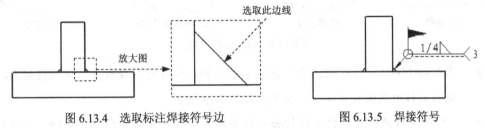

图 6.13.4 选取标注焊接符号边 　　图 6.13.5 焊接符号

6.14 修 订 云

修订云是一种类似于云形状的注解类型，用户可以在工程图视图中或工程图图纸上插入修订云线，以便提醒用户注意几何体的变化。下面介绍插入修订云线的一般操作方法。

6.14.1 插入修订云

Step1. 新建工程图文件，进入制图环境。

Step2. 选择命令。选择下拉菜单 插入(I) ➡ 注解(A) ➡ 修订(C)... 命令，系统弹出图 6.14.1 所示的"修订云"对话框。

图 6.14.1 "修订云"对话框

图 6.14.1 所示的对话框的部分选项说明如下。

- **云形状(S)** 区域：用于定义修订云的形状。其下包含 ▦（矩形）、◯（椭圆形）、▨
（不规则多边形）和 ✚（手绘）4 种形状，绘制效果分别如图 6.14.2 所示。

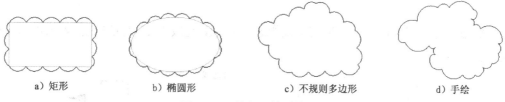

| a）矩形 | b）椭圆形 | c）不规则多边形 | d）手绘 |

图 6.14.2　修订云的形状

- **最大圆弧半径(A)** 区域：用于定义云线中圆弧部分的最大半径数值。该数值越大，绘
制的云线中圆弧数量越少，反之则圆弧数量越多。

- **线条样式** 区域：用于定义修订云的线条样式，包含有线条样式和粗细。如果勾选
☑ **使用文档显示(U)** 复选框，则按照文档的默认属性来设置；取消该复选框后，用户
可以从 ▨（线条样式）、▤（线粗）下拉列表中选择合适的类型。

- **图层(Y)** 区域：用于定义生成的云线所在的图层。

Step3. 在"修订云"对话框中选取 ▦（矩形），然后在图纸中的空白处单击，移动鼠
标指针，单击另一合适位置放置云线，单击图纸空白处完成绘制。

Step4. 重复前面两步的操作方法，选取 ✚（手绘）类型，移动鼠标到图纸中某个视图
的范围内，单击一点选择为起点，然后移动鼠标指针绘制云线，单击某点后，系统将自动
封闭该手绘云线。

6.14.2　编辑修订云

下面紧接着上一小节的操作来介绍编辑修订云的操作方法。

Step1. 选择对象。在图纸中单击"矩形"修订云线，系统弹出"修订云"对话框，同
时该修订云线显示出各个控制点，如图 6.14.3a 所示。

Step2. 调整形状。使用鼠标拖动中心控制点可以改变其整体位置，拖动 4 角的控制点
可改变其大小，单击图纸空白处，完成形状的调整。

Step3. 添加注释。选择下拉菜单 **插入(I)** ➡ **注解(A)** ➡ **A 注释(N)...** 命令，
系统弹出"注释"对话框。在 **引线(L)** 区域选中 ◯（无引线）按钮，在图纸空白处单击放
置注释；在注释框中输入文字内容"改进 A 型"，单击 ✔ 按钮，完成注释的添加。

Step4. 组合注释和修订云。使用鼠标拖动注释文本到修订云线内的合适位置（图
6.14.3b），按住 Shift 键同时选中注释和修订云线并右击，在弹出的快捷菜单中选择 **组**
➡ **▣ 分组(A)** 命令，此时注释和修订云线被分为一个组，使用鼠标可同时拖动二者进

行移动。

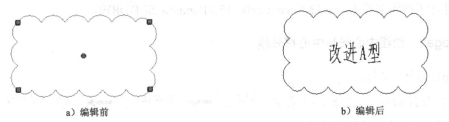

a）编辑前　　　　　　　　　　　　　　　　b）编辑后

图 6.14.3　编辑修订云

Step5. 选择下拉菜单 文件(F) ➡ 保存(S) 命令，保存文件。

6.15　工程图标注综合范例

6.15.1　范例 1

范例概述

　　本范例为对轴进行标注的综合范例，综合了尺寸、注释、基准、形位公差和表面粗糙度的标注及其编辑、修改等内容，在学习本范例的过程中读者应该注意轴的标注要求及其特点。范例完成的效果图如图 6.15.1 所示。

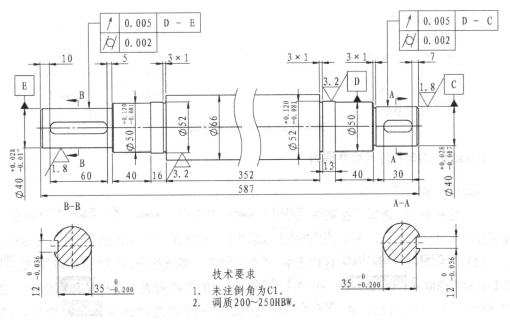

图 6.15.1　范例完成效果图

Stage1．打开文件

打开工程图文件 D:\sw18.5\work\ch06.15.01\spindle.SLDDRW。

Stage2．创建中心线和中心符号线

Step1．创建中心线。

（1）选择命令。选择下拉菜单 插入(I) ➡ 注解(A) ➡ ┼┼ 中心线(L)…命令，系统弹出"中心线"对话框。

（2）选取要添加中心线的零件特征。单击主视图。

（3）单击"完成"按钮 ✔，完成中心线的创建，如图6.15.2所示。

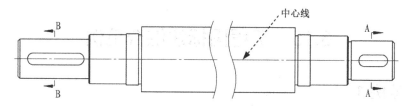

图 6.15.2　创建中心线

Step2. 创建中心符号线。

（1）选择命令。选择下拉菜单 插入(I) ➡ 注解(A) ➡ ⊕ 中心符号线(C)…命令，系统弹出"中心符号线"对话框。

（2）选取要添加中心符号线的圆弧（圆）。分别选取图6.15.3a所示的两个圆弧。

（3）单击"完成"按钮 ✔，完成中心符号线的创建，如图6.15.3b所示。

图 6.15.3　创建中心符号线

Stage3．自动标注尺寸并编辑

Step1．自动标注尺寸。

（1）选择命令。选择下拉菜单 工具(T) ➡ 尺寸(S) ➡ ✐ 智能尺寸(S)命令，系统弹出"尺寸"对话框，单击 自动标注尺寸 选项卡，系统弹出"自动标注尺寸"对话框。

（2）在 要标注尺寸的实体(E) 区域选中 ⊙ 所选实体(S) 单选按钮，单击"设计树"按钮 ▥，在设计树中选取 ⤵ 剖面视图 A-A，在 水平尺寸(H) 区域的下拉列表中选择 基准 选项，选中 ⊙ 视图以下(W) 单选按钮；在 竖直尺寸(V) 区域的下拉列表中选择 基准 选项，选中 ⊙ 视图右侧(G) 单选按钮；其他参数设置接受系统默认设置值。

（3）单击"完成"按钮 ✔，完成自动标注尺寸的操作，如图6.15.4所示。

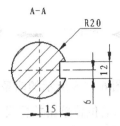

图 6.15.4 标注尺寸

Step2. 删除多余尺寸。

（1）选取要删除的尺寸。选取图 6.15.5a 所示的尺寸"R20""15""6"。

（2）选取命令。选择下拉菜单 编辑(E) ➡ ✖ 删除(D) Del 命令，尺寸便自动删除，结果如图 6.15.5b 所示。

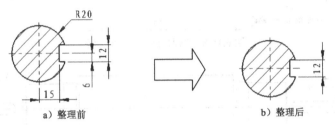

a）整理前　　　　　　　　　b）整理后

图 6.15.5 整理尺寸

Stage4．手动标注尺寸并编辑

Step1. 手动标注尺寸（一）。

（1）选择下拉菜单 工具(T) ➡ 尺寸(S) ➡ 智能尺寸(S) 命令，系统弹出"尺寸"对话框。

（2）选取要标注的边线。选取图 6.15.6 所示的两边线。

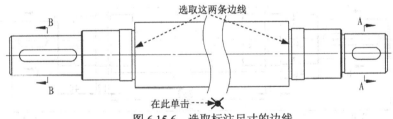

选取这两条边线

在此单击

图 6.15.6 选取标注尺寸的边线

（3）放置尺寸。在图 6.15.6 所示位置单击放置尺寸。

（4）单击"尺寸"对话框中的"完成"按钮 ✔，完成尺寸标注，如图 6.15.7 所示。

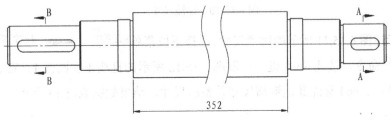

352

图 6.15.7 标注尺寸

Step2. 手动标注尺寸（二）。

（1）选择下拉菜单 `工具(T)` ➝ `尺寸(S)` ➝ `智能尺寸(S)` 命令，系统弹出"尺寸"对话框。

（2）选取要标注的边线。选取图 6.15.8 所示的两条边线。

（3）放置尺寸。在图 6.15.8 所示的位置单击放置尺寸。

（4）单击"尺寸"对话框中的"完成"按钮 ✔，结果如图 6.15.9 所示。

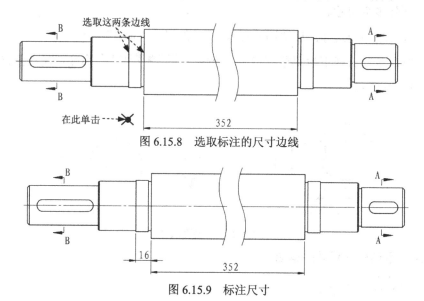

图 6.15.8　选取标注的尺寸边线

图 6.15.9　标注尺寸

Step3. 手动添加其他尺寸。参照上面的步骤，添加图 6.15.10 所示的尺寸。

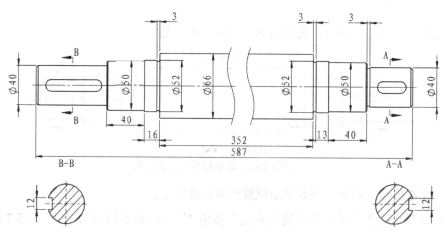

图 6.15.10　标注尺寸

Step4. 标注图 6.15.11 所示的键槽尺寸。选择下拉菜单 `工具(T)` ➝ `尺寸(S)` ➝ `智能尺寸(S)` 命令，按住 Shift 键，选取图 6.15.12 所示的直线 1 和圆弧 1，在合适的位置放置尺寸。参照 Step4 标注其他键槽尺寸并整理尺寸，结果如图 6.15.13 所示。

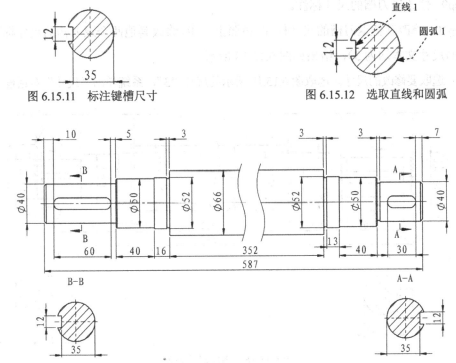

图 6.15.11　标注键槽尺寸　　　　　　图 6.15.12　选取直线和圆弧

图 6.15.13　标注其他键槽尺寸

Step5. 添加尺寸公差。

（1）选取要添加公差的尺寸。选取图 6.15.14 所示的尺寸"35"，系统弹出"尺寸"对话框。

（2）定义公差。在"尺寸"对话框 公差/精度(P) 区域的下拉列表中选取 双边 选项。在 + 文本框中输入公差值为 0，在 − 文本框中输入公差值为 0.200。

（3）编辑尺寸公差文本。单击"尺寸"对话框中的 其它 选项卡，取消选中 文本字体 区域中的 □ 使用尺寸字体(U) 复选框，在 ⊙ 字体比例(S) 文本框中输入字体比例值为 0.7。

（4）单击"尺寸"对话框中的 ✔ 按钮，完成添加尺寸公差，如图 6.15.15 所示。

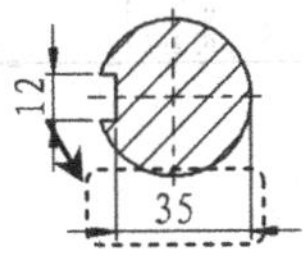

图 6.15.14　选取尺寸

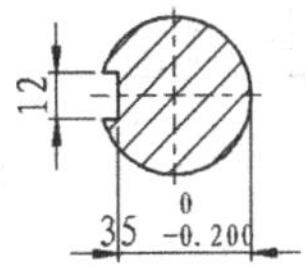

图 6.15.15　添加尺寸公差

Step6. 添加其他尺寸公差。参照上面步骤，为其他尺寸添加尺寸公差，结果如图 6.15.16 所示。

Step7. 调整尺寸公差位置。选取图 6.15.16 中轴右侧"$\phi40$"的尺寸公差，将其调整到图 6.15.17 所示位置。

Step8. 调整其他尺寸公差位置。选取其他尺寸公差，将位置调整到图 6.15.17 所示的位置。

Step9. 修改退刀槽的尺寸标注。

Step10. 修改其他退刀槽的尺寸标注。参照上一步，修改其他两个退刀槽的尺寸标注（此退刀槽的尺寸文本均为3），结果如图6.15.18所示。

（1）选取要修改的尺寸。选取图6.15.19所示的尺寸"3"，系统弹出"尺寸"对话框。

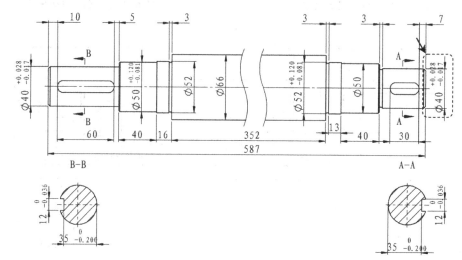

图 6.15.16　添加尺寸公差

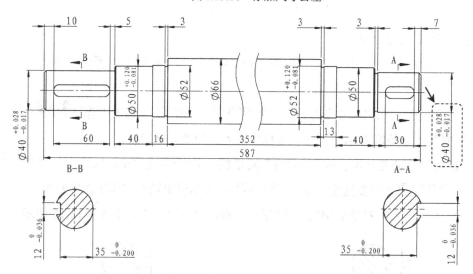

图 6.15.17　调整尺寸公差位置

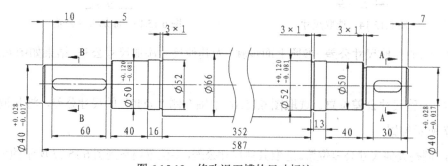

图 6.15.18　修改退刀槽的尺寸标注

（2）修改标注尺寸文字。在 标注尺寸文字(I) 区域的文本框"<DIM>"后单击，在<DIM>后面输入"×1"。

（3）单击"尺寸"对话框中的 ✔ 按钮，完成修改尺寸文字，如图6.15.18所示。

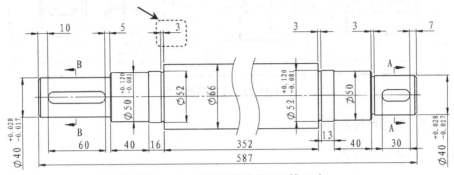

图6.15.19 选取要修改的退刀槽尺寸

Stage5. 标注基准特征

Step1. 创建基准特征。

（1）选择命令。选择下拉菜单 插入(I) ➡ 注解(A) ➡ Ⓐ 基准特征符号(U)...命令，系统弹出"基准特征"对话框。

（2）设置参数。在"基准特征"对话框 设定(S) 区域的 Ⓐ 文本框中输入"C"，在 引线(E) 区域中取消选中 □ 使用文件样式(U) 复选框，单击 □ 按钮以显示其他按钮，再单击 Ⓐ 和 ▲ 按钮。

（3）选取基准特征放置位置。选取图6.15.20所示的尺寸为标注尺寸，单击图6.15.20所示位置为基准特征放置位置。

（4）单击"基准特征"对话框中的"完成"按钮 ✔ ，完成基准特征的标注，如图6.15.21所示。

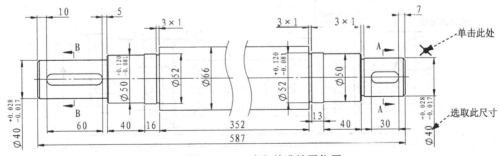

图6.15.20 选取基准放置位置

Step2. 创建其他基准。参照上面的步骤，分别添加图6.15.21所示的基准轴D和基准轴E。

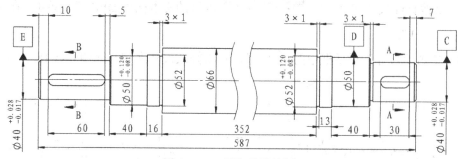

图 6.15.21　添加基准特征

Stage6．标注形位公差

Step1．创建形位公差。

（1）选择下拉菜单 插入(I) ➡ 注解(A) ➡ 形位公差(T)... 命令，系统弹出"形位公差"对话框和"属性"对话框。

（2）定义"环向跳动"形位公差。在"属性"对话框中单击 符号 区域的 ▾ 按钮，并在下拉列表中选取"环向跳动"选项 ↗，在 公差1 文本框中输入公差值为 0.005，在 主要 区域单击 ▾ 按钮，在弹出的列表 Ⓜ 下的文本框中输入基准"D"，在 Ⓛ 下的文本框中输入基准"E"。

（3）定义"圆柱性"形位公差。在"属性"对话框中选取 符号 区域 ▾ 下拉列表中的"圆柱性"选项 ⌀，在 公差1 文本框中输入公差值为 0.002。

（4）定义引线样式并放置形位公差符号。在"形位公差"对话框的 引线(L) 区域中依次单击 ⚟、↗ 和 ⌐ 按钮，选取图 6.15.22 所示的边线以放置形位公差。

（5）单击"形位公差"对话框中的"完成"按钮 ✔（或单击"属性"对话框中的 确定 按钮），完成标注形位公差。

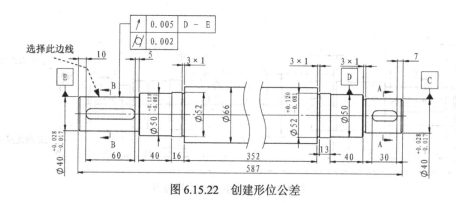

图 6.15.22　创建形位公差

Step2．创建其他形位公差。参照上面的步骤，添加图 6.15.23 所示的其他形位公差。

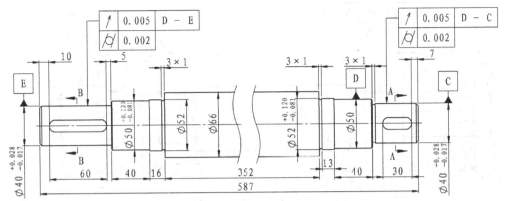

图 6.15.23　创建其他形位公差

Stage7. 标注粗糙度符号

Step1. 创建粗糙度符号。

（1）选择命令。选择下拉菜单 插入(I) ➡ 注解(A) ➡ ✓ 表面粗糙度符号(F). 命令，系统弹出"表面粗糙度"对话框。

（2）定义表面粗糙度符号。在 符号(S) 区域单击 ✓ 按钮。

（3）定义表面粗糙度参数。在 符号布局(M) 文本框中输入粗糙度值为1.8。

（4）选取粗糙度的放置位置。选取图 6.15.24 所示的边线为粗糙度放置位置。

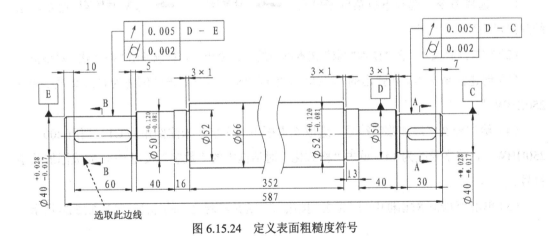

选取此边线

图 6.15.24　定义表面粗糙度符号

（5）单击"表面粗糙度"对话框中的"完成"按钮 ✓ ，完成表面粗糙度的标注，如图 6.15.25 所示。

Step2. 创建其他粗糙度符号。参照上面的步骤，创建图 6.15.25 所示的三个粗糙度符号。

说明：添加粗糙度符号后，单击"重建模型"按钮 🔘 ，再生工程图。

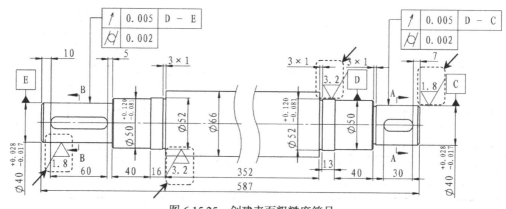

图 6.15.25　创建表面粗糙度符号

Stage8. 标注注释文本

Step1. 创建注释文本（一）。

（1）选择命令。选择下拉菜单 插入(I) ➡ 注解(A) ➡ **A** 注释(N)...命令，系统弹出"注释"对话框。

（2）选取放置注释文本的位置。在视图的空白处单击，系统弹出"格式化"对话框。

（3）创建注释文本。在弹出的"注释"文本框中输入文字"技术要求"，将字号改为14。

（4）单击"注释"对话框中的"完成"按钮 ✔。

Step2. 创建注释文本（二）。

（1）选择命令。选择下拉菜单 插入(I) ➡ 注解(A) ➡ **A** 注释(N)...命令，系统弹出"注释"对话框。

（2）放置注释文本。在"技术要求"文本框下的空白处单击，系统弹出"格式化"对话框。

（3）创建注释文本。在弹出的"注释"文本框中输入文字"未注倒角为C1。调质200～250HBW。"。

（4）给注释文字添加数字符号。选取文本框中的文字"未注倒角为C1。调质200～250HBW。"，将字号改为14，单击"格式化"对话框中的"数字"按钮 ▤，完成添加数字符号。

（5）单击"注释"对话框中的"完成"按钮 ✔，完成注释文本的标注，如图 6.15.26 所示。

技术要求

1.　未注倒角为C1.
2.　调质200～250HBW。

图 6.15.26　创建注释文本

Stage9. 对齐尺寸

Step1. 选取要对齐的尺寸。按 Ctrl 键，选取图 6.15.27 所示的 6 个尺寸。

Step2. 选取命令。单击下拉菜单 工具(T) ➡ 对齐 ➡ 水平对齐(H) 命令，选中的尺寸将水平对齐，如图 6.15.1 所示。

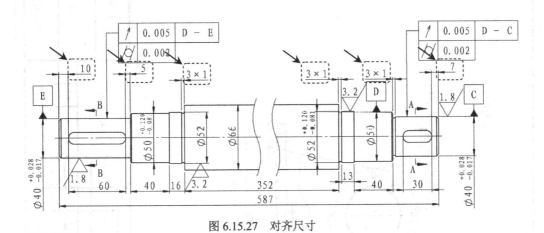

图 6.15.27 对齐尺寸

Step3. 对齐其他尺寸。参照上面的步骤将轴下方的尺寸对齐，如图 6.15.1 所示。

Step4. 调整尺寸。调整其他尺寸位置和注释文本位置，如图 6.15.1 所示。

Stage10．保存工程图

保存文件。选择下拉菜单 文件(F) ➡ 保存(S) 命令。

6.15.2 范例 2

范例概述

本范例是一个工程图标注的综合范例，主要运用了尺寸的标注、注释的标注、基准的标注、形位公差和表面粗糙度的标注及对这些标注进行编辑与修改等知识。通过本例的学习，读者可以综合地了解对工程图进行多种标注的一般过程以及掌握一些标注的技巧。范例完成的效果图如图 6.15.28 所示。

Stage1．打开工程图文件

打开工程图文件 D:\sw18.5\work\ch06.15.02\shelf.SLDDRW。

Stage2．创建中心线和中心符号线

Step1. 创建中心线（一）。

（1）选择命令。选择下拉菜单 插入(I) ➡ 注解(A) ➡ 中心线(L)… 命令，系统弹出"中心线"对话框。

（2）在设计树中单击 工程视图6，然后展开 工程视图6，单击 shelf<12> 特征。

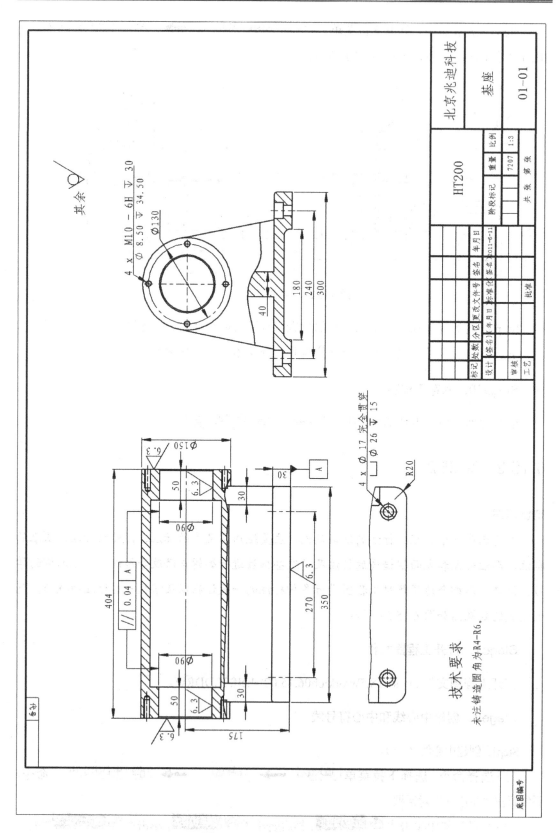

图 6.15.28　范例 2 完成效果图

（3）单击"完成"按钮 ✔ ，完成中心线的创建，结果如图6.15.29所示。

Step2. 创建中心线（二）。

（1）显示隐藏线。在视图中选中主视图，系统弹出"工程视图6"对话框。在 显示样式(S) 区域单击"隐藏线可见"按钮 □ ，单击"完成"按钮 ✔ ，完成隐藏线显示。

（2）选择命令。选择下拉菜单 插入(I) ➡ 注解(A) ➡ ⊞ 中心线(L)··· 命令，系统弹出"中心线"对话框。

（3）选取要添加中心线的沉头孔边线。选取图6.15.30所示的两条边线。

（4）单击"完成"按钮 ✔ ，完成中心线的创建。

（5）消除隐藏线。在视图中选中主视图，系统弹出"工程视图6"对话框。在 显示样式(S) 区域单击"消除隐藏线"按钮 □ ，单击"完成"按钮 ✔ ，完成隐藏线消除。

（6）调整中心线。调整创建的中心线大小，结果如图6.15.31所示。

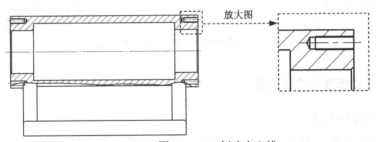

图6.15.29 创建中心线

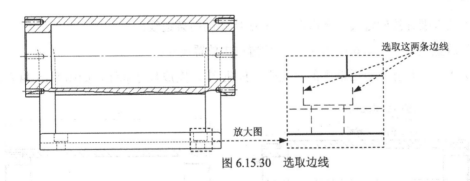

图6.15.30 选取边线

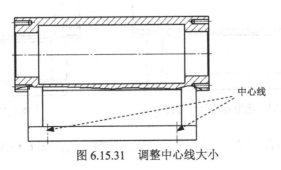

图6.15.31 调整中心线大小

Step3. 创建中心符号线。

（1）选择命令。选择下拉菜单 插入(I) ➡ 注解(A) ➡ ⊕ 中心符号线(C)··· 命令，系统弹出"中心符号线"对话框。

（2）设置标注样式。在 选项(O) 区域按下"圆形中心符号线"按钮 ⊕ 。

（3）选取要添加中心符号线的圆。依次选取图 6.15.32a 所示圆弧及与其相连的其他三个圆弧。

（4）单击"完成"按钮 ✓ ，完成中心符号线的创建，结果如图 6.15.32b 所示。

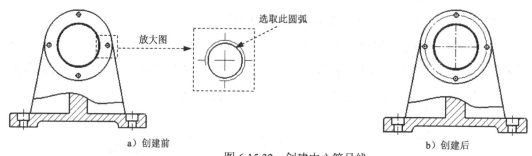

a）创建前　　　　　　　　　图 6.15.32　创建中心符号线　　　　　　　　　b）创建后

Stage3. 手动标注尺寸并编辑

Step1. 手动标注尺寸（一）。

（1）选择下拉菜单 工具(T) ➡ 尺寸(S) ➡ ⟨ 智能尺寸(S) 命令，系统弹出"尺寸"对话框。

（2）选取要标注的边线。选取图 6.15.33 所示的两条边线。

（3）放置尺寸。在图 6.15.33 所示的位置单击放置尺寸。

（4）单击"尺寸"对话框中的"完成"按钮 ✓ ，完成尺寸标注，如图 6.15.34 所示。

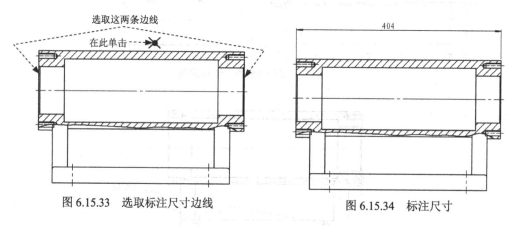

图 6.15.33　选取标注尺寸边线　　　　　　　图 6.15.34　标注尺寸

Step2. 手动标注尺寸（二）。参照上面的步骤，标注图 6.15.35 所示的尺寸。

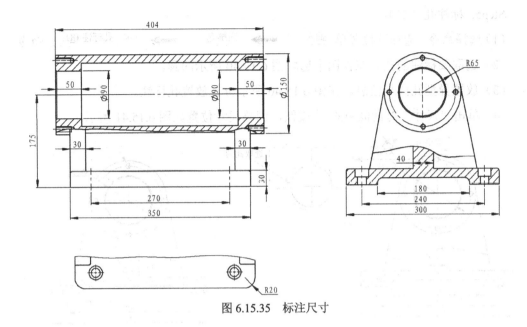

图 6.15.35 标注尺寸

Step3. 修改尺寸半径符号为直径符号。

（1）选取要修改的尺寸。选取图 6.15.36 所示的尺寸"R65"，系统弹出"尺寸"对话框。

（2）在"尺寸"对话框中单击 引线 选项卡，单击"里面"按钮 和"直径"按钮 。

（3）单击"尺寸"对话框中的 按钮，调整尺寸位置如图 6.15.37 所示。

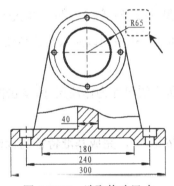

图 6.15.36 选取修改尺寸

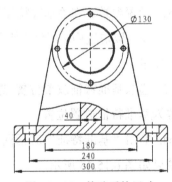

图 6.15.37 修改后的尺寸

Step4. 标注孔（一）。

（1）选择命令。选择下拉菜单 插入(I) ➡ 注解(A) ➡ 孔标注(H)... 命令。

（2）选取要标注的孔。在视图中选取图 6.15.38 所示的圆。

（3）放置异型孔向导信息。放置孔标注，如图 6.15.39 所示。

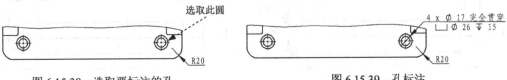

图 6.15.38 选取要标注的孔

图 6.15.39 孔标注

Step5. 标注孔（二）。

（1）选择命令。选择下拉菜单 插入(I) ➡ 注解(A) ➡ ⊔⌀ 孔标注 (H)... 命令。

（2）选取要标注的孔。在视图中选取图 6.15.40 所示的圆。

（3）放置异型孔向导信息。在图 6.15.40 所示位置放置孔标注。

（4）单击"尺寸"对话框中的 ✔ 按钮，调整尺寸位置如图 6.15.41 所示。

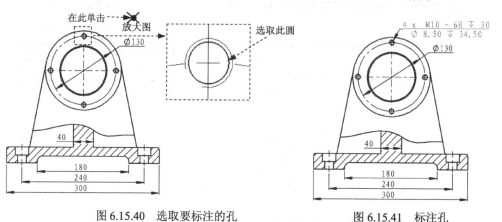

图 6.15.40　选取要标注的孔　　　　图 6.15.41　标注孔

Stage4. 标注基准特征

Step1. 选择命令。选择下拉菜单 插入(I) ➡ 注解(A) ➡ 🅰 基准特征符号 (U)... 命令，系统弹出"基准特征"对话框。

Step2. 设置参数。在"基准特征"对话框 设定(S) 区域的 🅰 文本框中输入"A"， 在 引线(E) 区域中取消选中 ☐ 使用文件样式(U) 复选框，单击 ▣ 按钮以显示其他按钮，再单击 🔼 和 ▲ 按钮。

Step3. 选取基准特征放置位置。选取图 6.15.42 所示的尺寸为标注尺寸，单击图 6.15.42 所示位置为基准特征放置位置。

Step4. 单击"基准特征"对话框中的"完成"按钮 ✔，完成基准特征的标注并调整位置，结果如图 6.15.43 所示。

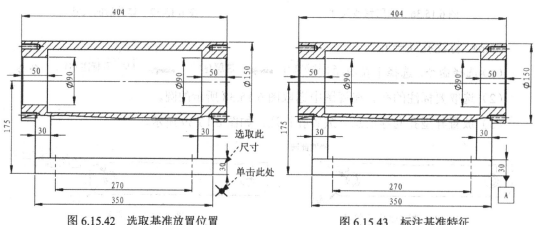

图 6.15.42　选取基准放置位置　　　　图 6.15.43　标注基准特征

Stage5．标注形位公差

Step1．创建形位公差。

（1）选择下拉菜单 插入(I) ➡️ 注解(A) ➡️ 形位公差(T)... 命令，系统弹出"形位公差"对话框和"属性"对话框。

（2）定义"环向跳动"形位公差。在"属性"对话框中单击 符号 区域的 ▾ 按钮，并在下拉列表中选取"平行"选项 ⫽ ，在 公差1 文本框中输入公差值为 0.04，在 主要 文本框中输入基准"A"。

（3）定义引线样式并放置形位公差符号。在"形位公差"对话框的 引线(L) 区域中依次单击 ╱ 、 ⌐ˣ 和 ⚂ 按钮，选取图 6.15.44 所示的尺寸界线，在图 6.15.44 所示位置放置形位公差。

（4）单击"形位公差"对话框中的"完成"按钮 ✔ （或单击"属性"对话框中的 确定 按钮），完成标注形位公差，如图 6.15.45 所示。

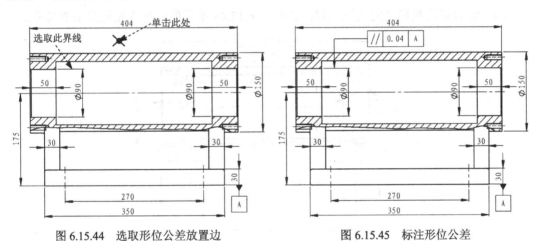

图 6.15.44 选取形位公差放置边   图 6.15.45 标注形位公差

Step2．创建多引线形位公差。

（1）添加另外一个引线。选取形位公差文本，系统弹出"形位公差"对话框，按 Ctrl 键，拖动图 6.15.46 所示的箭头端点至图 6.15.46 所示的尺寸界线上。

（2）单击"形位公差"对话框中的"完成"按钮 ✔ ，调整形位公差位置，如图 6.15.47 所示。

Stage6．标注表面粗糙度符号

Step1．创建表面粗糙度符号。

（1）选择命令。选择下拉菜单 插入(I) ➡️ 注解(A) ➡️ √ 表面粗糙度符号(F)... 命令，系统弹出"表面粗糙度"对话框。

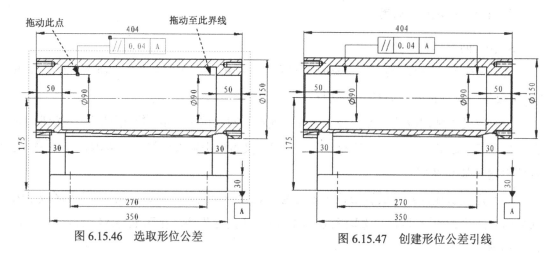

图 6.15.46　选取形位公差　　　　　图 6.15.47　创建形位公差引线

（2）定义表面粗糙度符号。在 **符号(S)** 区域单击 ✔ 按钮。

（3）定义表面粗糙度参数。在 **符号布局(M)** 文本框中输入粗糙度值为 6.3。

（4）选取标注粗糙度的放置位置。选取图 6.15.48 所示的边线为粗糙度放置位置。

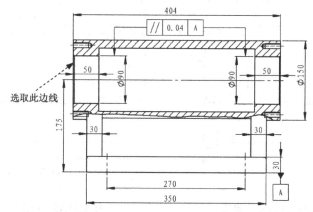

图 6.15.48　定义表面粗糙度符号

（5）单击"表面粗糙度"对话框中的"完成"按钮 ✔ ，完成表面粗糙度的标注，如图 6.15.49 所示。

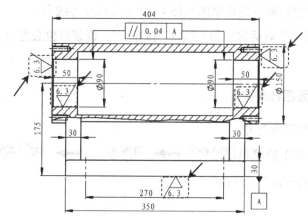

图 6.15.49　创建表面粗糙度符号

Step2. 创建其他粗糙度符号。参照上面的步骤,创建图6.15.49所示的另外四个表面粗糙度符号。

说明:添加粗糙度符号后,单击"重建模型"按钮 █ ,再生工程图。

Stage7. 创建注释文本

Step1. 选择命令。选择下拉菜单 插入(I) ➡ 注解(A) ➡ A 注释(N) 命令,系统弹出"注释"对话框。

Step2. 选取放置注释文本的位置。在视图的空白处单击,系统弹出"格式化"对话框。

Step3. 创建注释文本。在弹出的"注释"文本框中输入文字"技术要求",将字号改为"23"。

Step4. 单击"注释"对话框中的"完成"按钮 ✔ 。

Step5. 选择命令。选择下拉菜单 插入(I) ➡ 注解(A) ➡ A 注释(N) 命令,系统弹出"注释"对话框。

Step6. 选取放置注释文本的位置。在"技术要求"文本框下的空白处单击,系统弹出"格式化"对话框。

Step7. 创建注释文本。在弹出的"注释"文本框中输入文字"未注铸造圆角为R4-R6。",将字号改为"16"。

Step8. 单击"注释"对话框中的"完成"按钮 ✔ ,完成注释文本的标注,如图6.15.50所示。

Stage8. 添加其他标注

在图纸的右上角添加图6.15.51所示的注释和表面粗糙度符号。

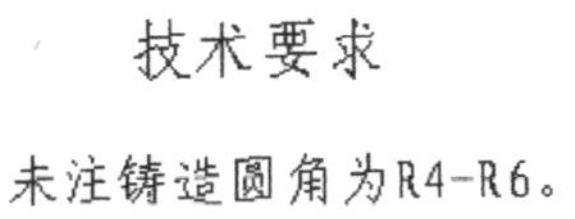

技术要求

未注铸造圆角为R4-R6。

其余 ∨

图6.15.50 标注注释文本    图6.15.51 添加其他标注

Stage9. 调整尺寸

调整其他尺寸位置和注释文本位置如图6.15.28所示。

Stage10. 保存工程图

保存文件。选择下拉菜单 文件(F) ➡ 🖫 保存(S) 命令。

第7章 表 格

本章提要 表格是工程图的一项重要组成部分，在工程图中添加表格，可以更好地管理数据。本章将详细介绍材料明细表、系列零件设计表、孔表及修订表的创建和使用，具体包括以下内容：

- 表格设置。
- 创建实体零件的模板。
- 创建装配体模板。
- 创建材料明细表。
- 添加零件序号。
- 在零件模型中添加配置。
- 在零件模型中插入系列零件设计表。
- 在工程图中插入系列零件设计表。
- 创建孔表。
- 创建修订表。

7.1 表 格 设 置

在创建表格前设置有关表格的各参数，可建立一个符合国家标准或企业标准的制图环境。下面介绍表格设置的方法。

7.1.1 设置表格属性

在工程图环境中，选择下拉菜单 工具(T) ➡️ ⚙️ 选项(P)... 命令，系统弹出"系统选项"对话框，在 文件属性(D) 选项卡中分别单击 表格 选项下的子选项 材料明细表 、 孔 和 修订 ，在弹出的图 7.1.1 所示的"文档属性（D）–材料明细表"对话框、图 7.1.2 所示的"文档属性（D）–孔"和图 7.1.3 所示的"文档属性（D）–修订"对话框中分别更改相应的参数来设置相应的表格属性。

图 7.1.1 所示的"文档属性（D）–材料明细表"对话框中"文档属性"选项卡各选项的说明如下。

- 总绘图标准 区域：显示当前的总绘图标准。

- <u>边界</u>区域: 用于设置表格框边界和网格边界的线宽。
  - ☑ <u>⊞</u>下拉列表: 在该下拉列表中可选择表格框边界的线宽。
  - ☑ <u>⊞</u>下拉列表: 在该下拉列表中可选择表格网格边界的线宽。

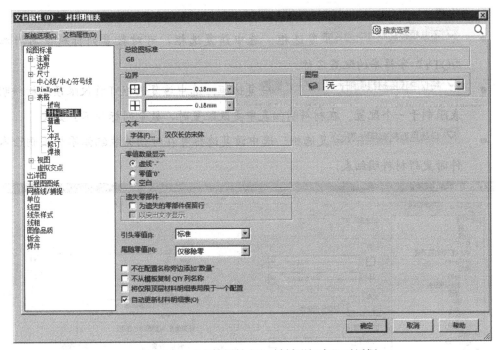

图 7.1.1 "文档属性(D)-材料明细表"对话框

- <u>图层</u>区域: 在该区域的下拉列表中选择一图层, 使生成的表格在所选择的图层中。
- <u>文本</u>区域: 用于设置表格内文本的格式, 包括文本的字体、字体样式和高度。
- <u>零值数量显示</u>区域: 在该区域中可设置当某个配置中的装配体零部件遗失时, 数量列的显示选项, 包括 <u>◉ 虚线"--"</u>、<u>◉ 零值"0"</u> 和 <u>◉ 空白</u> 三种方式。
  - ☑ <u>◉ 虚线"--"</u> 单选按钮: 当某个配置中的装配体零件遗失时, 在数量列以虚线显示。
  - ☑ <u>◉ 零值"0"</u> 单选按钮: 当某个配置中的装配体零件遗失时, 在数量列以零值显示。
  - ☑ <u>◉ 空白</u> 单选按钮: 当某个配置中的装配体零件遗失时, 在数量列以空白显示。
- <u>遗失零部件</u>区域: 用于设置被遗失或已经被删除但在材料明细表中存在的零件, 其数据的显示方式。
  - ☑ <u>☑ 为遗失的零部件保留行</u> 复选框: 在材料明细表中为该零件保留行。
  - ☑ <u>☑ 以突出文字显示</u> 复选框: 在材料明细表中为该零件保留行并将该零件的数据突出显示。
- <u>引头零值(I):</u> 下拉列表: 用于设置表格中数据引头零值的显示方式, 有 <u>标准</u>、<u>移除</u> 和 <u>显示</u> 三种方式可选。
- <u>尾随零值(N):</u> 下拉列表: 用于设置表格中的数据尾随零值的显示方式, 有 <u>仅移除零</u>、

显示 、 移除 和 与源相同 四种方式可选。

- ☑ 不在配置名称旁边添加"数量" 复选框：选中该复选框时可消除配置列中的文字数量。选中该复选框后才能插入材料明细表；若材料明细表已存在后才选中，则不起作用。

- ☑ 不从模板复制 QTY 列名称 复选框：选中该复选框，可对数量列标题使用附加有 "/QTY" 字符串的配置名称。

- ☑ 将仅限顶层材料明细表局限于一个配置 复选框：选中该复选框可将仅限顶层材料明细表限制于一个配置。在材料明细表中更改配置时，数量列标号不会更改。

- ☑ 自动更新材料明细表(O) 复选框：选中该复选框可在对相关装配体添加或删除零部件时更新材料明细表。

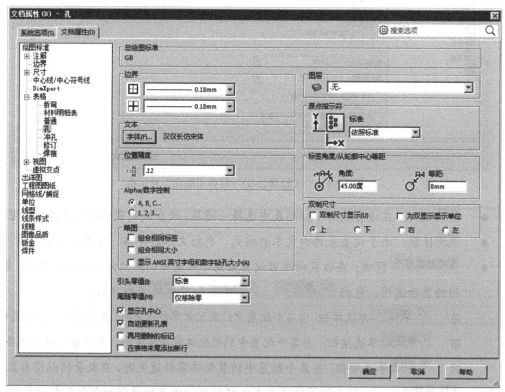

图 7.1.2　"文档属性(D)-孔" 对话框

图 7.1.2 所示的"文档属性（D）-孔"对话框中部分选项的说明如下。

- 原点指示符 区域：通过设置该区域中 标准 下拉列表的标准类型，可改变孔表指示符的显示类型。

- 位置精度 下拉列表：用于设置孔表中"X 位置"和"Y 位置"（即 X 轴和 Y 轴的坐标值）的小数位数。

- Alpha/数字控制 区域：用于设置孔表的"标签"列中序列号的类型。其中 ⊙ A, B, C...

单选按钮可生成字母序列号，<input disabled checked /> 1,2,3... 单选按钮可生成数字序列号。

- 标签角度/从轮廓中心等距 区域：通过设置角度和距离来调节图形中孔标签的位置。
- 双制尺寸 区域：用于设置孔尺寸是否显示双制尺寸及显示双制尺寸后单位的显示位置。
- 略图：其下方的复选框介绍如下。
  - ☑ 组合相同标签 复选框：选中该复选框，合并孔表中大小相同的孔，但保留各自的标签。
  - ☑ 组合相同大小 复选框：选中该复选框，把孔表中所有大小相同的孔放在同一行中，同时孔表中的"X位置"和"Y位置"列将消失。
- ☑ 显示孔中心 复选框：选中该复选框，图形中将显示孔的中心和标签。
- ☑ 自动更新孔表 复选框：选中该复选框后，当零件发生改变时，孔表将自动更新。
- ☑ 再用删除的标记 复选框：选中该复选框，可使用已删除的标记。
- ☑ 在表格末尾添加新行 复选框：选中该复选框，在表格底部添加新行。

图 7.1.3 所示的"文档属性（D）-修订"对话框"文档属性"选项卡中各选项的说明如下。

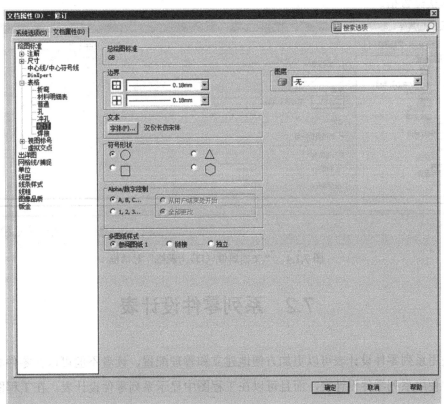

图 7.1.3 "文档属性(D)-修订"对话框

- 符号形状 区域：在该区域中可设置修订符号的形状，包括圆形、三角形、正方形和六边形。

- 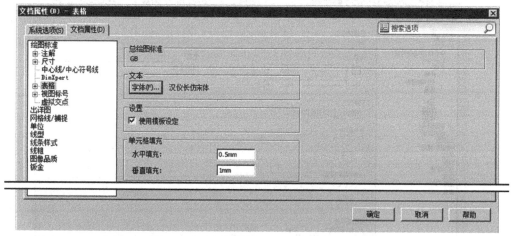Alpha/数字控制 区域：在该区域中可设置修订符号的类型，分为字母和数字两种。当选中 ◉ 从用户结束处开始 单选按钮后，添加的修订符号将使用原设置的符号类型；当选中 ◉ 全部更改 单选按钮后，所有的修订符号将转换成当前设置的符号类型。
- 多图纸样式 区域：如果工程图中包含多张图纸，此区域用于设置各图纸中修订表之间的关系和体现形式。其中选中 ◉ 参阅图纸1 单选按钮，除第一张图纸外的所有图纸中，修订表均被标记为参阅图纸1；选中 ◉ 链接 单选按钮，所有的图纸中都将创建图纸1的副本，修订表将作为整体同时更新；选中 ◉ 独立 单选按钮，更新修订表不会反映到其他图纸的表格中。

7.1.2 设置表格字体

选择下拉菜单 工具(T) ➡ ⚙ 选项(P)... 命令，系统弹出"系统选项"对话框，在 文档属性(D) 选项卡中单击 表格 选项，在图 7.1.4 所示的对话框中单击 字体(F)... 按钮，系统弹出"选择字体"对话框，设置字体为"仿宋_GB2312"，文字高度为"3.5"，其他参数采用系统默认设置值。

图 7.1.4 "文档属性（D）-表格"对话框

7.2 系列零件设计表

使用系列零件设计表可以更加方便地建立和管理配置，读者不但可以在零件和装配体环境中使用系列零件设计表，而且可以在工程图中显示系列零件设计表。在工程图中插入系列零件设计表，常用来列出同一系列零件中某些特征的不同尺寸规格。如果读者在模型文件中使用系列零件设计表生成了多个配置，则在该模型的工程图中使用系列零件设计表可表示所有配置。要想在工程视图中插入系列零件设计表，必须保证在该视图的零件或装配体模型中包含系列零件设计表。

7.2.1 在零件模型中添加配置

利用配置可在一个零件或装配体文件中生成多个不同的设计。在一个零件文件中，使用配置可生成具有不同尺寸、特征和属性的零件系列；在装配体文件中，通过配置来压缩或隐藏零部件可简化设计，使用不同的零部件配置、不同的装配体特征参数或通过配置指定的自定义属性可生成装配体系列。本节将以零件为例来说明添加配置的方法，其操作步骤如下。

Step1. 打开零件模型 D:\sw18.5\work\ch07.02.01\shell_bearing.SLDPRT，如图 7.2.1 所示。

Step2. 添加新配置。

（1）单击设计树顶部的"配置"选项卡 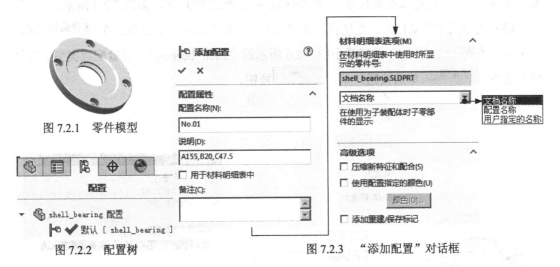，系统显示图 7.2.2 所示的配置树；在配置树中右击 ▼ shell_bearing 配置，在弹出的快捷菜单中选择 添加配置... (K) 命令，系统弹出图 7.2.3 所示的"添加配置"对话框。

图 7.2.1 零件模型

图 7.2.2 配置树

图 7.2.3 "添加配置"对话框

图 7.2.3 所示的"添加配置"对话框中各选项的功能说明如下。

- 配置名称(N): 文本框: 用于输入配置名称。名称中不能包括空格、"/"或"@"字符，配置名称将在设计树和配置树中显示。

- 说明(D): 文本框: 根据需要，在此文本框中输入配置的说明，配置的说明将在设计树和配置树中显示。

- 备注(C): 文本框: 根据需要，在此文本框中输入配置的附加说明信息。

- 在材料明细表中使用时所显示的零件号: 下拉列表: 用于设置零件或装配体在材料明细表中名称的显示类型。

  - ☑ 文档名称 选项: 在材料明细表的"零件号"列中，显示零件或装配体的文件名称。

☑ 配置名称 选项：在材料明细表的"零件号"列中，显示零件或装配体的当前
配置名称。

☑ 用户指定的名称 选项：在材料明细表的"零件号"列中，输入读者指定的名称。

● ☑ 压缩新特征和配合(S) 复选框：当添加新项目到另一个配置后，在激活此配置时，添
加到其他配置的新项目在此配置中将被压缩。

● ☑ 使用配置指定的颜色(U) 复选框：选中此复选框后，单击 颜色(O)... 按钮，在弹出的
"颜色"对话框中可指定配置的颜色。

（2）在"添加配置"对话框的 配置名称(N): 文本框中输入"No.01"，在 说明(D): 文本框中
输入"A155,B20,C47.5"，其他参数设置采用系统默认设置值。

（3）单击 ✔ 按钮，完成新配置的添加，系统默认将此配置设置为当前配置。

Step3. 配置零件尺寸。

（1）单击设计树顶部的"设计树"选项卡 🔄，显示设计树。

（2）在设计树中展开 ▸ 🔲 拉伸1 节点，双击 🔲 草图1 （在 Instant3D 开启的情况下，只需
要选中 🔲 草图1 ，便可以看到尺寸），图形区显示 🔲 草图1 的尺寸，如图 7.2.4 所示。

（3）选中尺寸"φ150"，系统弹出图 7.2.5 所示的"尺寸"对话框，在 主要值(V) 区域
中单击 配置(C)... 按钮，系统弹出图 7.2.6 所示的"shell_bearing"（设置配置类型）对话
框，选中 ⊙ 此配置(T) 单选按钮，单击 确定 按钮。

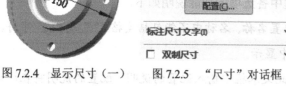

图 7.2.4　显示尺寸（一）　　图 7.2.5　"尺寸"对话框　　　图 7.2.6　"shell_bearing"对话框

图 7.2.6 所示的"shell bearing"（设置配置类型）对话框中各选项的功能说明如下。

● ⊙ 此配置(T)：对模型所做的修改只反映到当前配置中。

● ⊙ 所有配置(A)：对模型所做的修改将反映到模型的所有配置中。

● ⊙ 指定配置(S)：对模型所做的修改只反映到指定的配置中。

（4）在"尺寸"对话框 主要值(V) 区域的文本框中将 150.0 改为 155.0，单击 ✔ 按钮，完

成"草图1"的尺寸配置。

说明：

● 在修改尺寸"φ150"时，通过双击该尺寸，在弹出的"修改"对话框中可修改尺寸值和设置配置类型，此方法将在下面的步骤中讲到。

● 在修改尺寸"φ150"时，也可以在图形区中右击该尺寸，在弹出的快捷菜单中选择 配置尺寸 (I) 命令，系统弹出图7.2.7所示的"修改配置"对话框，在 No. 01 后的文本框中输入相应的数值来修改尺寸。

● 通过图7.2.7所示的"修改配置"对话框，可以直接添加新配置，在该对话框中单击以激活 〈生成新配置.〉，输入新配置的名称，在任意位置单击，完成新配置的添加。

图7.2.7　"修改配置"对话框

（5）在设计树中展开 旋转1，双击 草图2，此时图形区中显示 草图2 的尺寸，如图7.2.8所示；双击尺寸"R45"，在弹出的图7.2.9所示的"修改"对话框中输入数值为47.5，单击该对话框中的 按钮，在图7.2.10所示的下拉列表中选择 此配置 选项，在对话框中单击 按钮，重建模型，单击"修改"对话框中的 按钮，单击"尺寸"对话框中的 按钮，完成"草图2"的尺寸配置。

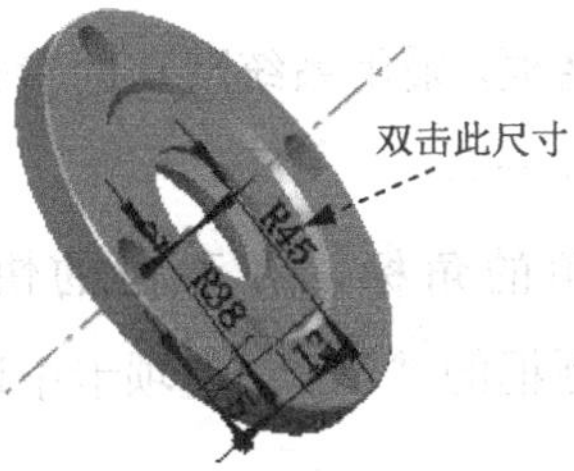

图7.2.8　显示尺寸（二）

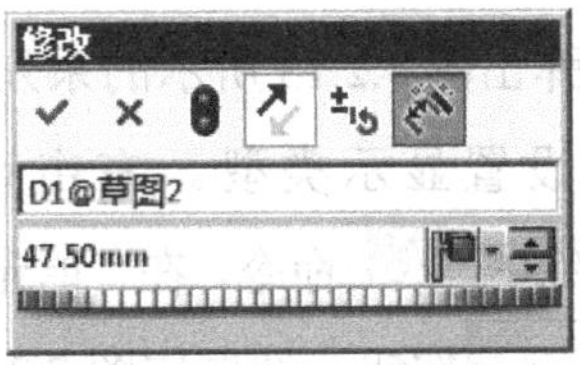

图7.2.9　"修改"对话框

Step4. 配置零件特征。在设计树中双击 拉伸1，此时图形区中显示 拉伸1的尺寸，如图7.2.11所示；双击图中的尺寸"15"，在弹出的"修改"对话框中输入数值为20.0，单击该对话框中的 按钮，在弹出的下拉列表中选择 此配置 选项，单击 按钮，重建模型，单击"修改"对话框中的 按钮，单击"尺寸"对话框中的 按钮，完成"拉伸1"的零件特征配置。

图 7.2.10 配置类型下拉列表

图 7.2.11 显示尺寸（三）

Step5. 添加第二个新配置。

（1）在设计树顶部单击"配置"选项卡 ，在配置树中右击
，在弹出的快捷菜单中选择 命令，系统弹出"添加配置"对话框。

（2）在"添加配置"对话框的"配置名称"文本框中输入"No.02"，在"说明"文本框中输入"A160,B25,C50"，其他参数设置采用系统默认设置，单击 按钮。

（3）参照 Step3 和 Step4，将"草图 1"中的尺寸"φ155"更改为"160.0"，将"草图 2"中的尺寸"R47.5"更改为"50.0"，将"拉伸 1"中的尺寸"20"更改为"25.0"，配置类型均选择 此配置 。

Step6. 零件中的配置已添加完成，读者也可以根据需要添加其他配置。

7.2.2 在零件模型中插入系列零件设计表

在零件环境中，使用系列零件设计表可以表示零件中的所有配置。接上一节的操作，在零件模型中插入系列零件设计表的一般操作步骤如下。

Step1. 选择命令。选择下拉菜单 插入(I) ➡ 表格(A) ➡ 设计表(D)... 命令，系统弹出图 7.2.12 所示的"系列零件设计表"对话框，采用系统默认的参数设置，单击 按钮，系统弹出图 7.2.13 所示的系列零件设计表（一）。

Step2. 设置显示类型。右击设计表左上角的角标，在弹出的快捷菜单中选择 设置单元格格式(F)... 命令，在"单元格格式"对话框的 数字 选项卡中选择 文本 选项，单击 确定 按钮，结果如图 7.2.14 所示。

图 7.2.12 所示的"系列零件设计表"对话框中各选项的功能说明如下。

● 源(S) 区域: 用于设置系列零件设计表的插入方式。

  ☑ ○ 空白(K) 单选按钮: 选中此单选按钮，将插入空白的系列零件设计表，读者可自行设置参数和参数值; 在系列零件设计表打开的情况下，通过双击特征或尺寸，可以将所选项目自动添加到系列零件设计表中。

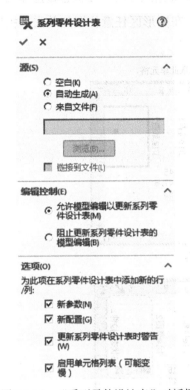

图 7.2.12 "系列零件设计表"对话框

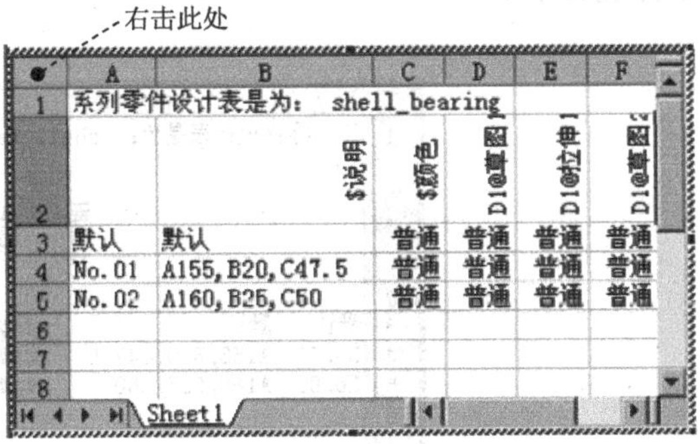

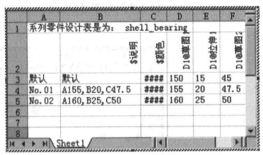

图 7.2.13 系列零件设计表（一）

图 7.2.14 系列零件设计表（二）

☑ ⊙ **自动生成(A)** 单选按钮：利用模型中现有的配置自动生成系列零件设计表。

☑ ⊙ **来自文件(F)** 单选按钮：单击 浏览(B)... 按钮，打开一个现有的 Microsoft Excel 表格来建立系列零件设计表。当选中 ☑ **链接到文件(L)** 复选框，系列零件设计表将与所选的 Excel 文件建立链接，即在 SolidWorks 外部对 Excel 文件所做的任何修改都会反映到 SolidWorks 的设计表和模型中；反之，在 SolidWorks 对系列零件设计表所做的修改，也会更新 Excel 文件。

● **编辑控制(E)** 区域：用于设置零件模型是否与系列零件设计表关联。

☑ ⊙ **允许模型编辑以更新系列零件设计表(M)** 单选按钮：对模型所做的修改将自动反映到系列零件设计表中。

☑ ⊙ **阻止更新系列零件设计表的模型编辑(B)** 单选按钮：如果在模型中所做的修改将更新系列零件设计表，则该修改将被阻止。

● **选项(O)** 区域：选中 ☑ **新参数(N)** 复选框或 ☑ **新配置(G)** 复选框，当读者在模型中添加了新的参数或配置后，系统会提示读者是否在表格中添加新的行或列；选中 ☑ **更新系列零件设计表时警告(W)** 复选框后，在系列零件设计表更新前，系统将提示读者注意。

Step3. 在系列零件设计表中添加项目。在系列零件设计表中单击图 7.2.15 所示的空白列标题单元格，然后在设计树中双击 ⊞ 🔲 拉伸2 特征，表格中显示"$状态@拉伸 2"在当前配置中的状态为"解除压缩"，如图 7.2.16 所示；在图形区任意位置处单击，关闭系列零件设计表。

选取此单元格

	A	B	C	D	E	F	G
1	系列零件设计表是为：	shell_bearing					
2			$说明	$颜色	D1@草图1	D1@拉伸1	D1@草图2	
3	默认	默认	####	150	15	45	
4	No.01	A155,B20,C47.5	####	155	20	47.5	
5	No.02	A160,B25,C50	####	160	25	50	
6							
7							
8							

图 7.2.15　选取单元格

	A	B	C	D	E	F	G
1	系列零件设计表是为：	shell_bearing					
2			$说明	$颜色	D1@草图1	D1@拉伸1	D1@草图2	$状态@拉伸2
3	默认	默认	####	150	15	45	解除压缩
4	No.01	A155,B20,C47.5	####	155	20	47.5	
5	No.02	A160,B25,C50	####	160	25	50	
6							
7							
8							

图 7.2.16　添加项目

Step4. 修改系列零件设计表。

（1）在 🔲 选项卡中右击 📄 系列零件设计表 ，在弹出的快捷菜单中选择 编辑表格 (B) 命令，打开图 7.2.17 所示的系列零件设计表（三），此时"拉伸 2"的状态已应用到所有配置中，并且"解除压缩"用符号"U"来表示。

说明： 如果在系列零件设计表中删除了某些项目，在下次打开表格时，系统会弹出图 7.2.18 所示的"添加行和列"对话框，在该对话框中列出了可重新添加的项目。

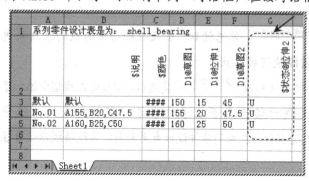

图 7.2.17　系列零件设计表（三）

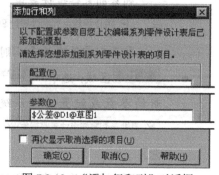

图 7.2.18　"添加行和列"对话框

（2）在图 7.2.19 所示的位置输入符号"S"（更改"拉伸 2"在默认配置中的状态为"压缩"），在图形区空白处单击，关闭表格。

（3）在配置树中右击 ，在弹出的快捷菜单中选取 显示配置 (A) 命令，将默认配置设置为当前，此时可观察到"拉伸 2"已被压缩，结果如图 7.2.20 所示。

图 7.2.19 更改状态　　　　　　　图 7.2.20 压缩"拉伸 2"

图 7.2.19 所示的"系列零件设计表"说明如下。

- 表格中的第一行为表格的标题，其格式为"系列零件设计表是为：模型名称"。

- 第二行为列标题单元格，在该行中，大多参数包含"关键字"、符号"$"和"@"，其语法为"$关键字@实例<编号>"，其中"实例"为实例的名称，"编号"为整数形式的实例编号，如标题"$状态@拉伸 2"表示实例名称为"拉伸 2"的状态，"$状态@bearing<2>"表示实例名称为"bearing"的第二个零部件的状态。

- 单元格 A3 为第一个配置的默认名称（默认或第一实例），读者也可以根据需要改变其名称；在 A3、A4 等单元格中输入配置名称时，名称中不能包括"/"或"@"字符。

- 与列标题相对应的单元格为配置值单元格，如 B3、B4、B5、C3、C4、D3、D4 等，读者可通过手动输入配置，也可以通过在图形区或设计树中双击特征或尺寸来输入，双击特征或尺寸时其相应的数值会出现在当前使用的配置行中。

- 在配置值单元格中，"S"表示"压缩"，"U"表示"解除压缩"，"R"表示"还原"，"Y"表示"是"，"N"表示"否"，RGB 颜色的 32 位整数表示"颜色"（如 225 表示红色），其中字母不区分大小写。

Step5. 保存系列零件设计表。

（1）打开系列零件设计表，先将图 7.2.19 所示的"S"改为"U"，即将"拉伸 2"在默认配置中的状态改为"解除压缩"。

（2）然后在 选项卡中右击 系列零件设计表，在弹出的快捷菜单中单击 保存表格… (D) 命令，在"保存系列零件设计表"对话框中输入文件名"table"，将表格保存到指定文件夹中，单击 保存(S) 按钮。

Step6. 至此，零件环境中的系列零件设计表已添加完成，保存并关闭零件文件。

7.2.3 在工程图中插入系列零件设计表

在零件模型中如果含有系列零件设计表，就可以在工程图中插入此表格，并显示零件模型中的所有配置。在工程图中插入系列零件设计表时，可以用字母或代表性的名称来表示表格和视图中的尺寸，而不用显示数值，如在表格中将"D1@草图1"用"A"表示；在视图中将对应的尺寸也用"A"表示，而不用显示尺寸值。下面讲解在工程图中插入系列零件设计表的一般操作步骤。

Step1. 打开工程图文件 D:\sw18.5\work\ch07.02.03\shell_bearing.SLDDRW，如图 7.2.21 所示。

Step2. 插入系列零件设计表。先单击工程图中的主视图，然后选择下拉菜单 插入(I)
➡ 表格(A) ➡ 🔲 设计表 (D)... 命令，完成系列零件设计表的插入，拖动表格至图 7.2.22 所示的位置。

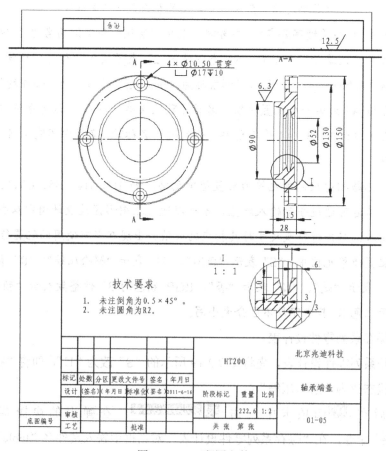

图 7.2.21 工程图文件

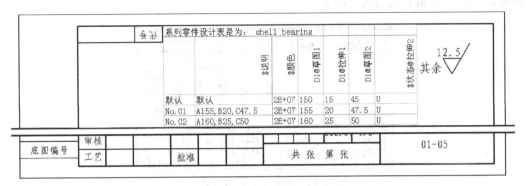

图 7.2.22 插入系列零件设计表

Step3. 编辑表格。

（1）在工程图中双击系列零件设计表，系统将打开该工程图的零件模型并激活系列零件设计表。

（2）编辑单元格。双击图 7.2.23a 所示的单元格，输入文字"No.00"，即将默认配置的名称改为"No.00"，结果如图 7.2.23b 所示。

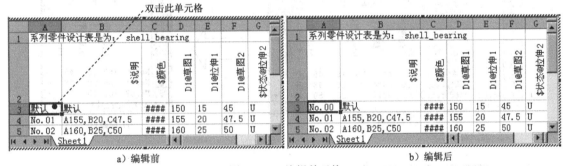

图 7.2.23 编辑单元格

（3）插入行。右击设计表中第二行（标题行）的行标"2"，如图 7.2.24a 所示，在弹出的快捷菜单中选择 插入(I) 命令，此时在所选行上面插入图 7.2.24b 所示的新行。

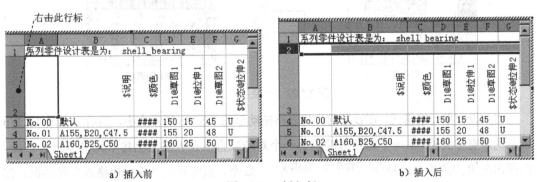

图 7.2.24 插入行

（4）在新行中添加图 7.2.25 所示的文字。其中在第 2 行的第 D 列中输入"A"，在第 E

列输入"B"，在第 F 列输入"C"。

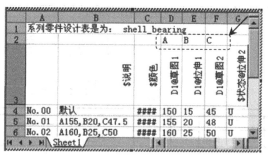

图 7.2.25　在新行中添加文字

（5）隐藏列。按住 Ctrl 键，分别选取列标"B""C"和"G"，如图 7.2.26a 所示，然后右击，在弹出的快捷菜单中选择 隐藏(H) 命令，结果如图 7.2.26b 所示。

（6）隐藏行。按住 Ctrl 键，分别选取行标"1"和"3"，如图 7.2.27a 所示，在弹出的快捷菜单中选择 隐藏(H) 命令，隐藏后的结果如图 7.2.27b 所示。

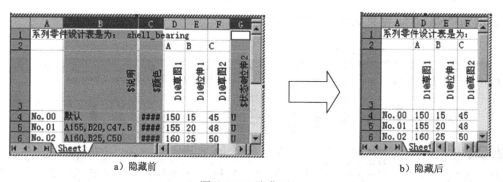

a）隐藏前　　　　　　　　　　　　　　b）隐藏后

图 7.2.26　隐藏列

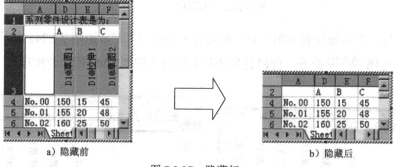

a）隐藏前　　　　　　　　　　　b）隐藏后

图 7.2.27　隐藏行

（7）设置单元格格式。在设置前先将表格拖动至图 7.2.27b 所示大小，然后选中图 7.2.27b 所示的所有单元格（从一个对角拖动到另一个对角或直接在表格左上角单元格单击），右击，在弹出的快捷菜单中选择 设置单元格格式(F)... 命令，系统弹出"单元格格式"对话框，在 对齐 选项卡中设置文本的"水平对齐"和"垂直对齐"均为"居中"，在 字体 选项卡中设置字体为"仿宋_GB2312"，字号为"14"，在 边框 选项卡中设置边框的"外边框"为粗实线，"内部"采用细实线，设置完成后，单击 确定 按钮，退出单元格设置。

（8）设置行高。按住 Ctrl 键，选取表格中的四行，然后右击，在弹出的快捷菜单中选择 行高(R)... 命令，在弹出的"行高"对话框中输入行高值为 20.0，单击 确定 按钮，完成行高的设置。

（9）设置列宽。按住 Ctrl 键，选取表格中的四列，右击，在弹出的快捷菜单中选择 列宽(C)... 命令，在弹出的"列宽"对话框的文本框中输入列宽值为 10.0，最后结果如图 7.2.28 所示。

（10）在空白处单击，关闭系列零件设计表，保存零件模型后，关闭模型文件。

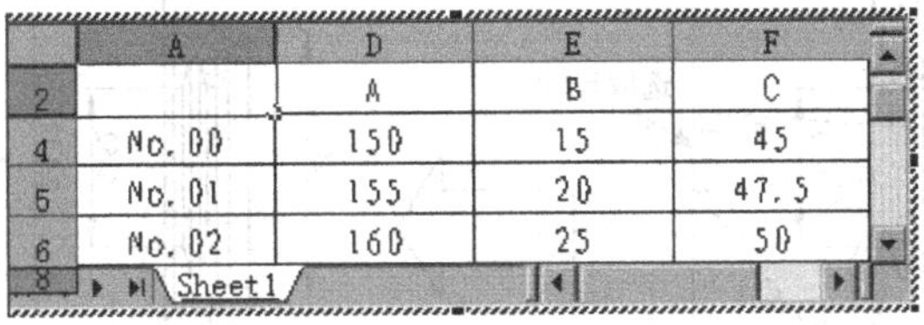

图 7.2.28　设置单元格格式

Step4. 切换到工程图环境，在菜单栏中单击 按钮，重新建模，然后将表格调整至图 7.2.29 所示的位置。

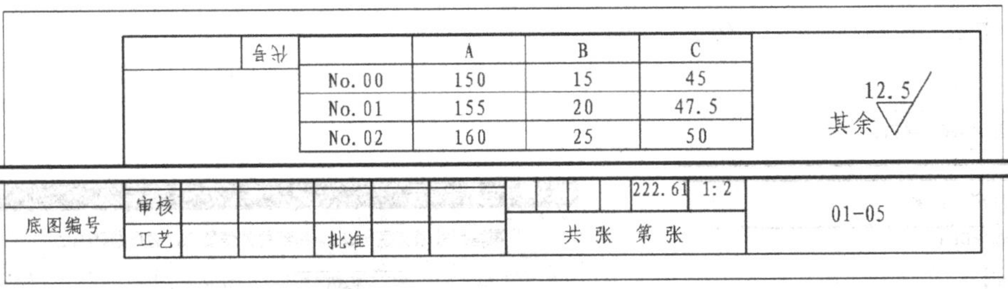

图 7.2.29　切换到工程图

说明：在工程图中右击系列零件设计表，在弹出的快捷菜单中选择 属性... (R) 命令，系统弹出图 7.2.30 所示的"OLE 对象属性"对话框，更改对话框中的数值可调整设计表的大小，其中对话框中的三个数值是相关联的，更改其中的一个值，其他两个值也会发生相应的变化，从而保证表格按比例缩放。

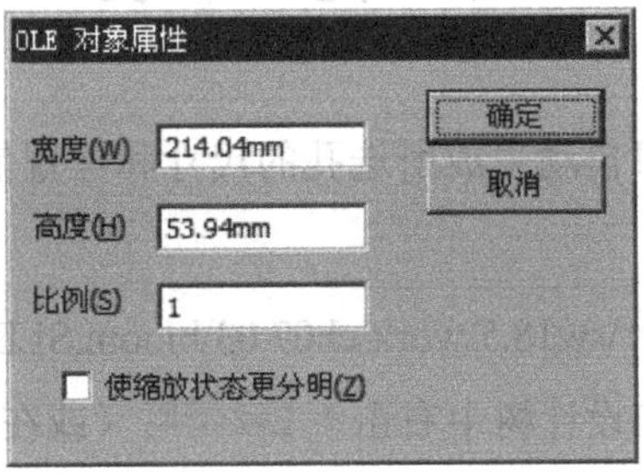

图 7.2.30　"OLE 对象属性"对话框

Step5. 更改尺寸文字。单击图 7.2.31a 所示的尺寸"φ150"，系统弹出图 7.2.32 所示的"尺寸"对话框，在 **标注尺寸文字(I)** 区域的文本框中输入"A"来替代原有值，此时系统弹出图 7.2.33 所示的"确认尺寸值文字覆写"对话框，选中 **☑ 以后不要再问(D)** 复选框，单击 **是(Y)** 按钮，单击 ✔ 按钮，完成尺寸文字的更改；参照以上步骤，分别更改尺寸"15"为"B"，更改"φ90"为"2C"，更改后如图 7.2.31b 所示。

说明：尺寸文字被手动更改后，如果需要恢复，可在"尺寸"对话框的 **标注尺寸文字(I)** 区域中输入"<DIM>"，尺寸值将恢复到原有值。

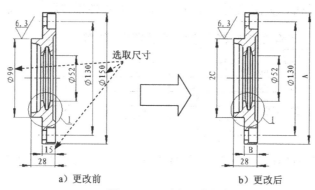

图 7.2.31　更改尺寸文字

图 7.2.32　"尺寸"对话框

图 7.2.33　"确认尺寸值文字覆写"对话框

Step6. 至此，系列零件设计表在工程图中添加完成，保存并关闭工程图文件。

7.3　孔　表

在工程图文件中，孔表可自动生成所选孔的尺寸和位置信息。下面介绍孔表创建和编辑的一般过程。

Step1. 打开工程图文件 D:\sw18.5\work\ch07.03\bloom.SLDDRW，如图 7.3.1 所示。

Step2. 设置定位点。先在设计树中右击 ▸ **📄图纸1**（或在图形区右击图纸），在弹出的快捷菜单中选择 **编辑图纸格式 (B)** 命令，进入编辑图纸格式状态，再右击图 7.3.2 所示的端点，

在弹出的快捷菜单中选择 设定为定位点 ➡ 孔表 (C) 命令，然后在设计树中右击
▸ 图纸1，选择 编辑图纸 (B) 命令，返回到编辑图纸状态。

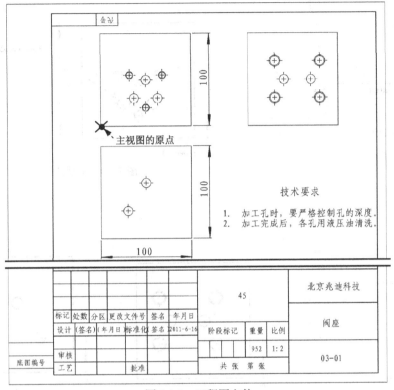

图 7.3.1　工程图文件

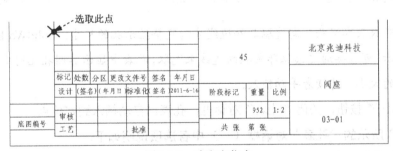

图 7.3.2　选取定位点

Step3. 选择命令。选择下拉菜单 插入(I) ➡ 表格(A) ➡ 孔表 (D)… 命令，
系统弹出图 7.3.3 所示的"孔表"对话框（一）。

Step4. 定义孔表。

（1）在 表格位置(P) 区域选中 ☑ 附加到定位点(O) 复选框，选取图 7.3.1 所示的主视图左下
角点为原点。

（2）选取图 7.3.4 所示的主视图上所有孔的边线，在"孔表"对话框中单击 下一视图
按钮，选取图 7.3.5 所示左视图的左下角点为原点，选取其上所有孔的边线后，再次单击

按钮，选取图 7.3.6 所示俯视图的左下角点为原点，选取其上所有孔的边线。

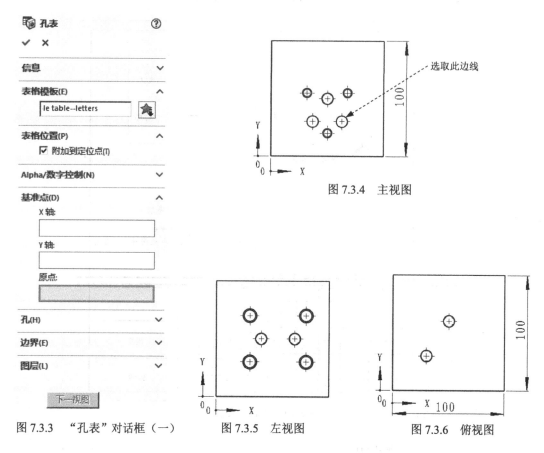

图 7.3.3　"孔表"对话框（一）　　图 7.3.5　左视图　　图 7.3.6　俯视图

图 7.3.4　主视图

说明： 螺纹孔和沉头孔需选取其外边线才能完整显示孔的尺寸；SolidWorks 孔表支持非圆孔的显示，可直接通过选取非圆孔的边线来选取，孔表中显示非圆孔几何中心的位置，但不列出孔的大小，需读者手动输入。

（3）单击 ✔ 按钮，关闭"孔表"对话框，孔表已自动插入到定位点。

图 7.3.3 所示的"孔表"对话框（一）中各选项说明如下。

● **表格模板(E)** 区域：在该区域中单击 按钮，选择读者所需的孔表模板，系统提供的默认孔表模板文件的位置：SolidWorks 安装目录\lang\Chinese-Simplified。系统提供的模板分为标准孔表模板和组合孔表模板，其中：

☑ 标准孔表模板含有"标签""X 位置""Y 位置"和"大小"列，所有孔的标签和尺寸都会被单独列出来；其文件名称为"standard hole tablenumbers.sldholtbt"和"standard hole table--letters.sldholtbt"。

☑ 组合孔表模板也有"标签""X 位置""Y 位置"和"大小"列，但这些列会随着尺寸和标签的组合而改变；其文件名称为"hole table--tags combined numbers.sldholtbt" "hole table--tags combined--letters.sldholtbt" "hole table--sizes combined--numbers.sldholtbt" "hole table--sizes combined--letters. sldholtbt"。

- 表格位置(P) 区域：如果图样中已设定了定位点，则在该区域中选中 ☑ 附加到定位点(O) 复选框后，系统会自动将表格中的一个角点与定位点重合；反之则需要读者在图样中自定义表格位置。

- 基准点(D) 区域：用于设定确定孔位置的基准点，读者可以通过选取模型的边线来定义 "X轴" "Y轴"，也可以通过在模型中选取一点来定位原点。

- 孔(H) 区域：用于确定需要定义的孔，读者可以通过选取孔的边线或底面来选取孔。

- 下一视图 按钮：当一个视图中的孔选取完毕之后，单击 下一视图 按钮来选取其他视图中的孔，不过在选取孔前需重新定义基准点。

Step5. 编辑表格。

（1）组合表格。先在图形区中单击孔表的任意位置，然后单击孔表左上角的角标 ✛ ，系统弹出图7.3.7所示的"孔表"对话框（二），在 表格位置(P) 单击 ▦ 按钮，使表的左下角与定位原点重合，如图7.3.8所示，然后单击 ✔ 按钮，退出"孔表"对话框（二），组合后的表格如图7.3.9所示。在 略图(E) 区域选中 ☑ 组合相同大小(S) 复选框，在 边界(E) 区域 ⊞ 后的下拉列表中选择"0.5mm"，在 ➕ 后的下拉列表中选择"0.35mm"。

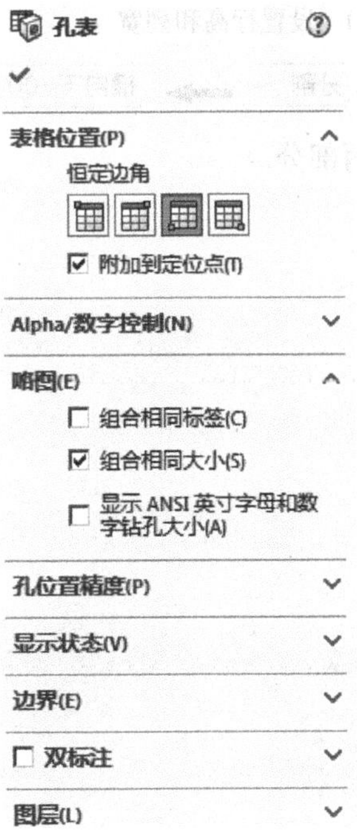

标签	X位置	Y位置	大小
A1	32	55	
A2	50	20	Ø 6.80 ▽ 20 M8 - 6H ▽ 16
A3	68	55	
B1	37	30	Ø 10 不完全贯穿
B2	63	30	
C1	50	50	
C2	40	50	
C3	70	50	Ø10
C4	30	30	
C5	50	60	
D1	30	30	Ø 10 ▽ 25.25 M12 - 6H ▽ 20
B1	30	70	
B2	80	30	Ø 10 ▽ 25.25 M12 - 6H ▽ 20
B3	80	70	

图7.3.7 "孔表"对话框（二） 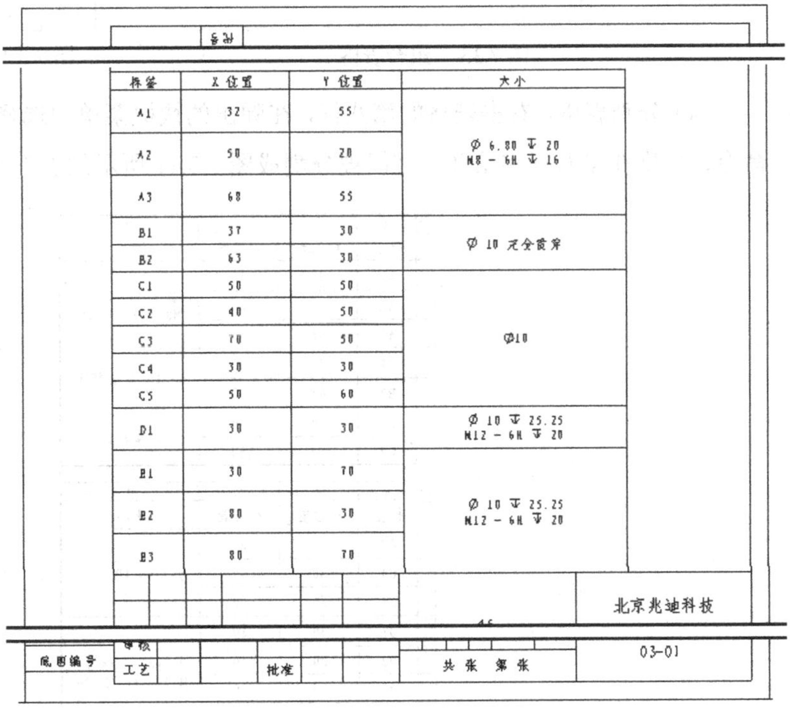　　　　　　　　　图7.3.8 插入孔表

（2）设置列宽。选中所有的单元格并右击，在弹出的快捷菜单中选择 格式化
➡️ 列宽 (A) 命令，在弹出的"列宽"对话框中输入数值为20.0，单击 确定 按钮；然后右击"大小"列，在弹出的快捷菜单中选择 格式化 ➡️ 列宽 (A) 命令，输入列宽值为35.0。参照上面的方法，将"标签"列的列宽值设置为15.0。

（3）设置行高。选中第一列所有的单元格并右击，在弹出的快捷菜单中选择 格式化
➡️ 行高度 (C) 命令，在弹出的"行高度"对话框中输入数值为 7.0，单击 确定 按钮，完成行高度的设置，其结果如图 7.3.10 所示。

标签	X 位置	Y 位置	大小
A1	32	55	
A2	50	20	Ø 6.80 ▽ 20 M8 – 6H ▽ 16
A3	68	55	
B1	37	30	Ø 10 完全贯穿
B2	63	30	
C1	50	50	
C2	40	50	
C3	70	50	Ø10
C4	30	30	
C5	50	60	
D1	30	30	
D2	30	70	Ø 10 ▽ 25.25 M12 – 6H ▽ 20
D3	80	30	
D4	80	70	

图 7.3.9　组合表格

标签	X 位置	Y 位置	大小
A1	32	55	
A2	50	20	Ø 6.80 ▽ 20 M8 – 6H ▽ 16
A3	68	55	
B1	37	30	Ø 10 完全贯穿
B2	63	30	
C1	50	50	
C2	40	50	
C3	70	50	Ø10
C4	30	30	
C5	50	60	
D1	30	30	
D2	30	70	Ø 10 ▽ 25.25 M12 – 6H ▽ 20
D3	80	30	
D4	80	70	

图 7.3.10　设置行高和列宽

（4）分割表格。右击表格的第八行，在弹出的快捷菜单中选择 分割 ➡️ 横向下 (B)
命令，表格在第八行和第九行之间被分割成图 7.3.11 所示的上下两部分。

	A	B	C	D
1	标签	X 位置	Y 位置	大小
2	A1	32	55	
3	A2	50	20	Ø 6.80 ▽ 20 M8 – 6H ▽ 16
4	A3	68	55	
5	B1	37	30	Ø 10 完全贯穿
6	B2	63	30	
7	C1	50	50	Ø10
8	C2	40	50	

	A	B	C	D
	标签	X 位置	Y 位置	大小
9	C3	70	50	
10	C4	30	30	Ø10
11	C5	50	60	
12	D1	30	30	
13	D2	30	70	Ø 10 ▽ 25.25 M12 – 6H ▽ 20
14	D3	80	30	
15	D4	80	70	

图 7.3.11　分割表格

（5）将表格的被分割部分拖动至图 7.3.12 所示的位置，完成表格的编辑。

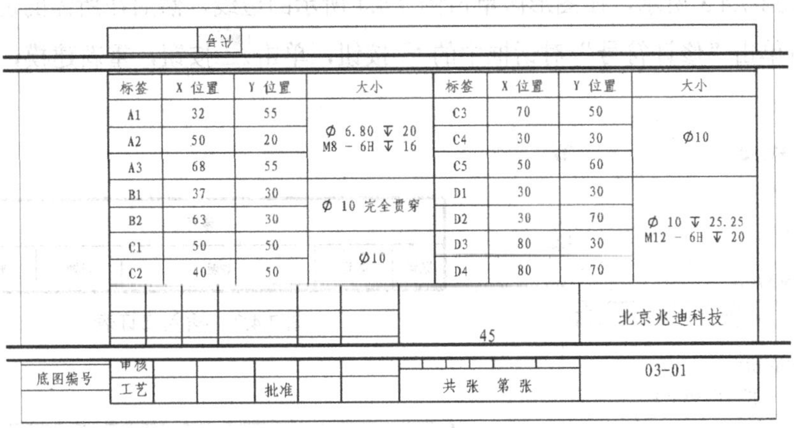

图 7.3.12 拖动表格的被分割部分

Step6. 至此，孔表已创建完成，保存并关闭工程图文件。

7.4 修 订 表

修订表也称为图面修正表，是用来列出工程图中修改或错误的表格，通常位于标题栏的左侧。下面介绍创建修订表的一般过程。

Step1. 打开工程图文件 D:\sw18.5\work\ch07.04\revision_tables.SLDDRW。

Step2. 设置定位点。先在设计树中右击 ▸ 图纸1（或在图形区右击图纸），在弹出的快捷菜单中选择 编辑图纸格式 (B) 命令，进入编辑图纸格式状态，选取工程图图框的左上角点作为定位点，在弹出的快捷菜单中选择 设定为定位点 ➡ 修订表 (E) 命令，然后在设计树中右击 ▸ 图纸1，选择 编辑图纸 (B) 命令，返回到编辑图纸状态。

Step3. 选择命令。选择下拉菜单 插入(I) ➡ 表格 (A) ➡ 修订表 (R) 命令，系统弹出图 7.4.1 所示的"修订表"对话框。

Step4. 插入修订表。在"修订表"对话框的 表格模板(T) 区域中选择表格模板类型为"standard revision block.sldrevtbt"，在 表格位置(P) 区域中选中 ☑ 附加到定位点(C) 复选框，在边界(E) 区域 田 后的下拉列表中选择"0.35mm"，在 十 后的下拉列表中选择"0.18mm"，单击 ✔ 按钮，表格自动插入到工程图中，如图 7.4.2 所示。

Step5. 修改表格位置。先在图形区中单击修订表的任意位置，然后单击修订表左上角的角标 十 ，在弹出的"修订表"对话框的 表格位置(P) 区域中单击 按钮，使表的左上角与定位点重合。

Step6. 添加修订。在图形区中右击修订表，在弹出的快捷菜单中选择 修订 ➡

添加修订 (A)命令，系统弹出"修订符号"对话框的同时，修订表中添加了带有当前日期的新修订，如图 7.4.3 所示，在图形区单击图 7.4.4 所示的边线，然后在所需的位置放置修订符号，最后单击"修订符号"对话框中的 ✔ 按钮，单击 ▮ 按钮，重新建模，完成新修订的添加。

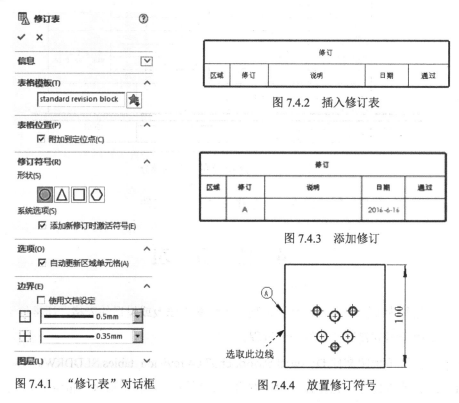

图 7.4.1 "修订表"对话框

图 7.4.2 插入修订表

图 7.4.3 添加修订

图 7.4.4 放置修订符号

说明：

● 双击修订表中的单元格可添加注释文字。

● 修订表表格的编辑同"材料明细表"和"孔表"，本节将不再赘述。

图 7.4.1 所示的"修订表"对话框中各选项说明如下。

● **表格模板(T)** 区域：在该区域中单击 ⚝ 按钮，选择读者所需的修订表模板，系统提供的默认修订表模板文件的位置为 SolidWorks 安装目录\lang\Chinese- Simplified。

● **修订符号形状(R)** 区域：用于确定修订符号的形状。

● **选项(O)** 区域：在该区域中选中 ☑ 添加新修订时激活符号(E) 复选框后，修订表在添加新修订时，需在图形中放置修订符号。

7.5 折弯系数表

折弯系数表用来列出关于钣金实体中折弯的信息，包括标签、方向、角度、内径等。

用户可以在钣金零件工程图的平板型式视图中插入折弯系数表。需要注意的是，不能同时使用折弯系数表和折弯注释。下面介绍设置、创建、编辑折弯系数表的一般过程。

7.5.1 设置折弯系数表的默认属性

通过设置默认的表格属性，可以使得图纸规范，并减少重复的设置，提高工作效率。其设置方法如下。

Step1. 打开工程图模板文件 D:\sw18.5\work\ch07.05\A4_format.SLDDRW。

Step2. 选择命令。选择下拉菜单 工具(T) ➡ 选项(P)... 命令，系统弹出"系统选项（S）-普通"对话框。

Step3. 设置"文档属性"选项卡参数。单击 文档属性(D) 选项卡，在该选项卡的左侧选项区中选择 表格 ➡ 折弯 选项，此时显示折弯系数表的参数设置界面，如图 7.5.1 所示。

图 7.5.1 所示的"文档属性（D）-折弯"对话框的部分选项说明如下。

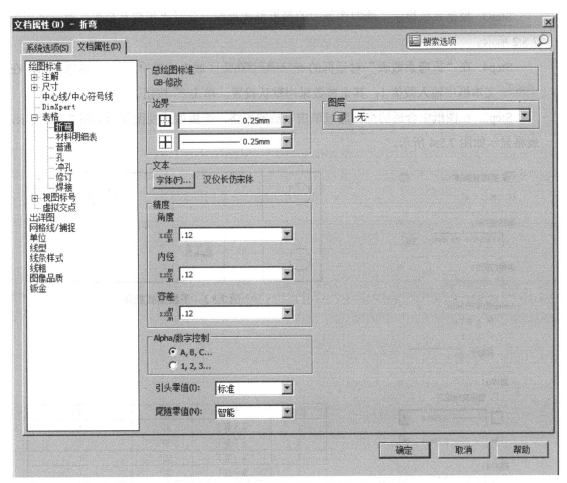

图 7.5.1 "文档属性（D）-折弯"对话框

- 边界 区域：用于定义表格内外框线的线条宽度。其中 ⊞ 下拉列表用于定义表格最外边框线的线条宽度；┼ 下拉列表用于定义表格内部框线的线条宽度。

- 图层 区域：用于定义折弯系数表的放置图层，这里建议选择"尺寸层"或者"标注层"以便于统一管理。

- 精度 区域：用于定义角度、内径、容差等折弯系数的数值显示精度，默认精度均为两位小数，用户可根据实际需要选取合适的精度值。

- Alpha/数字控制 区域：用于定义折弯序号标签的显示类型。

7.5.2　插入折弯系数表

Step1. 打开工程图文件 D:\sw18.5\work\ch07.05\blend_tables.SLDDRW。

Step2. 选择命令。选择下拉菜单 插入(I) ➡ 表格(A) ➡ 折弯系数表(N) 命令，系统弹出"折弯系数表"对话框。

Step3. 根据系统提示，选取图纸中的平板型式视图，此时"折弯系数表"对话框如图7.5.2 所示。

Step4. 在"折弯系数表"对话框的 Alpha/数字控制(N) 区域中选择 ⊙ 1, 2, 3... 单选按钮，在起始于: 文本框中输入数值 1；其余参数采用默认设置，单击 ✔ 按钮。

Step5. 在图纸中合适的空白区域单击以放置表格，平板型式视图显示如图 7.5.3 所示，表格显示如图 7.5.4 所示。

图 7.5.2　"折弯系数表"对话框

图 7.5.3　平板型式视图

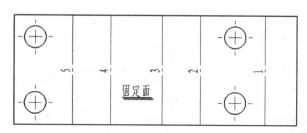

标签	方向	角度	内半径
1	从上到下	90°	1
2	从下到上	90°	1
3	从上到下	90°	1
4	从上到下	90°	1
5	从下到上	90°	1

图 7.5.4　折弯系数表

说明：在"折弯系数表"对话框中单击 表格模板(E) 区域的"为折弯系数表打开表格模板"按钮 ，系统弹出"打开"对话框。该对话框自动定位到系统默认的表格模板目录 C:\Program Files\SolidWorks Corp\SolidWorks\lang\chinese-simplified 中，并自动选中默认的表格模板文件 bendtable-standard.sldbndtbt，用户也可以选择其他已定义好的表格模板文件。需要注意的是选择模板仅在插入表格时可用。

7.5.3 编辑折弯系数表

下面紧接着上一小节的操作继续介绍编辑折弯系数表的操作方法。

Step1. 选择表格。将鼠标指针移动到表格上，然后单击左上角的 ✛ 标记，此时整个表格被选中，系统弹出图 7.5.5 所示的"折弯系数表"对话框和图 7.5.6 所示的快捷工具栏。

图 7.5.5 "折弯系数表"对话框

图 7.5.6 快捷工具栏

Step2. 修改外框线宽度。在"折弯系数表"对话框 边界(E) 区域的 下拉列表中选择 ——— 0.5mm 选项。

Step3. 添加新系数列。

（1）单击 D 数列，右击，在系统弹出的快捷菜单中选择 插入 ➡ 右列 (A) 命令，此时将产生新的一列 E。

（2）单击 E 数列，然后在快捷工具栏中单击"列属性"按钮，在弹出的 列类型 下拉列表中选择 折弯系数 选项，结果如图 7.5.7 所示。

	A	B	C	D	E
1	标签	方向	角度	内半径	折弯系数
2	1	从上到下	90°	1	0
3	2	从下到上	90°	1	0
4	3	从上到下	90°	1	0
5	4	从上到下	90°	1	0
6	5	从下到上	90°	1	0

图 7.5.7　插入新列

Step4. 修改表格字体。单击折弯系数表格左上角的 标记，此时整个表格被选中，在快捷工具栏中单击 按钮，使其处于弹起状态，在字体下拉列表中选择"汉仪长仿宋体"字体，在字号下拉列表中选择 10 号字体，其余参数不变，此时快捷工具栏显示如图 7.5.8 所示。

图 7.5.8　快捷工具栏

Step5. 修改行高和列宽。右击 D 数列，在弹出的快捷菜单中选择 格式化 ➡ 列宽 (A) 命令，将列宽调整为 30，同样将 E 列的宽度调整为 35，结果如图 7.5.9 所示。

标签	方向	角度	内半径	折弯系数
1	从上到下	90°	1	0
2	从下到上	90°	1	0
3	从上到下	90°	1	0
4	从上到下	90°	1	0
5	从下到上	90°	1	0

图 7.5.9　修改行高和列宽

Step6. 调整表格中折弯的顺序。

（1）在折弯系数表中选中第 6 行，然后按下鼠标左键将其拖动到第 2 行的位置，此时平板型式视图的折弯标签发生相应的改变，如图 7.5.10 所示。

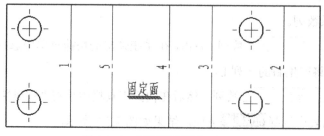

图 7.5.10　调整折弯顺序（一）

（2）在平板型式视图中单击"4"标签，然后按下鼠标左键将其拖动到"3"标签的位置，此时两个标签的位置互换，折弯系数表也发生相应的改变，如图 7.5.11 所示。

标签	方向	角度	内半径	折弯系数
1	从下到上	90°	1	0
2	从上到下	90°	1	0
3	从上到下	90°	1	0
4	从下到上	90°	1	0
5	从上到下	90°	1	0

图 7.5.11　调整折弯顺序（二）

Step7. 选择下拉菜单 文件(F) ➡ 保存(S) 命令，保存文件。

7.5.4　保存折弯系数表模板

通过编辑表格的样式和列属性，用户可以定制不同的折弯系数表表格模板，保存后即可随时调用，并且在保存时也可以选择采用系统默认的表格模板名称，从而减少插入折弯系数表时的选择。保存折弯系数表模板文件的操作方法如下：在表格区域中任意单元格上右击，在弹出的快捷菜单中选择 另存为 …(L) 命令，系统弹出"另存为"对话框，输入合适的文件名称，然后选择合适的文件夹即可保存该表格模板文件。

说明：系统默认的存放目录和文件名称可参看 7.5.2 小节的内容，此处不再赘述。

7.6　焊　接　表

焊接表用来列出关于焊件的焊接规格参数信息，包括焊缝数量、焊缝大小、焊接符号、焊接长度、焊接材料和用户自定义的其他属性等。当焊件模型中的焊缝或焊接符号发生更改时，焊接表将会动态更新。同样，如果焊接表中的值同时与焊缝或焊接符号保持有连接，用户也可以通过改变焊接表中的值，使得模型中的焊缝或焊接符号进行相应的更新。类似于前面的表格模板创建方法，用户可以将自定义的焊接表保存下来，以便重复使用。下面介绍焊接表的相关操作方法。

7.6.1　插入焊接表

Step1. 打开焊接工程图文件 D:\sw18.5\work\ch07.06\jointing.SLDDRW。

Step2. 选择命令。选择下拉菜单 插入(I) ➡ 表格(A) ▶ ➡ 焊接表 命令，系统弹出"焊接表"对话框。

Step3. 根据系统提示，选取图纸中焊件的任一视图，此时"焊接表"对话框显示如图 7.6.1 所示。

图 7.6.1 所示的"焊接表"对话框的部分选项说明如下。

- **表格模板(E)** 区域：用于定义表格的模板，单击 ⭐ 按钮后系统弹出"打开"对话框，用户可以选择合适的模板文件。

- **表格位置(P)** 区域： 当图纸格式中已经预先定义了焊接表的定位点，选中 ☑ 附加到定位点 复选框即可实现焊接表的自动定位，反之，需要用户在图纸中单击放置表格。

- **配置(C)** 区域：用于定义焊接表所对应的配置，每个焊接件都有两个配置类型："默认＜按加工＞" 和"默认＜按焊接＞"；用户需要在焊件模型中进行相应的配置。

图 7.6.1 "焊接表"对话框

- **选项** 区域：

  ☑ ☐包括工程图注解 复选框：选中该复选框后，将会把工程图中的所有焊接注解包含到焊接表中，包括通过手动生成的焊接符号。用户可以通过编辑焊接符号的属性，并在"焊接符号"对话框中选择在焊接表中是否包含此符号。

  ☑ ☐组合相同的焊接类型 复选框：用于将所有类似的焊缝[（相同的焊缝大小、类型（断续或完全）]以及焊接长度进行组合，并计算出累积的焊接长度和质量，此时焊接表显示的是汇总后的结果。

Step4. 采用对话框的默认参数设置，单击 ✔ 按钮，然后在图纸中单击放置表格，结果如图 7.6.2 所示。

ITEM NO.	WELD SIZE	SYMBOL	WELD LENGTH	WELD MATERIAL	QTY.
1	6	◹	5X10(10){50}	＜未指定＞	1

图 7.6.2 默认的焊接表

7.6.2 编辑焊接表

下面接着上一小节的操作来介绍编辑焊接表的操作方法。

Step1. 选择表格。将鼠标指针移动到焊接表格上，然后单击左上角的 ✛ 标记，此时整个表格被选中，系统弹出图 7.6.3 所示的"焊接表"对话框和图 7.6.4 所示的快捷工具栏。

图 7.6.3 "焊接表"对话框

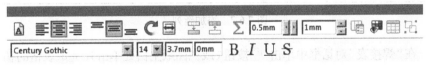

图 7.6.4 快捷工具栏

图 7.6.3 所示的"焊接表"对话框的部分选项说明如下。

表格位置(P) 区域：用于定义表格的定位角。当图纸格式中已经预先定义了焊接表的定位点，选中 ☑附加到定位点 复选框即可实现焊接表的自动定位。

Step2. 修改列标题。

（1）双击 ▢A▢ 标签，在弹出的 列类型: 下拉列表中先选择除 项目号 选项之外的任一项，然后再选择 项目号 选项，此时该列标题将切换为汉字显示。

说明：若双击 ▢A▢ 标签后没有弹出 列类型:，可在快捷菜单中单击"列属性"按钮 ▤，同样会弹出 列类型:。

（2）参照步骤（1）的操作方法，分别调整其余各列的标题显示，最终结果如图 7.6.5 所示。

项目号	焊接大小	SYMBOL	焊接长度	焊接材料	数量
1	6	◺	5X10(10){50}	<未指定>	1

图 7.6.5 修改列标题

Step3. 修改列宽度。

（1）右击 A 标签，在弹出的快捷菜单中选择 格式化 ➡ 列宽 (A) 命令，然后在弹出的"列宽"对话框中输入数值为 20，单击 确定 按钮，完成该列的设置。

（2）参照步骤（1）的操作方法，分别调整其余各列的宽度，结果如图 7.6.6 所示。

项目号	焊接大小	SYMBOL	焊接长度	焊接材料	数量
1	6	△	5X10(10){50}	<未指定>	1

图 7.6.6　修改列宽度

Step4. 添加新列。

（1）右击 F 标签，在弹出的快捷菜单中选择 插入 ➡ 右列 (A) 命令，此时将产生新的一列 G，同时系统弹出"列类型"对话框。

（2）在弹出对话框的 列类型: 下拉列表中选择 总焊接时间 选项，参照前述操作调整该列的宽度，结果如图 7.6.7 所示。

项目号	焊接大小	SYMBOL	焊接长度	焊接材料	数量	总焊接时间
1	6	△	5X10(10){50}	<未指定>	1	50.000000

图 7.6.7　添加新列

Step5. 在"焊接表"对话框中单击 ✔ 按钮（或在图纸空白处单击），完成表格的初步编辑。

Step6. 添加手工焊接符号。

（1）选择下拉菜单 插入(I) ➡ 注解(A) ➡ ⚡ 焊接符号 (W)... 命令，系统弹出"属性"对话框，然后在图纸中选取图 7.6.8 所示的边线，在"属性"对话框中单击 焊接符号(W)... 按钮，系统弹出"符号"对话框，在该对话框中选择 填角焊接 选项后，单击 确定 按钮关闭对话框。

（2）在"属性"对话框中设置图 7.6.9 所示的参数（注意勾选 ☑ 在焊接表中包括该符号 复选框），选择合适的位置单击，单击 确定 按钮关闭对话框，此时视图显示如图 7.6.10 所示。

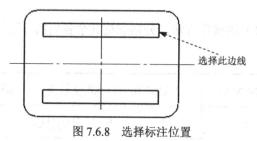

选择此边线

图 7.6.8　选择标注位置

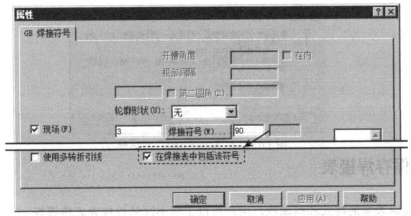

图 7.6.9 定义焊接符号属性

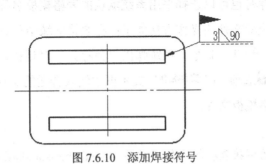

图 7.6.10 添加焊接符号

Step7. 重新编辑焊接表。

（1）将鼠标指针移动到焊接表格上，然后单击左上角的 ⊕ 标记，此时整个表格被选中，系统弹出"焊接表"对话框。

（2）在"焊接表"对话框的 配置(C) 区域中选择 默认<按加工> 选项，在 选项 区域中选择 ☑ 包括工程图注解 复选框，单击 ✔ 按钮，完成表格的编辑，此时表格显示如图 7.6.11 所示。

项目号	焊接大小	SYMBOL	焊接长度	焊接材料	数量	总焊接时间
1	6	⊿	5X10(10){50}	<未指定>	1	50.000000
2	3	⊿	90		1	

图 7.6.11 更新焊接表

Step8. 选择下拉菜单 文件(F) ➞ 🖫 保存(S) 命令，保存文件。

说明： 焊接表中某些空白单元格，可以由用户手动编辑，其操作方法是：双击该单元格，此时系统会弹出图 7.6.12 所示的"SolidWorks"对话框，说明此单元格可能已经与焊接符号或装饰焊接特征相连，单击 是(Y) 按钮将切断此链接关系，然后手动输入必要的数据。需要注意的是，如果将手动输入的数据清除后，系统将自动恢复该单元格的链接关系。

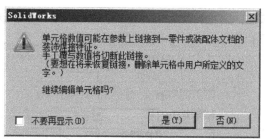

图 7.6.12　"SolidWorks" 对话框

7.6.3　保存焊接表

通过编辑表格的样式和列属性，用户可以定制不同的焊接表表格模板，保存后即可随时调用，并且在保存时也可以选择采用系统默认的表格模板名称，从而减少插入表格时的选择。保存焊接表模板文件的操作方法如下：在表格区域中任意单元格上右击，在弹出的快捷菜单中选择 `另存为...` 命令，系统弹出"另存为"对话框，在 `保存类型(T):` 下拉列表中选择 `模板 (*.sldwldtbt)` 选项，在 `文件名(N):` 文本框中输入合适的文件名称，然后选择合适的文件夹即可保存该表格模板文件。

说明：

- 系统默认的焊接表模板文件名称为"weldtable-standard.sldwldtbt"，默认的存放目录可参看 7.5.2 小节的内容，此处不再赘述。
- 另存为的文件类型除了"模板"类型外，还包括 Excel、txt 和 CSV 类型，用户可以选择合适类型将焊接表的信息进行输出和保存，以方便管理的需要。

7.7　材料明细表制作范例

范例概述

本范例详细介绍了材料明细表的创建和修改过程，以及零件序号的应用。学习本范例重点要掌握的是材料明细表的修改、自定义参数属性的插入和零件序号的排序。本范例的最终效果如图 7.7.1 所示。

Stage1.　创建材料明细表

Step1.　打开工程图文件 D:\sw18.5\work\ch07.07\bom_example.SLDDRW，如图 7.7.2 所示。

Step2.　设置定位点。

（1）在设计树中右击 ▸ `图纸1`（或在图形区右击图纸），在弹出的快捷菜单中选择 `编辑图纸格式 (B)` 命令，进入编辑图纸格式状态。

（2）右击图 7.7.2 所示的端点，在弹出的快捷菜单中选择 `设定为定位点` ➡

材料明细表 (B) 命令，将该点设置为材料明细表的定位点。

（3）在设计树中右击 ▸ 图纸1，选择 编辑图纸 (B) 命令，返回到编辑图纸状态。

Step3. 插入材料明细表。

（1）选择命令。在下拉菜单中选择 插入(I) ➡️ 表格(A) ➡️ 材料明细表 (B)... 命令，在系统的提示下，选取图 7.7.2 所示的主视图为指定模型，系统弹出"材料明细表"对话框。

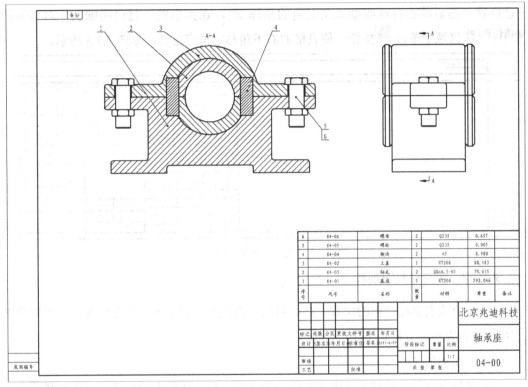

图 7.7.1 材料明细表制作范例

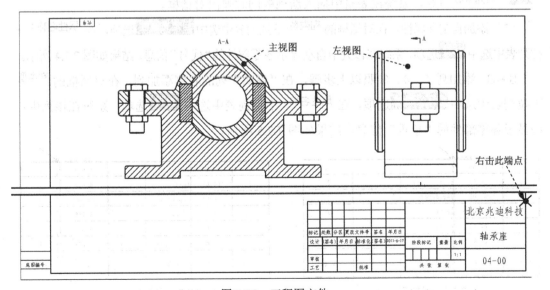

图 7.7.2 工程图文件

（2）设置材料明细表。在"材料明细表"对话框的 表格位置(P) 区域中选中 ☑ 附加到定位点(O) 复选框；在 材料明细表类型(Y) 区域中选中 ⊙ 仅限顶层 单选按钮；在 零件配置分组(G) 区域中选中 ☑ 显示为一个项目号 复选框和 ⊙ 将同一零件的配置显示为单独项目 单选按钮；在 边界(E) 区域 ⊞ 后的下拉列表中选择"0.5mm"，在 ✛ 后的下拉列表中选择"0.18mm"，单击 ✔ 按钮，材料明细表自动插入到定位点。在图形区中单击材料明细表的任意位置，然后单击材料明细表左上角的角标 ✛，在弹出的"材料明细表"对话框的 表格位置(P) 区域中单击 ⊞ 按钮，使表格的右下角与定位点重合，如图 7.7.3 所示。

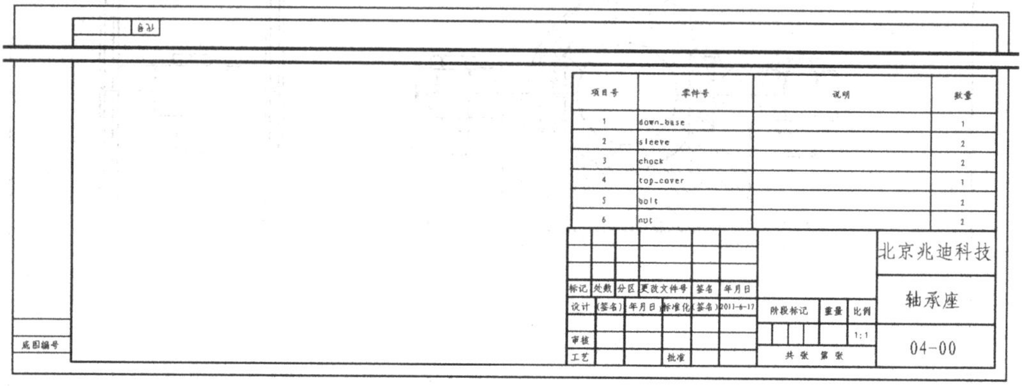

图 7.7.3　设置"材料明细表"

Stage2. 修改材料明细表

Step1. 修改表格标题列的位置。在材料明细表任意位置单击，在弹出的工具栏中单击 ⊞ 按钮，将表格标题栏置于底层。

Step2. 添加列（一）。

（1）选择命令。在材料明细表中右击"项目号"列，在弹出的快捷菜单中选择 插入 ➡ 右列 (A) 命令，系统在表格中插入新列的同时弹出对话框。

（2）添加自定义属性。在对话框的 列类型: 下拉列表中选中 自定义属性 选项，在 属性名称: 下拉列表中选中 代号 选项，系统在该列中自动显示各零部件的"代号"信息，结果如图 7.7.4 所示。

Step3. 添加列（二）。参照以上步骤，在"说明"列的右侧添加列，在对话框的 列类型: 下拉列表中选中 自定义属性 选项，在 属性名称: 下拉列表中选中 单重 选项，系统在该列中自动显示各零部件的"单重"信息，结果如图 7.7.5 所示。

图 7.7.4　添加列（一）

图 7.7.5　添加列（二）

Step4. 修改表格的各参数信息。

（1）修改标题的名称。双击表格标题中的"项目号"单元格，更改名称为"序号"。

（2）修改列属性。

① 在表格的任意位置单击，然后双击图 7.7.6 所示的列标签 C ，在弹出对话框的 列类型: 下拉列表中选中 自定义属性 选项，在 属性名称: 下拉列表中选中 名称 选项，系统在该列中自动显示各零部件的"名称"信息；选中列标签 C ，在弹出的工具栏中单击 ≡ 按钮，使该列文字居中。

② 双击列标签 D ，在弹出对话框的 列类型: 下拉列表中选中 自定义属性 选项，在 属性名称: 下拉列表中选中 材料 选项，系统在该列中自动显示各零部件的"材料"信息，修改完成后如图 7.7.7 所示。

	A	B	C	D	E	F
1	6	04-06	nut		0.657	2
2	5	04-05	bolt		0.005	2
3	4	04-02	top_cover		88.483	1
4	3	04-04	chock		8.980	2
5	2	04-03	sleeve		70.635	2
6	1	04-01	down_base		292.046	1
	序号	代号	零件号	说明	单重	数量

图 7.7.6 选取列标签

6	04-06	螺母	Q235	0.657	2
5	04-05	螺栓	Q235	0.005	2
4	04-02	上盖	HT200	88.483	1
3	04-04	楔块	45	8.980	2
2	04-03	轴瓦	QSn6.5-01	70.635	2
1	04-01	基座	HT200	292.046	1
序号	代号	名称	材料	单重	数量

图 7.7.7 修改列属性

Step5. 移动列。拖动"数量"列至"名称"列和"材料"列之间，移动完成后如图 7.7.8 所示。

6	04-06	螺母	2	Q235	0.657
5	04-05	螺栓	2	Q235	0.005
4	04-02	上盖	1	HT200	88.483
3	04-04	楔块	2	45	8.980
2	04-03	轴瓦	2	QSn6.5-01	70.635
1	04-01	基座	1	HT200	292.046
序号	代号	名称	数量	材料	单重

图 7.7.8 移动列

Step6. 添加"备注"列并格式化表格。

（1）参照 Step3 在"单重"列右侧添加"备注"列。

（2）设置行高。

① 修改标题列的行高。在表格的标题列中任意单元格右击，在弹出的快捷菜单中选择 格式化 ➡ 行高度 (C) 命令，在弹出的"行高度"对话框中输入数值为 14.0，单击 确定 按钮，完成标题列行高度的设置。

② 修改其他列的行高。在表格中选中序号为"1"的单元格，然后按住鼠标左键，将

指针拖动到序号为"6"的单元格后，松开鼠标左键，此时序号"1"到"6"之间的所有单元格均被选中，右击，在弹出的快捷菜单中选择 格式化 ➡ 行高度(C) 命令，在"行高度"对话框中输入值为 7.0，单击 确定 按钮，完成其他列行高的设置。

（3）设置列宽。右击标题列中的"序号"列，在弹出的快捷菜单中选择 格式化 ➡ 列宽(A) 命令，在弹出的"列宽"对话框中输入数值为 8.0，单击 确定 按钮，完成列宽的设置；参照以上步骤，分别设置"代号"列的列宽值为 40.0，"名称"列宽值为 44.0，"数量"列宽值为 8.0，"材料"列宽值为 38.0，"单重"列宽值为 22.0，"备注"列宽值为 20.0，格式化完成后如图 7.7.9 所示。

6	04-06	螺母	2	Q235	0.657	
5	04-05	螺栓	2	Q235	0.005	
4	04-02	上盖	1	HT200	88.483	
3	04-04	楔块	2	45	8.980	
2	04-03	轴瓦	2	QSn6.5-01	70.635	
1	04-01	基座	1	HT200	292.046	
序号	代号	名称	数量	材料	单重	备注

图 7.7.9　格式化表格

Stage3.　创建零件序号

Step1. 在图形区选取主视图为插入零件序号的对象，选择下拉菜单 插入(I) ➡ 注解(A) ➡ 🔧 自动零件序号(N)… 命令，系统弹出"自动零件序号"对话框。

Step2. 添加设置。在 零件序号布局(O) 区域中单击 上(T) 按钮，选择 引线附加点: 下的 ⊙ 面(A) 单选按钮，单击 ✔ 按钮，完成零件序号的添加，结果如图 7.7.10 所示。

Step3. 调整零件序号引线依附点的位置。由于系统自动生成零件序号后，其引线依附点的位置不能够清晰地指出零件的位置，就需要读者通过手动的方法拖动引线依附点（如实心圆和箭头等）到合适的位置，具体操作此处不再赘述。

Step4. 调整零件序号文字的位置。通过手动拖动来调整零件序号文字的位置，结果如图 7.7.11 所示。

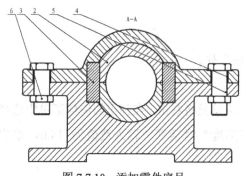

图 7.7.10　添加零件序号

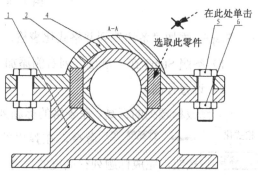

图 7.7.11　调整零件序号文字的位置

Step5. 手动添加零件序号。

（1）选择命令。选择下拉菜单 插入(I) ➡ 注解(A) ➡ ① 零件序号(A)... 命令，系统弹出"零件序号"对话框。

（2）设置零件序号。在"零件序号"对话框 零件序号设定(B) 区域的 样式 下拉列表中选择 下划线 选项，在 大小 下拉列表中选择 紧密配合 选项，在 零件序号文字 下拉列表中选择 项目数 选项。

（3）放置零件序号。在图形区选取图 7.7.11 所示的零件为参考对象，然后在图 7.7.11 所示的位置单击来放置零件序号，在对话框中单击 ✔ 按钮，完成零件序号的添加，结果如图 7.7.12 所示。

Step6. 重新排列零件序号。由于未经重新排序的零件序号排列不规则，需重新调整，其操作步骤：在图形区选取图 7.7.12 所示序号为"4"的零件序号，系统弹出"零件序号"对话框，在该对话框 零件序号设定(B) 区域 零件序号文字: 的第二个下拉列表中选择 3 选项，即将零件序号"4"更改为"3"，与此同时，材料明细表中的序号也自动进行相应的调整。在任意位置单击，此时零件序号按从左到右的顺序排列，结果如图 7.7.13 所示。

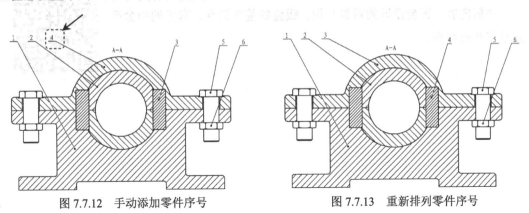

图 7.7.12 手动添加零件序号　　　　　图 7.7.13 重新排列零件序号

Step7. 删除零件序号。按住 Ctrl 键，在图形区分别选取序号为"5"和"6"的零件序号，然后按 Delete 键将其删除。

Step8. 添加成组的零件序号。

（1）选择命令。选择下拉菜单 插入(I) ➡ 注解(A) ➡ ⌾ 成组的零件序号(S)... 命令，系统弹出"成组的零件序号"对话框。

（2）设置零件序号。在"成组的零件序号"对话框 零件序号设定(B) 区域的 样式 下拉列表中选取 下划线 选项，在 大小 下拉列表中选择 紧密配合 选项，在 零件序号文字 下拉列表中选取 项目数 选项，并单击 ⑧ 按钮，其他参数采用系统默认设置值。

（3）放置零件序号。在图形区先选取图 7.7.14a 所示的"零件 1"，再在图 7.7.14a 所示的位置单击来放置零件序号，然后选取图 7.7.14a 所示的"零件 2"，在"成组的零件序号"对话

框中单击 按钮，完成成组零件序号的添加，结果如图 7.7.14b 所示。

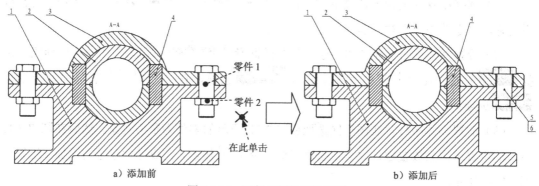

a）添加前　　　　　　　　　　　　　　　　　b）添加后

图 7.7.14　添加成组的零件序号

Stage4．保存文件

至此，工程图的材料明细表和零件序号添加完成，保存并关闭工程图文件。

学习拓展：扫一扫右侧二维码，可以免费学习更多视频讲解。

讲解内容：钣金设计的背景知识，钣金的基本概念，常见的钣金产品及工艺流程等。

第8章　钣金工程图

本章提要　钣金件一般是指具有均一厚度的金属薄板零件，其特点是质量轻、结构强度好、可做成各种复杂的形状等，因而在机电设备、电子产品甚至航空航天领域中得到广泛的应用。钣金工程图的创建方法与一般零件基本相同，所不同的是钣金件的工程图需要创建展开视图。本章将针对钣金工程图的创建方法进行详细讲解，主要内容包括：

* 创建钣金工程图前的设置。
* 创建钣金工程图的展开。
* 隐藏钣金折弯注释。

8.1　概　　述

钣金工程图中创建的展开视图是钣金工程图比较重要的部分，它能把钣金特征完全呈献在工程图中。钣金的三视图同样重要，它能把钣金工程图中更具体的数据反映出来。

SolidWorks 的工程图模块为设计者提供了比较方便的创建展开视图的方法。它可以直接在展开视图中显示折弯注释，省去了在展开视图中逐个添加折弯注释的麻烦。

在钣金工程图中，标注的重要性也是不言而喻的。由于钣金工程图的标注方法和其他零件工程图的标注方法是相同的，这里就不再详细讲解。

8.2　钣金工程图的设置

钣金工程图创建前需要对展开的折弯注释进行设置，这样有利于在创建展开视图时对折弯注释进行编辑修改。折弯注释是钣金工程图中的核心部分，直接影响钣金件的结构。

Step1. 创建一个新的工程图，进入工程图环境。

Step2. 设置钣金工程图。

（1）选择下拉菜单 工具(T) ➡ 选项(P)... 命令，在弹出的"系统选项"对话框中打开 文档属性(D) 选项卡。

（2）在对话框中单击 钣金 选项，此时的"文档属性（D）-钣金"对话框如图 8.2.1 所示。

图 8.2.1 所示的"文档属性（D）-钣金"对话框中部分选项的说明如下。

* 平板型式颜色(F)区域：用于设置展开的颜色。

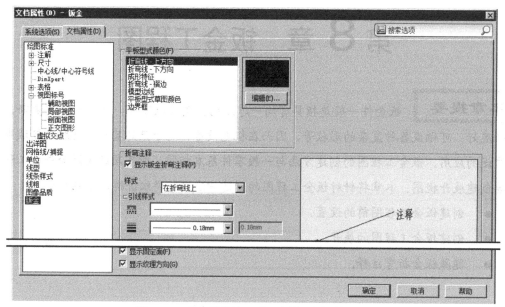

图 8.2.1 "文档属性（D）-钣金"对话框

● **折弯注释** 区域：用于设置钣金折弯注释。

　　☑ **☑显示钣金折弯注释(P)** 复选框：用于设置钣金折弯注释的显示。

　　☑ **样式(Y):** 下拉列表：用于设置钣金注释中的折弯样式。

　　　◆ **在折弯线上** 选项：选取该选项，折弯注释中的折弯方向向上。

　　　◆ **在折弯线下** 选项：选取该选项，折弯注释中的折弯方向向下。

　　　◆ **带引线** 选项：选取该选项，折弯注释带引线。

Step3. 设置钣金工程图中的折弯注释。在 **折弯注释** 区域中选中 **☑显示钣金折弯注释(P)** 复选框，在 **样式(Y):** 下拉列表中选取 **在折弯线上** 选项。

Step4. 在"文档属性（D）-钣金"对话框中单击 **确定** 按钮，完成创建钣金工程图的设置。

8.3　钣金工程图的展开视图

创建展开视图的方法有两种：在基本视图中创建展开视图和从零件/装配体创建工程图展开视图。

8.3.1　在基本视图中创建展开视图

在基本视图中创建展开视图的一般操作步骤如下。

Step1. 打开工程图文件 D:\sw18.5\work\ch08.03.01\metal plate.SLDDRW，选择下拉菜单

插入(I) ➡ 工程图视图(V) ➡ 模型(M)...命令，系统弹出"模型视图"对话框（一）。

Step2. 选择零件模型。在"模型视图"对话框（一）中单击 要插入的零件/装配体(E) ∧ 区域中的 浏览(B)... 按钮，系统弹出"打开"对话框，在"查找范围"下拉列表中选择目录 D:\sw18.5\work\ch08.03.01，然后选择"metal plate.SLDPRT"，单击 打开 按钮，系统弹出"模型视图"对话框（二）。

Step3. 定义视图参数。在 方向(O) 区域中选中 ☑(A) 平板型式 复选框，再选中 ☑ 预览(P) 复选框，其他参数接受系统默认设置值。

Step4. 放置视图。将鼠标移动至图形区，选择合适的放置位置单击以生成展开视图，如图 8.3.1 所示。

Step5. 单击"工程图视图 1"对话框中的 ✔ 按钮，完成展开视图的创建。

Step6. 选择下拉菜单 文件(F) ➡ 🖫 保存(S) 命令，保存文件。

图 8.3.1 展开视图

"模型视图"对话框的"平板型式显示"区域中各选项的功能说明如下。

- 反转视图(L) 按钮：单击该按钮，可以反转视图方向（将视图旋转 180°），如图 8.3.2 所示。

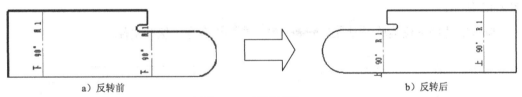

a）反转前　　　　　　　　　　　　　　　　　　b）反转后

图 8.3.2 反转视图

- 📐 文本框：该文本框输入的数值用于改变展开视图的角度；输入正值，视图按递时针旋转，反之则按顺时针旋转。

8.3.2 从零件/装配体创建展开视图

从零件/装配体创建展开视图使用了工程图的"查看调色板"功能，这是一种较快捷的创建钣金件展开视图的方法，其一般操作步骤如下。

Step1. 打开零件文件 D:\sw18.5\work\ch08.03.02\metal plate.SLDPRT。

Step2. 选择命令。选择下拉菜单 文件(F) ➡ 🖼 从零件制作工程图(E) 命令，在系统弹出的"新建 SOLIDWORKS 文件"对话框中选择"gb_a4P"模板，单击 确定 按钮，进入工程图环境，且在图形区右侧的任务窗格中显示"视图调色板"对话框。

Step3. 插入视图。在对话框中选择"平板型式"，并拖动到图形区来放置视图，结果如图8.3.3 所示，单击"工程图视图"对话框中的 按钮，完成插入视图。

图 8.3.3　平板型式视图

Step4. 选择下拉菜单 文件(F) ➡ 🖫 保存(S) 命令，保存文件。

8.4　隐藏与显示折弯注释

在标注工程图中为了更好地标注其他尺寸，可以将折弯注释先隐藏起来，等其他尺寸标注完成后再将折弯注释显示出来，其一般操作步骤如下。

Step1. 打开工程图文件 D:\sw18.5\work\ch08.04\metal plate.SLDDRW。

Step2. 选取要隐藏折弯注释的展开视图。选中图8.4.1 所示的展开视图并右击，在弹出的快捷菜单中选择 🔳 属性… ⑴ 命令，系统弹出"工程视图属性"对话框。

Step3. 设置工程视图属性。在工程视图中取消选中 ☐ 显示钣金折弯注释(D) 复选框。

Step4. 单击"工程视图属性"对话框中的 确定 按钮，完成隐藏折弯注释，结果如图 8.4.2 所示。

Step5. 选择下拉菜单 文件(F) ➡ 🖫 保存(S) 命令，保存文件。

图 8.4.1　平板型式视图

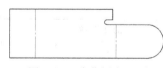
图 8.4.2　隐藏折弯注释

说明：显示折弯注释是将隐藏折弯注释时取消选中的 ☐ 显示钣金折弯注释(D) 复选框重新选中，就可以显示折弯注释，这里不再详细说明。

8.5　钣金工程图范例

范例概述

本范例为对卡件进行标注的综合范例，综合了钣金展开视图、尺寸、注释、基准和形位公差的标注及其编辑、修改等内容。在学习本范例的过程中，读者应该注意对卡件的展开视图进行标注的要求及其特点。范例完成的效果图如图 8.5.1 所示。

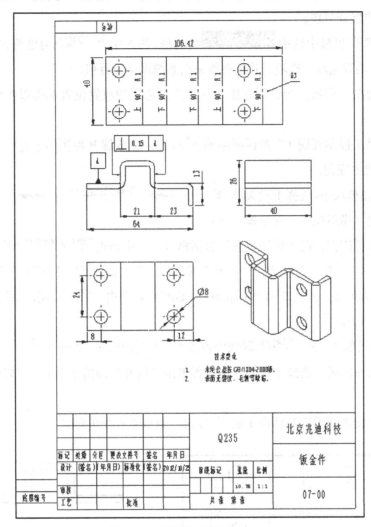

图 8.5.1 范例完成效果图

Step1. 打开空白工程图文件。

（1）选择命令。选择下拉菜单 文件(F) ➡ 打开(O)...命令。

（2）在弹出的"打开"对话框中选择工程图文件 D:\sw18.5\work\ch08.05\ A4_format. SLDDRW 后，单击 打开 按钮，进入工程图环境。

Step2. 选择零件模型。

（1）选择命令。选择下拉菜单 插入(I) ➡ 工程图视图(V) ➡ 模型(M)...命令，系统弹出"模型视图"对话框（一）。

（2）选择文件。在"模型视图"对话框（一）中单击 要插入的零件/装配体(E) ⌃ 区域中的 浏览(B)... 按钮，系统弹出"打开"对话框，在"查找范围"下拉列表中选择目录 D:\sw18.5\work\ch08.05，然后选择"ironware.SLDPRT"，单击 打开 按钮，系统弹出"模型视图"对话框（二）。

Step3. 创建展开视图。

（1）在 方向(0) 区域中选中 ☑(A) 平板型式 复选框，再选中 ☑ 预览(P) 复选框，"模型视图"对话框中弹出"展开选项"选项。其他参数采用系统默认设置值。

（2）放置视图。将鼠标指针放在图形区，选择合适的放置位置单击以生成展开视图，如图 8.5.2 所示。

（3）单击"工程图视图 1"对话框中的 ✔ 按钮，完成展开视图的创建。

Step4. 创建主视图。

（1）在工程图模块中，选择下拉菜单 插入(I) ➡ 工程图视图(V) ➡ 模型(M)... 命令，系统弹出"模型视图"对话框（一）。

（2）选择零件模型。在"模型视图"对话框（一）中单击 要插入的零件/装配体(E) ︿ 区域中的 浏览(B)... 按钮，系统弹出"打开"对话框，在"查找范围"下拉列表中选择目录 D:\sw18.5\ch08\ch08.05，然后选择"ironware.SLDPRT"，单击 打开 按钮，系统弹出"模型视图"对话框（二）。

（3）定义视图参数。在 方向(0) 区域中单击"下视"按钮 ▣，再选中 ☑ 预览(P) 复选框；将鼠标指针放在图形区，选择合适的放置位置单击（展开视图的下面），生成图 8.5.3 所示的主视图。

（4）单击"投影视图"对话框中的 ✔ 按钮，完成主视图的创建。

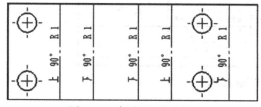

图 8.5.2　创建展开视图

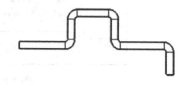

图 8.5.3　创建主视图

Step5. 创建左视图。

（1）选取要投影的视图。选取主视图作为要投影的视图。

（2）选择命令。选择下拉菜单 插入(I) ➡ 工程图视图(V) ➡ 投影视图(P) 命令，系统弹出"投影视图"对话框，且在图形区显示投影视图预览。

（3）在主视图的右侧单击，生成的左视图如图 8.5.4 所示。

（4）单击"投影视图"对话框中的 ✔ 按钮，完成左视图的创建。

Step6. 创建俯视图。参照上面的步骤创建图 8.5.5 所示的俯视图。

Step7. 创建轴测视图。

（1）在工程图模块中，选择下拉菜单 插入(I) ➡ 工程图视图(V) ➡

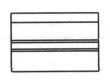命令，系统弹出"模型视图"对话框（一）。

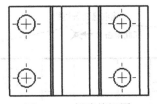

图 8.5.4　创建左视图　　　　　　　图 8.5.5　创建俯视图

（2）选择零件模型。在"模型视图"对话框（一）中单击 要插入的零件/装配体(E) ∧ 区域中的 浏览(B)... 按钮，系统弹出"打开"对话框，在"查找范围"下拉列表中选择目录 D:\sw18.5\work\ch08.05，然后选择"ironware.SLDPRT"，单击 打开 按钮，系统弹出"模型视图"对话框（二）。

（3）定义视图参数。在 方向(O) 区域中单击"等轴测"按钮 ，再选中 ☑ 预览(P) 复选框；将鼠标指针放在图形区，选择合适的放置位置单击（俯视图的左侧），生成图 8.5.6 所示的轴测视图。

（4）单击"工程图视图"对话框中的 按钮，完成轴测视图的创建。

Step8. 隐藏主视图切边。选取主视图右击，在弹出的快捷菜单中选取 切边 ➡ 切边不可见 (C) 命令，结果如图 8.5.7 所示。

Step9. 隐藏左视图和俯视图切边。参照隐藏主视图切边的步骤隐藏左视图和俯视图切边，如图 8.5.7 所示。

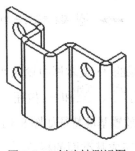

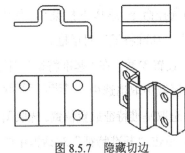

图 8.5.6　创建轴测视图　　　　　　　图 8.5.7　隐藏切边

Step10. 手动标注尺寸。

（1）选择下拉菜单 工具(T) ➡ 尺寸(S) ➡ 智能尺寸(S) 命令，系统弹出"尺寸"对话框。

（2）选取要标注的边线。选取图 8.5.8 所示的两边线。

（3）放置尺寸。在图 8.5.8 所示位置单击放置尺寸。

（4）单击"尺寸"对话框中的"完成"按钮 ，完成尺寸标注，如图 8.5.9 所示。

Step11. 手动添加其他尺寸并编辑尺寸位置。参照上面的步骤，添加尺寸并调整尺寸位置，如图 8.5.10 所示。

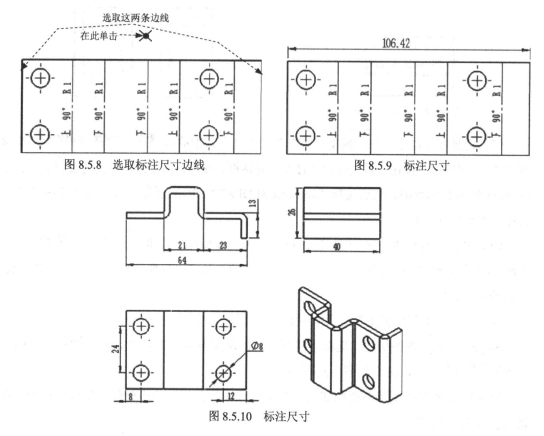

图 8.5.8　选取标注尺寸边线　　　　图 8.5.9　标注尺寸

图 8.5.10　标注尺寸

Step12. 创建基准特征。

（1）选择命令。选择下拉菜单 插入(I) ➡ 注解(A) ➡ 🅰 基准特征符号(U)...命令，系统弹出"基准特征"对话框。

（2）设置参数。在"基准特征"对话框 标号设定(S) 区域的 🅰 文本框中输入"A"，在 引线(E) 区域中取消选中 □ 使用文件样式(U) 复选框，依次单击 ⬚、🖽 和 ⟂ 按钮。

（3）选取基准特征放置位置。选取图 8.5.11 所示的边线，放置基准特征如图 8.5.11 所示。

（4）单击"基准特征"对话框中的"完成"按钮 ✔，完成基准面的标注。

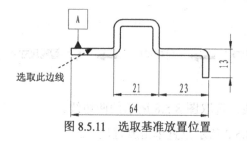

图 8.5.11　选取基准放置位置

Step13. 创建形位公差（一）。

（1）选择下拉菜单 插入(I) ➡ 注解(A) ➡ 🔲 形位公差(T)... 命令，系统弹出"形位公差"对话框和"属性"对话框。

（2）定义"垂直度"形位公差。在"属性"对话框中单击 符号 区域的 ▾ 按钮，在下拉列表中选取"垂直"选项 ⊥ ，在 公差1 文本框中输入公差值 0.15，在 主要 文本框中输入基准"A"。

（3）定义引线样式并放置形位公差符号。在 引线(L) 区域依次单击 ⟋ 、 ⟋ˣ 和 ⟋ 按钮，选取图 8.5.12 所示的边线为形位公差标注边，放置形位公差如图 8.5.13 所示。

（4）单击"形位公差"对话框中的"完成"按钮 ✓ ，完成标注形位公差。

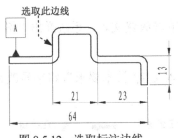

图 8.5.12　选取标注边线

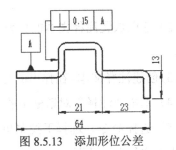

图 8.5.13　添加形位公差

Step14. 创建多引线形位公差。

（1）添加另外一个引线。选取形位公差文本，系统弹出"形位公差"对话框，在 引线(L) 区域单击 🖰 按钮。

（2）按住 Ctrl 键，选取图 8.5.14 所示的点，将其拖动到图 8.5.14 所示边线上，结果如图 8.5.15 所示。

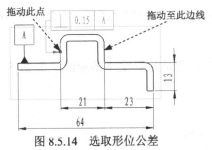

图 8.5.14　选取形位公差

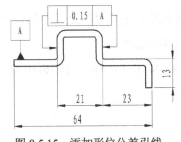

图 8.5.15　添加形位公差引线

Step15. 创建注释（一）。

（1）选择命令。选择下拉菜单 插入(I) ➡ 注解(A) ➡ A 注释(N) 命令，系统弹出"注释"对话框。

（2）选取放置注释文本的位置。在展开视图右边空白处单击放置文本引线，再将鼠标指针移动到展开视图外单击，放置注释文本，系统弹出"格式化"对话框。

（3）创建注释文本。在弹出的"注释"文本框中输入文字"δ3"，将字号改为"14"。

（4）单击"注释"对话框中的"完成"按钮 ✓ ，完成注释的创建，如图 8.5.16 所示。

Step16. 创建注释（二）。

（1）选择命令。选择下拉菜单 插入(I) ➜ 注解(A) ➜ A 注释(N)...命令，系统弹出"注释"对话框。

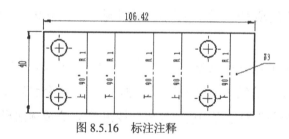

图 8.5.16 标注注释

（2）选取放置注释文本的位置。在视图空白处单击放置文本，系统弹出"格式化"对话框。

（3）创建注释文本。在弹出的"注释"文本框中输入文字"技术要求"，将字号改为"14"。

（4）单击"注释"对话框中的"完成"按钮 ✔。

（5）选择命令。选择下拉菜单 插入(I) ➜ 注解(A) ➜ A 注释(N)...命令，系统弹出"注释"对话框。

（6）选取放置注释文本的位置。在"技术要求"文本框下的空白处单击，系统弹出"格式化"对话框。

（7）创建注释文本。在弹出的"注释"文本框中输入文字"未注公差按 GB/T 1804-2000 级。表面无裂纹、毛刺等缺陷。"，将字号改为"14"。

（8）为注释文字添加数字符号。选取文本框中的文字"未注公差按 GB/T 1804-2000 级。表面无裂纹、毛刺等缺陷。"，单击"格式化"对话框中的"数字"按钮 ▤；完成数字符号注释文本的添加。

（9）单击"注释"对话框中的"完成"按钮 ✔，完成注释文本的标注，如图 8.5.17 所示。

技术要求
1. 未注公差按 GB/T 1804-2000 级。
2. 表面无裂纹、毛刺等缺陷。

图 8.5.17 标注注释

Step17. 选择下拉菜单 文件(F) ➜ 🖫 另存为(A)...命令，将零件模型命名为"ironware"并保存。

学习拓展：扫一扫右侧二维码，可以免费学习更多视频讲解。
讲解内容：产品动画与机构运动仿真的一般方法和流程。

第9章　焊件工程图

本章提要　焊件通过焊接技术将型材连接起来，从而成为所需要的组合件（部件）。由于焊件具有方便灵活、价格便宜、材料的利用率高、设计及操作方便等特点，焊件的应用非常广泛。所以，焊件工程图也是比较常用的图样。本章将针对焊件工程图的创建方法进行详细讲解，主要内容包括：

- 添加端点处理、毛虫和焊接符号。
- 插入焊件切割清单。

9.1　概　　述

在创建焊件工程图前，先要创建焊件切割清单，它是工程图中的焊件切割清单和零件间材料表的关联部分。工程图中的焊件切割清单也可以自定义，但自定义后不能和零件的材料关联在一起。

焊件工程图的零件序号应参考同一切割清单。这样即使零件序号在另一视图中生成，也能与切割清单保持联系。

9.2　创建焊件工程图的一般过程

本章将以图 9.2.1 所示的焊件工程图为例，讲解焊件工程图的创建过程。

Task1. 创建焊件视图

Step1. 打开现有工程图模板文件。

（1）选择命令。选择下拉菜单 文件(F) ➡ 打开(O)... 命令，系统弹出"打开"对话框。

（2）在"打开"对话框中选择工程图文件 D:\sw18.5\work\ch09\A4_format.SLDDRW，单击 打开 按钮。

Step2. 选择零件模型。

（1）选择命令。选择下拉菜单 插入(I) ➡ 工程图视图(V) ➡ 模型(M)... 命令，系统弹出"模型视图"对话框（一）。

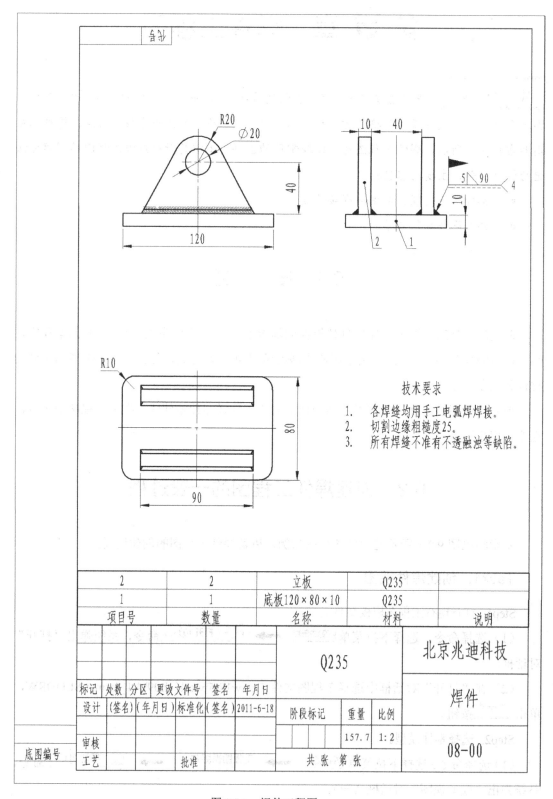

2	2	立板	Q235	
1	1	底板120×80×10	Q235	
项目号	数量	名称	材料	说明

技术要求

1. 各焊缝均用手工电弧焊焊接。
2. 切割边缘粗糙度25。
3. 所有焊缝不准有不透融浊等缺陷。

图 9.2.1　焊件工程图

（2）在"模型视图"对话框（一）中单击 要插入的零件/装配体(E) 区域中的 浏览(B)...

按钮，系统弹出"打开"对话框，在"查找范围"下拉列表中选择目录 D:\sw18.5\work\ch09，

然后选择"jointing.SLDPRT"，单击 打开 按钮，系统弹出"模型视图"对话框（二）。

Step3. 定义主视图。

（1）在 方向(O) 区域中单击"下视"按钮 ，再选中 ☑ 预览(P) 复选框；将鼠标指针

放在图形区，选择合适的放置位置单击，以生成图 9.2.2 所示的主视图。

（2）单击"工程图视图 1"对话框中的 ✔ 按钮，完成主视图的创建。

Step4. 创建左视图。

（1）选取要投影的视图。选取主视图为要投影的视图。

（2）选择命令。选择下拉菜单 插入(I) ➡ 工程图视图(V) ➡ 投影视图(P) 命

令，系统弹出"投影视图"对话框，且在图形区显示投影视图预览。

（3）在系统的提示下，在主视图的右侧单击，生成的左视图如图 9.2.3 所示。

Step5. 创建俯视图。参照以上步骤在主视图下侧创建图 9.2.4 所示的俯视图。

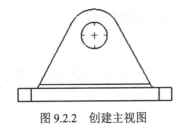
图 9.2.2 创建主视图

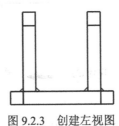
图 9.2.3 创建左视图

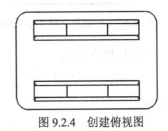
图 9.2.4 创建俯视图

Step6. 隐藏主视图切边。选取主视图右击，在弹出的快捷菜单中选取 切边 ➡

切边不可见 (C) 命令，结果如图 9.2.5 所示。

Step7. 隐藏左视图和俯视图切边。参照隐藏主视图切边的步骤隐藏左视图和俯视图

切边，结果如图 9.2.6 所示。

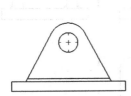
图 9.2.5 隐藏主视图切边

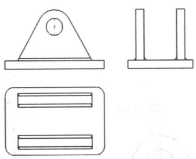
图 9.2.6 隐藏左视图和俯视图切边

Task2. 标注焊件尺寸

Step1. 创建中心线。

（1）选择命令。选择下拉菜单 插入(I) ➡ 注解(A) ➡ 中心线(L)… 命令，系统弹出"中心线"对话框。

（2）选取要添加中心线的两条直线。选取图9.2.7所示的两条直线，在选取的直线间生成一条中心线。

（3）编辑中心线长度。选取生成的中心线，拖动在中心线端点处显示的夹点，将中心线延长。

（4）参照上面的步骤为工程图的其他视图添加中心线，结果如图9.2.8所示。

（5）单击"完成"按钮 ✔，完成中心线的创建。

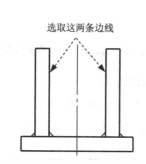

图 9.2.7　选取要创建中心线的边

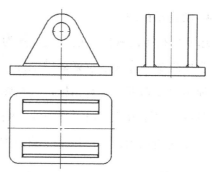

图 9.2.8　创建中心线

Step2. 标注尺寸。

（1）选择下拉菜单 工具(T) ➡ 尺寸(S) ➡ 智能尺寸(S)命令，系统弹出"尺寸"对话框。

（2）选取要标注的边线。选取图9.2.9所示的圆弧。

（3）放置尺寸。在合适的位置放置尺寸。

（4）单击"尺寸"对话框中的"完成"按钮 ✔，完成尺寸标注。

Step3. 添加其他尺寸。参照上面步骤，添加图9.2.10所示的尺寸。

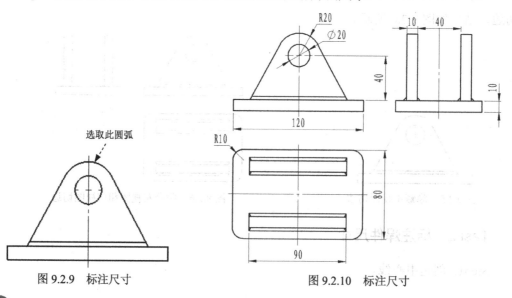

图 9.2.9　标注尺寸

图 9.2.10　标注尺寸

Step4. 添加端点处理符号。

（1）选择命令。选择下拉菜单 插入(I) ➡ 注解(A) ➡ ⊿端点处理(R)... 命令，系统弹出"端点处理"对话框。

（2）选取端点处理类型。选取端点处理类型为 ⊿（ANSI 类型）。

（3）定义端点处理参数。在 ⬈ 文本框中输入焊缝支柱长度值为5.0。选中 ☑支柱长度相等(E) 复选框和 ☑使用实体填充 复选框。

（4）选取构成端点处理的两条边线。在视图中选取图 9.2.11 所示的两条边线并在图 9.2.11 所示的位置单击以确定端点处理的位置。

（5）单击"端点处理"对话框中的"完成"按钮 ✔，完成焊接端点的标注，结果如图 9.2.12 所示。

Step5. 添加其他端点处理符号。参照上一步创建图 9.2.12 所示的端点处理符号。

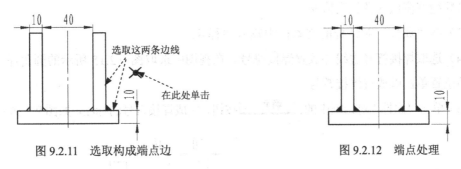

图 9.2.11　选取构成端点边　　　　　图 9.2.12　端点处理

Step6. 创建毛虫。

（1）选择命令。选择下拉菜单 插入(I) ➡ 注解(A) ➡)))毛虫(I)... 命令（或右击，在系统弹出的快捷菜单中选择 注解(A) ➡)))毛虫... (H) 命令），系统弹出"毛虫"对话框。

（2）选取要标注的焊缝边。在视图中选取图 9.2.13 所示的边线。

（3）定义毛虫参数。在 参数(P) 区域的下拉列表中选取 全长 选项，在 ⬈文本框中输入焊缝宽度值为5.0。定义 毛虫形状(S): 为"圆形特形"))) ，定义 毛虫位置(P): 位置为"中间位置")))) 。

（4）修剪毛虫。选取图 9.2.13 所示的边线为毛虫的剪裁边线。

（5）单击两次"毛虫"对话框中的"完成"按钮 ✔，完成毛虫的标注，结果如图 9.2.14 所示。

Step7. 创建焊接符号。

（1）选择命令。选择下拉菜单 插入(I) ➡ 注解(A) ➡ ⤳焊接符号(W)... 命令（或右击，在系统弹出的快捷菜单中选择 注解(A) ➡ ⤳焊接符号... (G)命令），系统弹出"属性"对话框和"焊接符号"对话框。

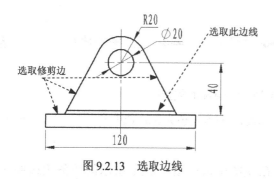

图 9.2.13　选取边线

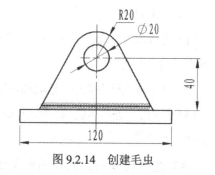

图 9.2.14　创建毛虫

（2）定义焊接符号属性。

① 在"属性"对话框中选中 ☑ 现场(F) 复选框。

② 单击"属性"对话框中的 焊接符号(W)... 按钮，系统弹出"符号"对话框，在"符号"对话框中选择 填角焊接 选项，单击 确定 按钮，在 焊接符号(W)... 按钮前后的文本框中分别输入焊缝宽度值 5 及长度值 90。

（3）在"属性"对话框的文本框中输入注释 4。

（4）选取焊接符号边线并放置焊接符号。在视图中选取图 9.2.15 所示的圆角焊缝，在合适的位置单击以放置焊接符号。

（5）单击"属性"对话框中的 确定 按钮，完成焊接符号的标注，如图 9.2.16 所示。

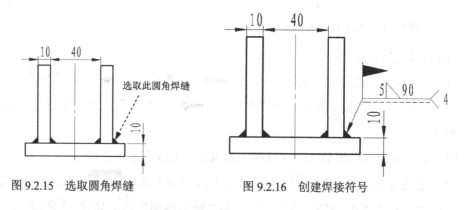

图 9.2.15　选取圆角焊缝　　　　　图 9.2.16　创建焊接符号

Task3．插入焊件切割清单和零件序号

Step1. 设置定位点。

（1）先在设计树中右击 ▸ 📄图纸1 （或在图形区右击图纸），在弹出的快捷菜单中选择 编辑图纸格式 (B) 命令，进入编辑图纸格式状态。

（2）右击图 9.2.17 所示的端点，在弹出的快捷菜单中选择 设定为定位点 ➡ 焊件切割清单 (I)命令，将该点设置为焊件切割清单的定位点。

（3）在设计树中右击 ▸ 📄图纸1，在快捷菜单中选择 编辑图纸 (B)命令，返回到编辑图纸状态。

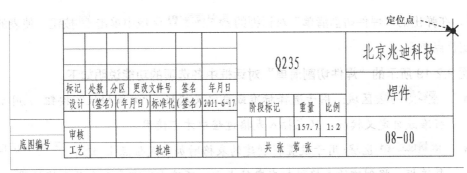

图 9.2.17　设置定位点

Step2. 插入焊件切割清单。

（1）选择命令。选择下拉菜单 `插入(I)` ➡ `表格(A)` ➡ `焊件切割清单(W)…` 命令，在系统的提示下，选取图 9.2.18 所示的主视图为指定模型，系统弹出图 9.2.19 所示的"焊件切割清单"对话框。

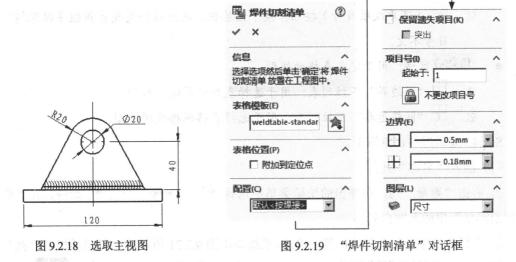

图 9.2.18　选取主视图　　　　图 9.2.19　"焊件切割清单"对话框

（2）定义表格位置。在 `表格位置(P)` 区域选中 ☑ `附加到定位点(O)` 复选框。

（3）定义表格线型。在 `边界(E)` 区域的"框边界" ⊞ 下拉列表中选择"0.5mm"选项，在"网格边界" ⊞ 下拉列表中选择"0.18mm"选项。

（4）单击"焊件切割清单"对话框中的"完成"按钮 ✔，焊件切割清单显示在指定位置，如图 9.2.20 所示。

项目号	数量	说明	长度
1	1		
2	2		

图 9.2.20　"焊件切割清单"表格

说明： 若表格中文字为英文，可双击文本框，然后将其更改为图 9.2.20 所示的文字。

Step3. 修改表格位置。先在图形区中单击表格的任意位置，然后单击表格左上角的角

标 ⊹ ，在弹出的"焊件切割清单"对话框的 **表格位置(P)** 区域中单击▦按钮，使表的右下角与定位点重合。

图 9.2.19 所示的"焊件切割清单"对话框中各选项的功能说明如下。

- **表格模板(E)** 区域：用于选择标准或自定义模板。"浏览模板"按钮🌟用于选择标准或自定义模板，只在插入表格过程中才可使用。

- **表格位置(P)** 区域：用于设置将创建的表格附加在定位点上。选中☑ **附加到定位点(O)** 复选框，将创建的表格附加在定位点上；不选中则需要自定义表格位置。

- **配置(C)** 区域：用于选取焊件所使用的配置。

- ☑ **保留遗失项目(K)** 区域：遗失项目为在焊件切割清单中生成后又被删除的项目；选中该复选框后，遗失项目将继续在焊件切割清单中显示。

- **项目号(I)** 区域：用于设置切割清单的数字开始数。

  ☑ **起始于:** 文本框：该文本框中输入的数值可定义切割清单的起始项目号。

  ☑ **1,2** （不更改项目号）按钮：按下该按钮，在列被分类或重新组序时保持项目号不变。

- **边界(E)** 区域：用于定义表格的线型。

  ☑ **⊞** "框边界"下拉列表：用于选择表格边界线的线型。

  ☑ **⊹** "网格边界"下拉列表：用于选择表格网格线的线型。

Step4. 编辑焊件切割清单。

（1）插入"名称"列。

① 右击"数量"列，在弹出的快捷菜单中选择 **插入** ➡ **右列 (A)** 命令，在"焊件切割清单"中插入空白列。

② 在插入的空白列上侧的标签上单击，系统弹出图 9.2.21 所示的"列"对话框，在"列"对话框中选中 ⦿ **切割清单项目属性(L)** 单选按钮。在 **自定义属性(M):** 下拉列表中选取 **名称** 选项。

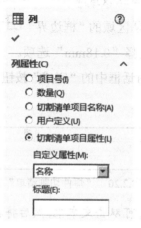

图 9.2.21 "列"对话框

③ 单击"列"对话框中的 ✔ 按钮，完成"名称"列的创建。

图 9.2.21 所示的"列"对话框说明如下。

- ⊙ 项目号(I) 单选按钮：选中该单选按钮，添加的新列为项目号列。
- ⊙ 数量(O) 单选按钮：选中该单选按钮，添加的新列为数量列。
- ⊙ 切割清单项目名称(A) 单选按钮：选中该单选按钮，添加的新列为切割清单项目名称列。
- ⊙ 用户定义(U) 单选按钮：选中该单选按钮， 标题(E) 文本框被激活，在该文本框中自定义列。
- ⊙ 切割清单项目属性(L) 单选按钮：选中该单选按钮， 自定义属性(M) 下拉列表被激活，在该下拉列表中选取自定义列。

说明： 自定义属性(M) 下拉列表中的选项是在零件环境下"切割清单"中创建的。

（2）插入"材料"列。

① 右击"说明"列，在弹出的快捷菜单中选择 插入 ➡ 右列 (A) 命令，系统弹出"插入右列"对话框，且在"焊件切割清单"中插入空白列。

② 在"插入右列"对话框中选中 ⊙ 切割清单项目属性(L) 单选按钮。在 自定义属性(M) 下拉列表中选取 材料 选项。

③ 单击"插入右列"对话框中的 ✔ 按钮，完成"材料"列的创建。

（3）删除"长度"列。在焊件切割清单中右击"长度"列的列标题 F ，在弹出的快捷菜单中选择 删除 ➡ 列 (B) 命令，"长度"列被删除，如图 9.2.22 所示。

项目号	数量	名称	说明	材料
1	1	底板120×80×10		Q235
2	2	立板		Q235

图 9.2.22　焊件切割清单（一）

（4）调整"焊件切割清单"行高和列宽。

① 选中所有单元格，右击，在快捷菜单中选择 格式化 ➡ 列宽 (A) 命令，系统弹出"列宽"对话框。

② 设置列宽。在"列宽"对话框的 列宽(C) 文本框中输入列宽值 36.0，单击 确定 按钮，完成列宽的设置，"焊件切割清单"如图 9.2.23 所示。

③ 先单击图 9.2.22 所示表格的"项目号"单元格，然后移动鼠标指针至"2"单元格（第一列）后松开鼠标左键，右击，在弹出的快捷菜单中选择 格式化 ➡ 行高度 (C) 命令，系统弹出"行高度"对话框。

④ 设置行高。在"行高度"对话框的文本框中输入行高值为 8.0，单击 确定 按

钮，完成行高的设置。

项目号	数量	名称	说明	材料
1	1	底板120×80×10		Q235
2	2	立板		Q235

图 9.2.23　焊件切割清单（二）

（5）调整焊件切割清单表格标题。

① 选取"焊件切割清单"表格中的任意一文本框，在弹出的"编辑文本"栏中单击"表格标题在上"按钮 ⊞ 。

② 拖动"焊件切割清单"表格中的"材料"列，将其拖动至"说明"列之前，以调整表格顺序，焊件切割清单如图 9.2.24 所示。

③ 将鼠标指针移动到表格外单击，退出表格编辑。

2	2	立板	Q235	
1	1	底板120×80×10	Q235	
项目号	数量	名称	材料	说明

图 9.2.24　焊件切割清单（三）

Step5. 创建零件序号。

（1）选择命令。在图形区选取左视图为插入对象，选择下拉菜单 插入(I) ➡ 注解(A) ➡ ⚙ 自动零件序号(N)… 命令，系统弹出"自动零件序号"对话框。

（2）添加设置。在 零件序号布局(O) 区域中单击 下(B) 按钮，选中 引线附加点: 下的 ◉ 面(A) 单选按钮，在 样式 下拉列表中选取 下划线 选项，单击 ✔ 按钮，完成零件序号的添加。

Step6. 编辑零件序号位置。调整零件序号文字的位置，通过手动拖动来调整零件序号文字的位置，结果如图 9.2.25 所示。

Task4．创建注释

Step1. 创建注释（一）。

（1）选择命令。选择下拉菜单 插入(I) ➡ 注解(A) ➡ A 注释(N) 命令，系统弹出"注释"对话框。

（2）选取放置注释文本的位置。在视图空白处单击放置文本，系统弹出"格式化"对话框。

（3）创建注释文本。在弹出的"注释"文本框中输入"技术要求"文字，将字号改为"16"。

（4）单击"注释"对话框中的"完成"按钮 ✔ 。

Step2. 创建注释（二）。

（1）选择命令。选择下拉菜单 插入(I) ➡ 注解(A) ➡ A 注释(N) 命令，系统弹出"注释"对话框。

（2）选取放置注释文本的位置。在"技术要求"文本框下的空白处单击，系统弹出"格式化"对话框。

（3）创建注释文本。在弹出的"注释"文本框中输入文字"各焊缝均用手工电弧焊焊接。切割边缘粗糙度 25。所有焊缝不准有不透融浊等缺陷。"，将字号改为"16"（在输入文字时，请在每句注释后按 Enter 换行）。

（4）为注释文字添加数字符号。选取文本框中的文字"各焊缝均用手工电弧焊焊接。切割边缘粗糙度 25。所有焊缝不准有不透融浊等缺陷。"，单击"格式化"对话框中的"数字"按钮 ，完成数字符号注释文本的添加。

（5）单击"注释"对话框中的"完成"按钮 ，完成注释文本的标注，如图 9.2.26 所示。

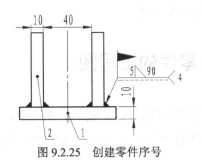

图 9.2.25　创建零件序号

技术要求
1.　各焊缝均用手工电弧焊焊接。
2.　切割边缘粗糙度25。
3.　所有焊缝不准有不透融浊等缺陷。

图 9.2.26　标注注释

Step3. 保存工程图。选择下拉菜单 文件(F) ➡ 另存为(A)... 命令，将文件命名为 jointing 并保存。

第10章　工程图综合范例

本章提要　本章有两个典型范例：第一个范例为创建简单的工程图，其创建过程具有一般性；第二个范例为复杂零件的工程图，着重练习各种视图的创建及尺寸的标注等。这两个范例综合了本书前面章节中的大部分内容，每个范例力求清晰详细，初学者完全可以按照范例中的步骤进行学习，从中体会操作技巧。希望读者通过这两个范例的练习，能够举一反三，解决日后学习和工作中遇到的问题。在创建工程图前，读者应先在工程图环境中，选择下拉菜单 工具(T) ➡ ⚙ 选项(P)… 命令，在弹出的"系统选项"对话框中设置和工程图有关的各属性，如文字样式和高度、箭头样式、视图标号、表格属性和零件序号等属性，具体操作步骤请参照本书 3.3.3 小节，本章将不做讲解。

10.1　范例 1——简单零件的工程图

本范例以一个简单的零件来介绍创建完整工程图的详细过程。范例虽然简单，却可以反映工程图的一般创建方法和所遇到的问题，可谓"以小见大"。本范例工程图如图 10.1.1 所示。

Task1. 创建工程图视图

Stage1. 创建主视图

Step1. 打开空白工程图文件。

（1）选择命令。选择下拉菜单 文件(F) ➡ 📂 打开(O)… 命令。

（2）在弹出的"打开"对话框中选择工程图文件 D:\sw18.5\work\ch10.01\templates_ GB_A4.SLDDRW 后，单击 打开 按钮，进入工程图环境。

Step2. 选择零件模型。

（1）选择命令。选择下拉菜单 插入(I) ➡ 工程图视图(V) ➡ 📷 模型(M)… 命令，系统弹出"模型视图"对话框（一）。

（2）选择零件模型。在"模型视图"对话框（一）中单击 要插入的零件/装配体(E) ∧ 区域中的 浏览(B)… 按钮，系统弹出"打开"对话框，在"查找范围"下拉列表中选择目录 D:\sw18.5\work\ch10.01，然后选择 "shell_bearing.SLDPRT"，单击 打开 按钮，系统弹出"模型视图"对话框（二）。

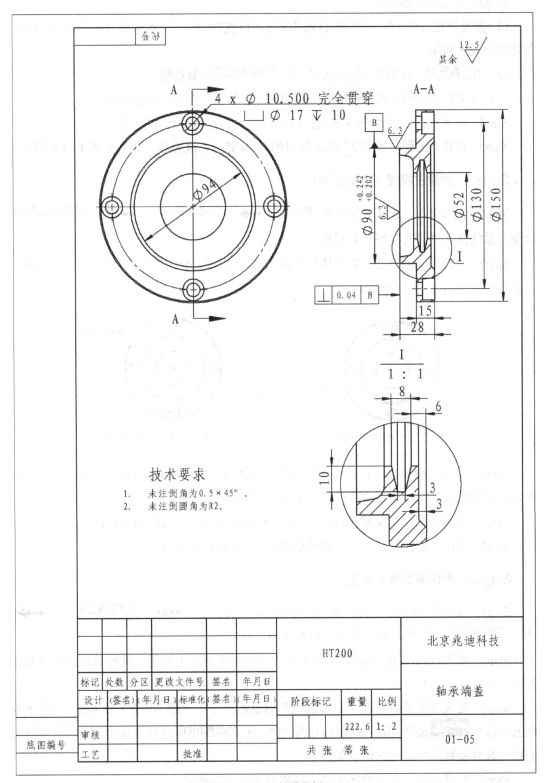

图 10.1.1　工程图范例（一）

Step3. 定义视图参数。

（1）定义视图方向。在 方向(0) 区域中单击"后视"按钮 □，再选中 ☑ 预览(P) 复选框，预览要生成的视图。

（2）在 选项(N) 区域中取消选中 □ 自动开始投影视图(A) 复选框。

（3）定义视图比例。在 比例(A) 区域中选中 ⊙ 使用图纸比例(E) 单选按钮。

Step4. 放置视图。在图形区合适的放置位置单击，以生成主视图。

Step5. 单击"工程图视图 2"对话框中的 ✅ 按钮，完成操作，结果如图 10.1.2 所示。

Stage2. 创建左视图（全剖视图）

Step1. 选择命令。选择下拉菜单 插入(I) ➡ 工程图视图(V) ➡ ⊐ 剖面视图(S) 命令，系统弹出"剖面视图"对话框。

Step2. 选取切割线类型。在 切割线 区域单击 按钮，选中 ☑ 自动启动剖面实体 复选框，然后选取图 10.1.3 所示的圆心。

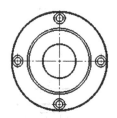
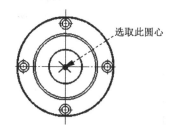
选取此圆心

图 10.1.2　创建主视图　　　　图 10.1.3　选取剖切线

Step3. 设置视图参数。在"剖面视图"对话框的 $^{A\rightarrow}_{A\rightarrow}$ 文本框中输入视图标号"A"，单击 反转方向(L) 按钮，其他参数采用系统默认设置值。

Step4. 放置视图。在父视图的右侧放置全剖视图，结果如图 10.1.4 所示。

Step5. 单击"剖面视图 A-A"对话框中的 ✅ 按钮，完成操作。

Stage3. 创建局部放大视图

Step1. 选择命令。选择下拉菜单 插入(I) ➡ 工程图视图(V) ➡ Ⓐ 局部视图(D) 命令，系统弹出"局部视图"对话框（一）。

Step2. 绘制放大范围。绘制图 10.1.5 所示的圆作为放大范围，此时系统弹出"局部视图"对话框（二）。

Step3. 定义视图参数。在"局部视图"对话框（二） 局部视图图标 区域的 样式: 下拉列表中选中 带引线 选项，输入视图标号为"I"，在 局部视图(V) 区域中选中 ☑ 完整外形(O) 复选框，其他参数采用系统默认设置值。

Step4. 放置视图。在父视图的下方放置局部放大视图。

Step5. 单击对话框中的 ✅ 按钮，完成局部放大视图的创建，结果如图 10.1.6 所示。

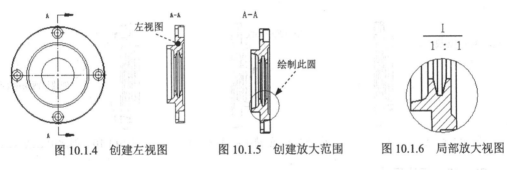

图 10.1.4　创建左视图　　　图 10.1.5　创建放大范围　　　图 10.1.6　局部放大视图

Stage4. 隐藏切边

在图形区右击左视图，在弹出的快捷菜单中选择 切边 ➡ 切边不可见 (C) 命令，隐藏主视图的切边；参照前面的操作隐藏局部放大视图的切边。

Task2. 视图的标注

Stage1. 标注中心线

Step1. 标注圆形中心符号线。

（1）选择命令。选择下拉菜单 插入(I) ➡ 注解(A) ➡ ⊕ 中心符号线(C)… 命令，系统弹出"中心符号线"对话框。

（2）在"中心符号线"对话框的 手工插入选项(O) 区域中单击"圆形中心符号线"按钮 ⊙，在主视图中选取图 10.1.7a 所示的三个圆，此时系统自动生成图 10.1.7b 所示的圆形中心符号线。

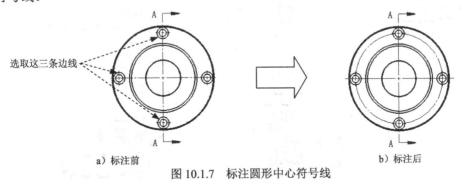

a）标注前　　　　　　　　　　　　　　　　b）标注后

图 10.1.7　标注圆形中心符号线

Step2. 标注中心线。

（1）选择命令。选择下拉菜单 插入(I) ➡ 注解(A) ➡ ⊞ 中心线(L)… 命令，系统弹出"中心线"对话框。

（2）在左视图中选取图 10.1.8 所示的两条边线，系统自动生成中心线（图 10.1.9）。

（3）参照上面的步骤，继续创建图 10.1.10 所示的两条中心线。

（4）选取各中心线，然后分别拖动其控制点来延长中心线，图 10.1.10 所示的各中心线为延长后的效果。

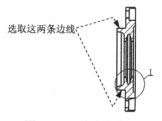

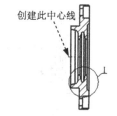

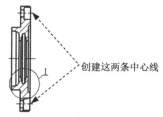

图 10.1.8　选取边线　　　图 10.1.9　创建中心线（一）　　　图 10.1.10　创建中心线（二）

Stage2．标注尺寸

Step1．选择下拉菜单 工具(T) ➡ 尺寸(S) ➡ 智能尺寸(S) 命令，在图形区的各视图中添加图 10.1.11 所示的尺寸标注。

Step2．添加直径符号。在左视图中选取尺寸"130"，系统弹出"尺寸"对话框（一），在图 10.1.12 所示 标注尺寸文字(I) 区域的文本框中单击 ⌀ 按钮完成直径符号的添加，结果如图 10.1.13 所示。

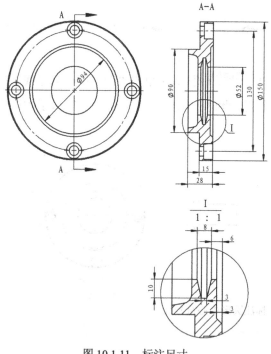

图 10.1.11　标注尺寸

图 10.1.12　"尺寸"对话框（一）

Step3．添加尺寸公差。

（1）添加尺寸公差值。在图形区中选取尺寸" φ90"，系统弹出"尺寸"对话框（二），在图 10.1.14 所示的 公差/精度(P) 区域的 下拉列表中选取 双边 选项，在 ＋ 文本框中输入文本"0.242"，在 － 文本框中输入文本"+0.202"，在 下拉列表中选取 .123 选项。

（2）修改尺寸公差字高。单击"尺寸"对话框中的 其它 选项卡，在图 10.1.15 所示

的 **文本字体** 区域中取消选中 公差字体: 下的 □ 使用尺寸字体(U) 复选框，在 ⊙ 字体比例(S) 单选按钮后的文本框中输入比例值 0.6，在对话框中单击 ✔ 按钮，完成尺寸公差的添加，结果如图 10.1.16 所示。

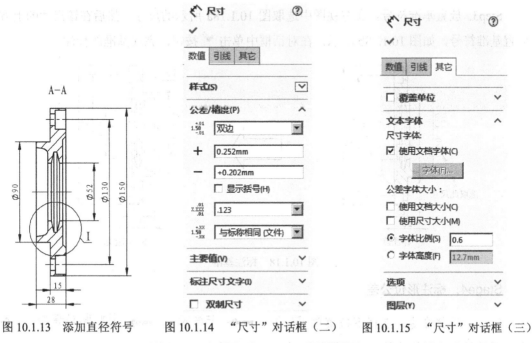

图 10.1.13　添加直径符号　　　图 10.1.14　"尺寸"对话框（二）　　　图 10.1.15　"尺寸"对话框（三）

Step4. 孔标注。选择下拉菜单 插入(I) ➡ 注解(A) ➡ ⊔∅ 孔标注(H)... 命令，选取图 10.1.17a 所示的边线，在合适的位置放置尺寸文本，单击 ✔ 按钮，结果如图 10.1.17b 所示。

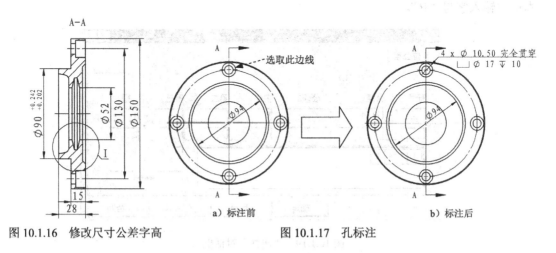

a）标注前　　　　　　　　b）标注后

图 10.1.16　修改尺寸公差字高　　　　　　图 10.1.17　孔标注

Stage3. 标注基准

Step1. 选择命令。选择下拉菜单 插入(I) ➡ 注解(A) ➡ 🄰 基准特征符号(U)... 命令，系统弹出"基准特征"对话框。

Step2. 设置基准参数。在"基准特征"对话框 设定(S) 区域的文本框中输入字母"B"，在 引线(E) 区域取消选中 ☐ 使用文件样式(U) 复选框，依次单击 ⬚ 、⒜ 和 ⊥ 按钮，其他参数采用系统默认设置值。

Step3. 放置基准符号。在左视图中选取图 10.1.18a 所示的尺寸，然后在该尺寸的上方放置基准符号，如图 10.1.18b 所示，在对话框中单击 ✔ 按钮，完成基准的标注。

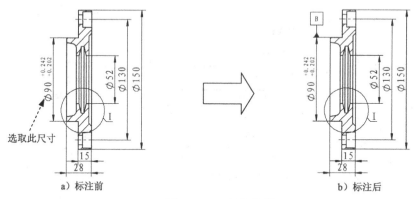

图 10.1.18　标注基准

Stage4. 标注形位公差

Step1. 选择命令。选择下拉菜单 插入(I) ➡ 注解(A) ➡ ⬚ 形位公差(T)... 命令，系统显示"形位公差"对话框的同时，弹出"属性"对话框。

Step2. 设置形位公差参数。在图 10.1.19 所示的"属性"对话框的 符号 区域中单击 ▾ 按钮，在弹出的对话框中选取 ⊥ 选项；在 公差1 文本框中输入公差值 0.04；在 主要 文本框中输入字母"B"。

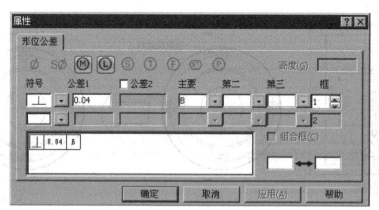

图 10.1.19　"属性"对话框

Step3. 设置引线样式并放置形位公差。在"形位公差"对话框的 引线(L) 区域中依次单击"引线"按钮 ✓ 和"直引线"按钮 ↗，并在其下的下拉列表中选择第二种箭头（实心箭头），在图形区中选取图 10.1.20a 所示的尺寸界线，在该边线的左侧放置形位公差符号，最后在"属性"对话框中单击 确定 按钮，完成形位公差的标注。

Step4. 移动形位公差符号。在图形区选取形位公差符号，分别拖动其框体和箭头端点至图 10.1.20b 所示的位置，且保持引线水平。

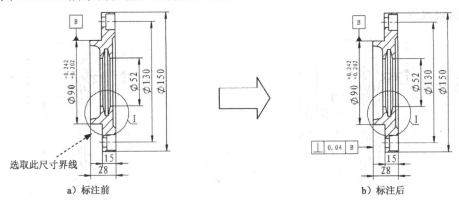

a）标注前　　　　　　　　　　　　　　b）标注后

图 10.1.20　标注形位公差

Stage5. 标注表面粗糙度符号

Step1. 选择命令。选择下拉菜单 插入(I) ➡ 注解(A) ➡ √ 表面粗糙度符号(F) 命令，系统弹出"表面粗糙度"对话框。

Step2. 设置表面粗糙度参数。在对话框的 符号(S) 区域中单击"需要切削加工"按钮 √ ，在图 10.1.21 所示 符号布局(M) 区域的文本框中输入粗糙度值 6.3，其他参数采用系统默认设置值。

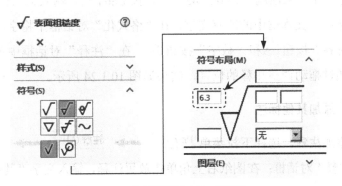

图 10.1.21　"表面粗糙度"对话框

Step3. 放置表面粗糙度符号。在左视图中依次选取图 10.1.22a 所示的边线和尺寸界线，然后单击"表面粗糙度"对话框的 ✔ 按钮，最后通过拖动调整表面粗糙度符号，单击"重建模型"按钮 ●，再生工程图，结果如图 10.1.22b 所示。

Stage6. 添加注释

Step1. 选择命令。选择下拉菜单 插入(I) ➡ 注解(A) ➡ A 注释(N) 命令，系统弹出"注释"对话框。

Step2. 放置注释（一）。在图纸左下方空白处单击放置注释，并在弹出的文本框中输入文字"技术要求"，然后将文本框中的四个字选中，在图 10.1.23 所示的"格式化"对话框中将字高设置为"5.0"。

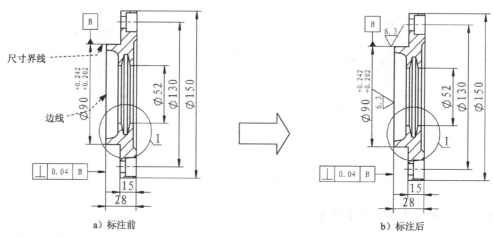

a）标注前　　　　　　　　　　　　　　b）标注后

图 10.1.22　标注表面粗糙度符号

图 10.1.23　"格式化"对话框

Step3. 放置注释（二）。在注释"技术要求"的下方单击以继续放置注释，在文本框中输入第一行文字"未注倒角为 0.5×45°。"，按 Enter 后，输入第二行文字"未注圆角为 R2。"，然后选中该文本框中的所有文字，在"格式化"对话框中将字高设置为"3.5"，依次单击"左对齐"按钮█和"数字"按钮█，在"注释"对话框中单击 ✔ 按钮。

Step4. 通过拖动调整注释的位置，结果如图 10.1.24 所示。

Stage7．添加其他标注

Step1. 添加注释。选择下拉菜单 插入(I) ➡ 注解(A) ➡ A 注释(N). 命令，系统弹出"注释"对话框；在图纸右上角单击放置注释，输入文字"其余"，将其字高设置为"3.5"。

Step2. 添加表面粗糙度符号。在"注释"对话框的 文字格式(T) 区域中单击 ✔ 按钮，在系统弹出的"表面粗糙度"对话框的 符号(S) 区域中单击 ✔ 按钮，在 符号布局(M) 区域的文本框中输入粗糙度值 12.5，其他参数采用系统默认设置值，在注释"其余"的右侧放置该粗糙度符号，最后单击 ✔ 按钮，在"注释"对话框中单击 ✔ 按钮，结果如图 10.1.25 所示。

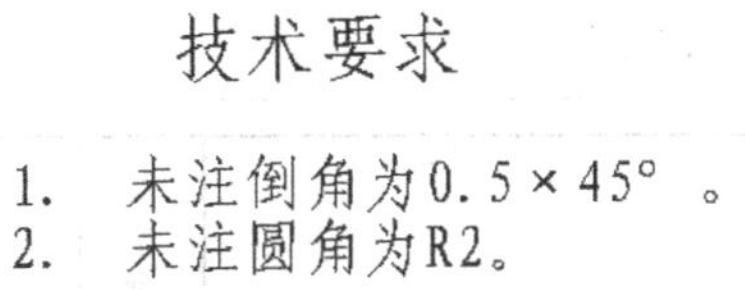

技术要求

1．未注倒角为 0.5×45°。
2．未注圆角为R2。

图 10.1.24　添加注释

其余

图 10.1.25　添加其他标注

Stage8．保存工程图

至此，工程图已创建完成，结果如图 10.1.1 所示。选择下拉菜单 文件(F) ➡ 📁 另存为(A)...命令，在弹出的"另存为"对话框中将文件命名为"ex01_shcll_bcaring"，并将其保存在所需的目录中。

10.2　范例 2——复杂零件的工程图

本范例是一个综合范例，不仅综合了主视图、投影视图、辅助视图、局部视图和放大视图等视图的创建，而且在尺寸标注后要求读者运用各种方法来整理尺寸。此外还有基准的创建、形位公差的创建、表面粗糙度符号及中心线的标注等。如果读者能够坚持完成本范例的所有操作过程，则能很好地掌握使用 SolidWorks 软件制作零件工程图的技能。本范例工程图如图 10.2.1 所示。

Task1．创建工程图视图

Stage1．创建三视图

Step1．打开空白工程图文件。

（1）选择命令。选择下拉菜单 文件(F) ➡ 📂 打开(O)...命令。

（2）在弹出的"打开"对话框中选择工程图文件 D:\sw18.5\work\ch10.02\templates_GB_A3.SLDDRW 后，单击 打开 按钮，进入工程图环境。

Step2．选择零件模型。

（1）选择命令。选择下拉菜单 插入(I) ➡ 工程图视图(V) ➡ 🖼 模型 (M)...命令，系统弹出"模型视图"对话框（一）。

（2）选择文件。在"模型视图"对话框（一）中单击 要插入的零件/装配体(E) ⌃ 区域中的 浏览(B)... 按钮，系统弹出"打开"对话框，在"查找范围"下拉列表中选择目录 D:\sw18.5\work\ch10.02，然后选择 "bracket.SLDPRT"，单击 打开 按钮，系统弹出"模型视图"对话框（二）。

Step3．创建右视图。在视图调色板中选中右视图，按住鼠标左键，将右视图拖到图纸的合适位置单击。

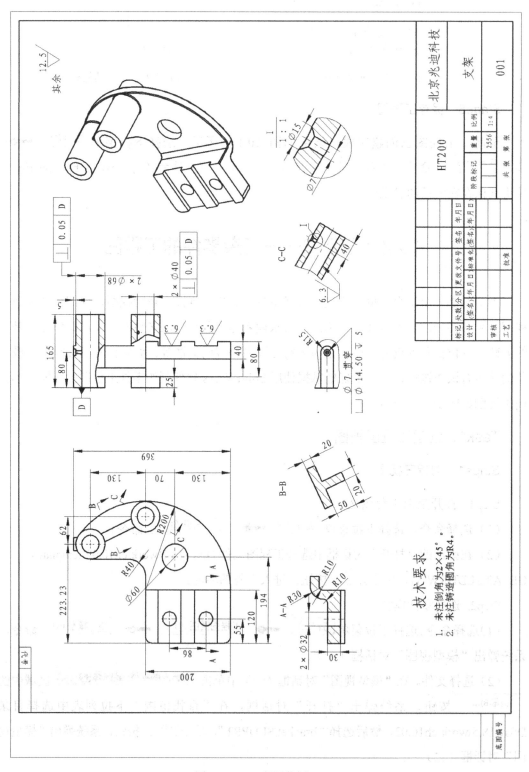

图 10.2.1　工程图范例（二）

Step4. 创建后视图。在视图调色板中选中后视图，按住鼠标左键，将后视图拖到图纸的合适位置单击。

Step5. 生成俯视图。选择下拉菜单 插入(I) ➡ 工程图视图(V) ➡ 投影视图(P) 命令，在主视图的下方单击放置俯视图，在对话框中出现投影视图的虚线框。选择右视图作为投影的父视图，在右视图的下方单击生成俯视图，结果如图 10.2.2 所示。

Stage2. 创建轴测视图

Step1. 打开零件模型。在图形区中右击任意一个视图，在弹出的快捷菜单中选择 命令，打开当前工程图的参考模型 "bracket.SLDPRT"。

Step2. 调整零件模型的视图方位。在零件环境中，按住鼠标中键将零件旋转至图 10.2.3 所示的方位，保存当前视图方位。

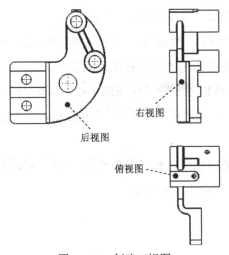

图 10.2.2　创建三视图　　　　　图 10.2.3　调整零件模型的视图方位

Step3. 在零件环境中，保存并关闭零件模型，切换到工程图环境。

Step4. 创建轴测图。在视图调色板中选中 Step2 中保存的视图，按住鼠标左键，将轴测图拖到图纸的合适位置单击，结果如图 10.2.4 所示。

Stage3. 修改视图比例

在图纸范围内的空白处右击，在弹出的快捷菜单中选择 属性 命令，系统弹出"图纸属性"对话框，在该对话框的 比例(S): 文本框中将比例设置为 1:4，其他参数采用系统默认设置值，单击 确定(O) 按钮，完成比例的设置。

Stage4. 剪裁俯视图

Step1. 绘制剪裁范围。选择下拉菜单 工具(T) ➡ 草图绘制实体(K) ➡ 样条曲线(S) 命令，在俯视图中绘制图 10.2.5 所示的封闭轮廓。

Step2. 选择命令。在俯视图中先选取刚绘制的封闭轮廓，然后选择下拉菜单 插入(I)
➡ 工程图视图(V) ➡ 剪裁视图(C) 命令，生成图 10.2.6 所示的剪裁俯视图。

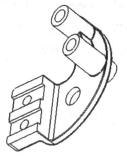

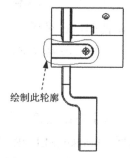

绘制此轮廓

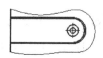

图 10.2.4　创建轴测视图　　　　图 10.2.5　绘制封闭轮廓　　　　图 10.2.6　剪裁俯视图

Stage5. 创建剖面视图 A-A

Step1. 绘制剖切线。在右视图中绘制图 10.2.7 所示的直线作为剖切线。

Step2. 选择命令。先选取刚绘制的剖切线，然后选择下拉菜单 插入(I) ➡
工程图视图(V) ➡ 剖面视图(S) 命令，系统弹出"剖面视图"对话框。

Step3. 设置视图参数。在"剖面视图"对话框 剖切线(L) 区域的 A→ 文本框中输入字母
"A"，若剖面视图的投影方向（箭头）指向上，需选中 ☑ 反转方向(I) 复选框，以反转剖切
方向。

Step4. 放置视图。在右视图的下方放置剖面视图，在"剖面视图 A-A"对话框中单
击 ✔ 按钮，完成剖面视图 A-A 的创建，结果如图 10.2.8 所示。

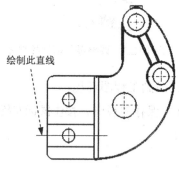

绘制此直线

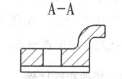

A-A

图 10.2.7　绘制剖切线（一）　　　　图 10.2.8　创建剖面视图 A-A

Stage6. 创建剖面视图 B-B

Step1. 绘制剖切线。选择下拉菜单 工具(T) ➡ 草图绘制实体(K) ➡ ＼ 直线(L)
命令，在右视图中绘制图 10.2.9 所示的直线，约束该直线与图 10.2.9 所示的边线垂直。

Step2. 选择命令。先选取刚绘制的剖切线，然后选择下拉菜单 插入(I) ➡
工程图视图(V) ➡ 剖面视图(S) 命令，系统弹出"剖面视图"对话框。

Step3. 设置视图参数。在"剖面视图"对话框 剖切线(L) 区域的 A→ 文本框中输入字母

"B"，如果剖面视图的投影方向（箭头）指向上，需选中 ☑ 反转方向(I) 复选框，反转剖切方向；在 剖面视图(V) 区域中选中 ☑ 只显示切面(N) 复选框，其他参数采用系统默认设置值。

Step4. 放置视图。在图形区右击剖视图 B-B，在弹出的快捷菜单中选择 视图对齐 ➜ 解除对齐关系 (A) 命令，断开剖面视图与右视图的对齐关系，在剖面视图 A-A 的右侧放置该剖面视图；在"剖面视图"对话框的 装饰螺纹线显示(T) 区域中选中 ⊙ 高品质(G) 单选按钮，最后单击 ✓ 按钮，完成剖面视图 B-B 的创建，结果如图 10.2.10 所示。

Stage7. 创建剖面视图 C-C

Step1. 绘制剖切线。选择下拉菜单 工具(T) ➜ 草图绘制实体(K) ➜ ＼直线(L) 命令，在右视图中绘制图 10.2.11 所示的直线，捕捉该直线与圆心重合，并添加图 10.2.11 所示的尺寸约束。

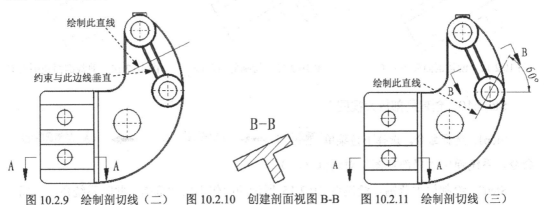

图 10.2.9 绘制剖切线（二）　图 10.2.10 创建剖面视图 B-B　图 10.2.11 绘制剖切线（三）

Step2. 隐藏尺寸。选择下拉菜单 视图(V) ➜ 隐藏/显示 (H) ➜ Abc 注解(A) 命令，然后在图形区选择图 10.2.11 所示的尺寸"60°"，按 Esc 键，完成尺寸的隐藏。

Step3. 选择命令。先选取刚才绘制的剖切线，然后选择下拉菜单 插入(I) ➜ 工程图视图(V) ➜ ↕ 剖面视图(S) 命令，系统弹出"剖面视图"对话框。

Step4. 设置视图参数。在"剖面视图"对话框 剖切线(L) 区域的 A→ 文本框中输入字母"C"，如果剖面视图的投影方向（箭头）指向左，需选中 ☑ 反转方向(I) 复选框，反转剖切方向；其他参数采用系统默认设置值。

Step5. 放置视图。在图形区右击剖视图 C-C，在弹出的快捷菜单中选择 视图对齐 ➜ 解除对齐关系 (A) 命令，断开剖面视图与右视图的对齐关系；在剪裁视图的右侧放置该剖面视图；在"剖面视图 C-C"对话框中单击 ✓ 按钮，完成剖面视图 C-C 的创建，结果如图 10.2.12 所示。

Stage8. 隐藏切边

在图形区右击主视图，在弹出的快捷菜单中选择 切边 ➜ 切边不可见 (C) 命令，隐藏主视图的切边；参照此方法，隐藏其他（轴测视图除外）视图的切边。

Stage9. 剪裁剖面视图 C-C

Step1. 绘制剪裁范围。选择下拉菜单 工具(T) ➡ 草图绘制实体(K) ➡ ⌇ 样条曲线(S) 命令，在俯视图中绘制图 10.2.13 所示的封闭轮廓。

Step2. 选择命令。在俯视图中先选取刚绘制的封闭轮廓，然后选择下拉菜单 插入(I) ➡ 工程图视图(V) ➡ 剪裁视图(C) 命令，生成图 10.2.14 所示的剪裁剖面视图。

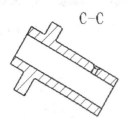
图 10.2.12　创建剖面视图 C-C

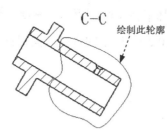
图 10.2.13　绘制剪裁范围

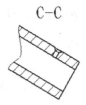
图 10.2.14　剪裁剖面视图 C-C

Stage10. 创建局部放大视图 I

Step1. 选择命令。选择下拉菜单 插入(I) ➡ 工程图视图(V) ➡ Ⓐ 局部视图(D) 命令，系统弹出"局部视图"对话框（一）。

Step2. 绘制放大范围。绘制图 10.2.15 所示的圆作为放大范围，此时系统弹出"局部视图"对话框（二）。

Step3. 定义视图参数。在"局部视图"对话框（二） 局部视图图标 区域的 样式: 下拉列表中选取 带引线 选项，在文本框中输入文本"I"，在 比例(S) 区域的下拉列表中选取 1:1 选项，其他参数采用系统默认设置值。

Step4. 放置视图。在父视图的右侧放置局部放大视图。

Step5. 单击对话框中的 ✔ 按钮，完成局部放大视图 I 的创建，结果如图 10.2.16 所示。

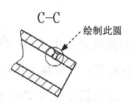
图 10.2.15　绘制放大范围

图 10.2.16　创建局部放大视图 I

Stage11. 创建局部剖视图（一）

Step1. 选择命令。选择下拉菜单 插入(I) ➡ 工程图视图(V) ➡ 断开的剖视图(B)

命令，系统弹出"断开的剖视图"对话框（一）。

Step2. 绘制剖切范围。在主视图中绘制图 10.2.17 所示的封闭轮廓，系统弹出"断开的剖视图"对话框（二）。

Step3. 定义视图参数。在图形区捕捉并选取图 10.2.17 所示的边线为深度参考。

Step4. 在"断开的剖视图"对话框（二）中单击 ✔ 按钮，结果如图 10.2.18 所示。

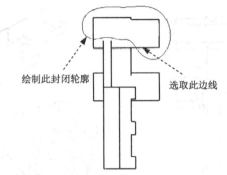

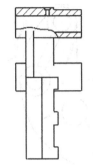

图 10.2.17　绘制剖切范围和选取深度参考（一）　　图 10.2.18　创建局部剖视图（一）

Stage12. 创建局部剖视图（二）

Step1. 选择命令。选择下拉菜单 插入(I) ➡ 工程图视图(V) ➡ 断开的剖视图(B) 命令，系统弹出"断开的剖视图"对话框（一）。

Step2. 绘制剖切范围。在主视图中绘制图 10.2.19 所示的封闭轮廓，系统弹出"断开的剖视图"对话框（二）。

Step3. 定义视图参数。在图形区捕捉并选取图 10.2.19 所示的边线为深度参考。

Step4. 在"断开的剖视图"对话框（二）中单击 ✔ 按钮，结果如图 10.2.20 所示。

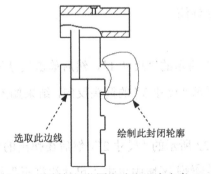

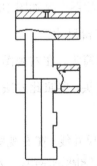

图 10.2.19　绘制剖切范围和选取深度参考（二）　　图 10.2.20　创建局部剖视图（二）

Task2. 视图的标注

Stage1. 标注中心线

Step1. 选择命令。选择下拉菜单 插入(I) ➡ 注解(A) ➡ 中心线(L)… 命令，系统弹出"中心线"对话框。

Step2. 在 自动插入 区域选中 ☑ 选择视图 复选框，在图形区依次单击主视图、剖视图A-A、俯视图、剖视图C-C和局部放大视图I的空白区域，在各视图中自动生成中心线。

Step3. 根据需要，删除多余的中心线，或通过拖动中心线的控制点来将其延长，结果如图10.2.21所示。

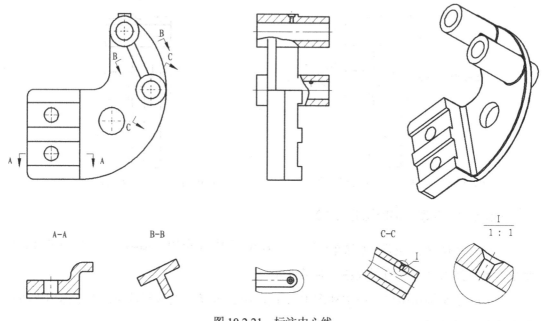

图10.2.21　标注中心线

Stage2. 标注右视图尺寸

Step1. 标注尺寸。选择下拉菜单 工具(T) ➡ 尺寸(S) ➡ ◈ 智能尺寸(S) 命令，在图形区的右视图中添加图10.2.22所示的尺寸标注。

Step2. 编辑尺寸。

（1）反向箭头。在右视图中选取图10.2.22所示的"尺寸1"，然后单击尺寸箭头尾部的圆点反向箭头；参照此方法，将图10.2.22所示"尺寸3"的箭头反向，结果如图10.2.23所示。

（2）打折尺寸线。在右视图中选取图10.2.22所示的"尺寸2"，然后在弹出的"尺寸"对话框中单击 引线 选项卡，在 尺寸界线/引线显示(W) 区域中单击"尺寸线打折"按钮 ⚡，并调整尺寸的位置，结果如图10.2.23所示。

（3）折断引线。在右视图中选取图10.2.22所示的"尺寸4"，然后在弹出的"尺寸"对话框中单击 引线 选项卡，激活 ☑ 自定义文字位置 区域，单击"折断引线，文字水平"按钮 ⚡，调整尺寸的位置，结果如图10.2.23所示。

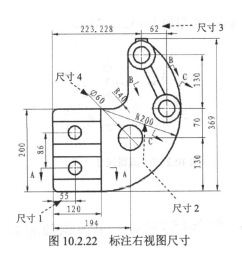

图 10.2.22　标注右视图尺寸

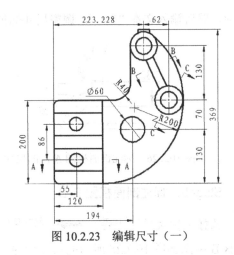

图 10.2.23　编辑尺寸（一）

Stage3. 标注主视图尺寸

Step1. 标注尺寸。选择下拉菜单 工具(T) ➡ 尺寸(S) ➡ 智能尺寸(S)命令，在图形区的主视图中添加图 10.2.24 所示的尺寸标注。

Step2. 编辑尺寸。在主视图中选取图 10.2.24 所示的"尺寸 1"，然后在弹出的"尺寸"对话框 标注尺寸文字(I) 区域的文本框中，将光标切换到文本"<MOD-DIAM><DIM>"之前，然后输入文本"2×"，完成"尺寸 1"的编辑；参照此方法，在图 10.2.24 所示的"尺寸 2"中添加文本"2×"，调整尺寸的位置，结果如图 10.2.25 所示。

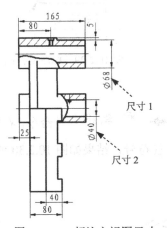

图 10.2.24　标注主视图尺寸

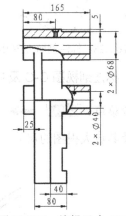

图 10.2.25　编辑尺寸（二）

Stage4. 标注剖面视图 A-A

Step1. 标注尺寸。选择下拉菜单 工具(T) ➡ 尺寸(S) ➡ 智能尺寸(S)命令，在图形区的剖面视图 A-A 中添加图 10.2.26 所示的尺寸标注。

Step2. 编辑尺寸。在剖面视图 A-A 中选取图 10.2.26 所示的尺寸"32"，然后在弹出的"尺寸"对话框 标注尺寸文字(I) 区域的文本框中，将光标切换到文本"< MOD-DIAM ><DIM >"

之前，然后输入文本"2×"，调整尺寸的位置及箭头，结果如图10.2.27所示。

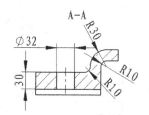

图10.2.26 标注剖面视图A-A的尺寸

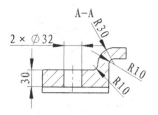

图10.2.27 编辑尺寸（三）

Stage5．标注剖面视图B-B

选择下拉菜单 工具(T) ➡️ 尺寸(S) ➡️ 智能尺寸(S)命令，在图形区的剖面视图B-B中添加图10.2.28所示的尺寸标注。

Stage6．标注俯视图（剪裁视图）

Step1．标注尺寸。选择下拉菜单 工具(T) ➡️ 尺寸(S) ➡️ 智能尺寸(S)命令，在图形区的俯视图中添加图10.2.29所示的尺寸"R15"。

Step2．孔标注。选择下拉菜单 插入(I) ➡️ 注解(A) ➡️ 孔标注(H)…命令，选取图10.2.29所示孔的外边线，在合适的位置放置尺寸文本，结果如图10.2.29所示。

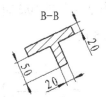

图10.2.28 标注剖面视图B-B的尺寸

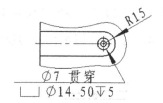

图10.2.29 标注俯视图

Stage7．标注剖视图C-C及其放大视图

选择下拉菜单 工具(T) ➡️ 标注尺寸(S) ➡️ 智能尺寸(S)命令，在图形区标注剖视图C-C及其放大视图的尺寸，并添加相应的直径符号，结果如图10.2.30所示。

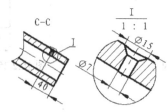

图10.2.30 标注剖视图C-C及其放大视图

Stage8．标注基准

Step1．选择命令。选择下拉菜单 插入(I) ➡️ 注解(A) ➡️ 基准特征符号(U)…命令，系统弹出"基准特征"对话框。

Step2. 设置基准参数。在"基准特征"对话框 标号设定(S) 区域的文本框中输入字母"D"。

Step3. 定义引线样式并放置基准符号。在 引线(E) 区域中取消选中 □ 使用文件样式(U) 复选框，并单击 □ 按钮，在主视图中选取图 10.2.31a 所示的边线，然后在该边线的左侧放置基准符号，如图 10.2.31b 所示。在对话框中单击 ✔ 按钮，完成基准的标注。

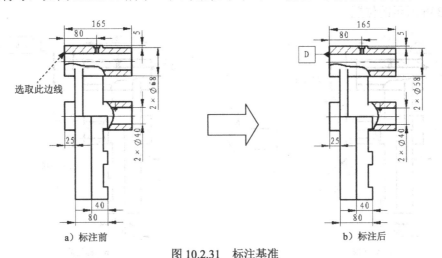

a）标注前　　　　　　　　　　　　　　b）标注后

图 10.2.31　标注基准

Stage9. 标注形位公差

Step1. 选择命令。选择下拉菜单 插入(I) ➡ 注解(A) ➡ 🔲 形位公差(T)... 命令，系统显示"形位公差"对话框的同时，弹出"属性"对话框。

Step2. 设置形位公差参数。在图 10.2.32 所示"属性"对话框的 符号 区域中单击 ▾ 按钮，在弹出的对话框中选择 ⊥ 选项；在 公差1 文本框中输入公差值 0.05；在 主要 文本框中输入字母"D"。

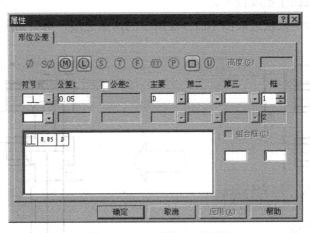

图 10.2.32　"属性"对话框

Step3. 设置引线样式并放置形位公差。在"形位公差"对话框 引线(L) 区域中依次单击"引线"按钮 ✐ 和"折弯引线"按钮 ✐，并在其下的下拉列表中选择第二种箭头（实心箭头），在图形区中分别选取图 10.2.33a 所示"尺寸 1"和"尺寸 2"的尺寸界线，在该边线的右侧放置形位公差符号，最后在"属性"对话框中单击 确定 按钮，完成形位公差的标注。

Step4. 移动形位公差符号。在图形区选取形位公差符号，分别拖动其框体至图 10.2.33b 所示的位置。

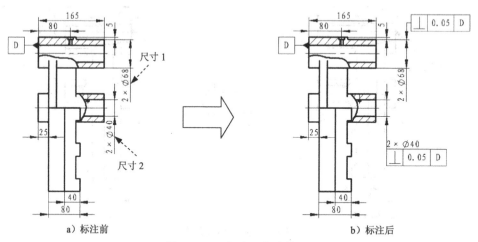

图 10.2.33　标注形位公差

Stage10. 标注表面粗糙度符号

Step1. 选择命令。选择下拉菜单 插入(I) ➡ 注解(A) ➡ √ 表面粗糙度符号(F).. 命令，系统弹出"表面粗糙度"对话框。

Step2. 设置表面粗糙度参数。在"表面粗糙度"对话框的 符号(S) 区域中单击 √ 按钮，在 符号布局(M) 区域的文本框中输入粗糙度值 6.3，其他参数采用系统默认设置值。

Step3. 放置表面粗糙度符号。

（1）在主视图中依次选取图 10.2.34a 所示的两条边线，结果如图 10.2.34b 所示。

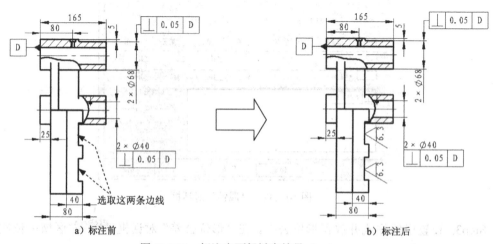

图 10.2.34　标注表面粗糙度符号（一）

（2）在"表面粗糙度"对话框的 引线(L) 区域中单击"引线"按钮 与"折弯引线"按钮 ，在剖视图 C-C 中选取图 10.2.35a 所示的边线，在合适的位置放置粗糙度符号，结果如图 10.2.35b 所示，按 Esc 键，完成粗糙度符号的标注。

图 10.2.35　标注表面粗糙度符号（二）

Stage11. 添加注释

Step1. 选择命令。选择下拉菜单 插入(I) ➡ 注解(A) ➡ A 注释(N) 命令，系统弹出"注释"对话框。

Step2. 放置注释（一）。在图纸左下方空白处单击放置注释，并在弹出的文本框中输入文字"技术要求"，然后将其选中，在图 10.2.36 所示的"格式化"对话框中将字高设置为"7.0"。

图 10.2.36　"格式化"对话框

Step3. 放置注释（二）。在注释"技术要求"的下方单击以继续放置注释，在文本框中输入第一行文字"未注倒角为 2×45°。"，按 Enter 后，输入第二行文字"未注铸造圆角为 R4。"，然后选中该文本框中的所有文字，在"格式化"对话框中将字高设置为"5.0"，依次单击"左对齐"按钮 和"数字"按钮 ，在"注释"对话框中单击 按钮。

Step4. 通过拖动调整注释的位置，结果如图 10.2.37 所示。

技术要求

1. 未注倒角为 2×45°。
2. 未注铸造圆角为 R4。

图 10.2.37　添加注释

Stage12. 添加其他注解

在图纸的右上角添加图 10.2.38 所示的注释和粗糙度符号。

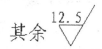

图 10.2.38　添加其他标注

Stage13. 保存工程图

至此，工程图已创建完成，结果如图 10.2.1 所示。选择下拉菜单 文件(F) ➡️ 另存为 (A)... 命令，在弹出的"另存为"对话框中将文件命名为"ex02_bracket"，并将其保存在所需的目录中。

第 11 章　工程图的高级应用

本章提要　本章将介绍 SolidWorks 工程图的一些高级应用，这些高级应用有的要涉及 SolidWorks 以外的软件，如 Word 文档、Excel 表格、Adobe Acrobat 程序、AutoCAD 等软件。SolidWorks 允许使用这些外围软件来辅助设计，以弥补软件本身的不足。灵活运用这些辅助软件，将有助于提高工作效率和质量。本章主要内容包括：

● 　比较工程图。

● 　OLE 对象。

● 　图文件交换。

11.1　比较工程图

使用"DrawCompare"命令可比较两个工程图之间的不同之处，读者也可以根据需要保存比较工程图。使用"DrawCompare"命令比较工程图的操作步骤如下。

Step1. 选择命令。选择下拉菜单 工具(T) ➡ 比较 ➡ DrawCompare... 命令，系统弹出图 11.1.1 所示的"DrawCompare"对话框。

Step2. 选取工程图 1。在对话框的 工程图 1 区域中单击 浏览 按钮，在系统弹出的"Drawing1"对话框中选择文件 D:\sw18.5\work\ch11.01\connecting_base_01.SLDDRW，单击 打开 按钮，完成工程图 1 的选取。

说明：单击 工程图 1 区域中的 ■ 按钮，可设置显示工程图 1 时所使用的颜色，下同。

Step3. 选取工程图 2。在对话框的 工程图 2 区域中单击 浏览 按钮，在弹出的"Drawing2"对话框中选择文件 D:\sw18.5\work\ch11.01\connecting_base_02.SLDDRW，单击 打开 按钮，完成工程图 2 的选取。

Step4. 比较工程图。在对话框上部的按钮区中单击 按钮，此时在图 11.1.2 所示的 差异 区域中显示两个相叠加的工程图，在 工程图 1 和 工程图 2 区域中分别显示两个相比较的工程图。

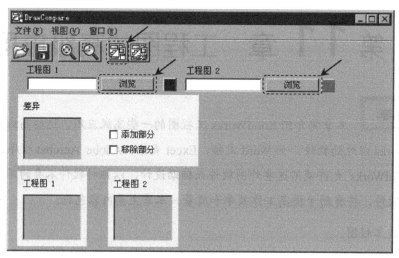

图 11.1.1 "DrawCompare" 对话框

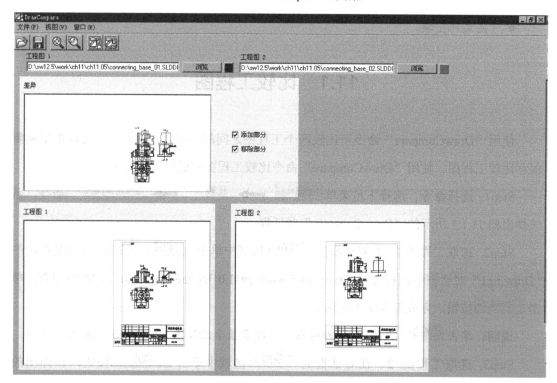

图 11.1.2 比较工程图

说明：

● 比较工程图时，在 差异 区域中的 "工程图 1" 和 "工程图 2" 以不同的颜色显示，方便比较二者之间的不同。

● 当要比较分离的工程图时，可在对话框上部的按钮区中单击"比较分离的工程图"按钮 ，其他操作步骤与比较工程图相同。

Step5. 在 差异 区域只显示"工程图 1"。在对话框的 差异 区域中取消选中 □ 添加部分 复选框，选中 ☑移除部分 复选框，此时区域只显示"工程图1"，如图11.1.3所示。

Step6. 在 差异 区域只显示"工程图2"。在对话框的 差异 区域中取消选中 □移除部分 复选框，选中 ☑添加部分 复选框，此时区域只显示"工程图2"，如图11.1.4所示。

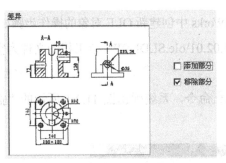

图11.1.3　只显示"工程图1"　　　　图11.1.4　只显示"工程图2"

Step7. 保存比较工程图。在"DrawCompare"对话框上部的按钮区中单击 ▯ 按钮，在弹出的"另存为"对话框中指定保存路径，将文件命名为"drawcompare"，单击 保存(S) 按钮，完成比较工程图的保存。

说明：

● 保存比较工程图时，"DrawCompare"对话框中的 差异 、 工程图1 和 工程图2 三张工程图将被分别保存，且以图片格式（.BMP）保存。

● 在"DrawCompare"对话框上部的按钮区中单击 🗁 按钮，可打开预先保存好的比较工程图。

Step8. 至此，比较工程图的操作已完成，关闭"DrawCompare"对话框。

11.2　OLE　对　象

链接和嵌入对象（OLE）是用外部应用程序创建的外部文件（如文档、图形文件或视频文件），可插入其他应用程序（如Word、Excel、PowerPoint等）；在SolidWorks中可以创建所有支持OLE的对象，并将其插入到工程图文件中；插入一个对象后，可在SolidWorks环境中或在SolidWorks之外的应用程序对话框中编辑它。SolidWorks工程图提供了"嵌入"和"链接"这两种插入OLE对象的方法，其区别如下。

● 链接对象是在SolidWorks外部创建完成的，然后链接到SolidWorks中的文件。例如，链接到文件的一部分数据出现在工程图中，如果对外部文件进行更改，则将在绘图中反映出来，而且在SolidWorks中对对象所做的任何更改也会保存到原始对象中。

● 嵌入对象完全保存在SolidWorks绘图文件中，与外部文件没有任何联系。当嵌入对象时，SolidWorks只是复制该文件，在SolidWorks中仍可用创建对象的程序激活该对象,但对原始外部文件进行的任何更改不会反映在嵌入的副本中。

11.2.1　插入新建的 OLE 对象

插入新建的 OLE 对象属于嵌入对象。在 SolidWorks 中创建新 OLE 对象的操作步骤如下。

Step1. 打开工程图文件 D:\sw18.5\work\ch11.02.01\ole.SLDDRW,该工程图文件为空白文件。

Step2. 选择下拉菜单 插入(I) ➡ 对象(O)... 命令,系统弹出图 11.2.1 所示的"插入对象"对话框。

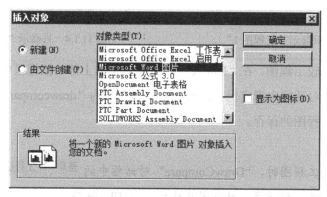

图 11.2.1　"插入对象"对话框

Step3. 在"插入对象"对话框中选中 ⊙ 新建(N) 单选按钮,在 对象类型(T): 列表区域中选中 Microsoft Word 图片 选项作为要插入到 SolidWorks 工程图中的对象类型,单击 确定 按钮,此时在 SolidWorks 中弹出图 11.2.2 所示的 Word 文档作为 OLE 对象。

Step4. 在 Word 文档中输入文字"技术要求",然后在任意位置单击,完成 OLE 对象的插入,此时图形区显示图 11.2.3 所示的文字,读者可将其拖动到合适的位置。

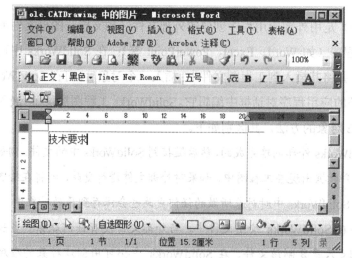

图 11.2.2　Word 文档窗口

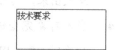

图 11.2.3　显示 OLE 对象

说明：

● 新建的 OLE 对象都为嵌入对象。

● 双击添加的 OLE 对象，可以进行编辑文字（如字体和字号）等操作。

● 在图 11.2.1 所示的 对象类型(T): 列表中只显示支持 OLE 且已安装在计算机上的应用程序。

11.2.2 链接对象

由外部文件插入的 OLE 对象可以是嵌入的，也可以是链接的。在 SolidWorks 中插入链接对象的操作步骤如下。

Step1. 打开工程图文件 D:\sw18.5\work\ch11.02.02\ole.SLDDRW，该工程图文件为空白文件。

Step2. 选择下拉菜单 插入(I) ➡ 对象(O)... 命令，系统弹出"插入对象"对话框。

Step3. 在"插入对象"对话框中选中 ⊙ 由文件创建(F) 单选按钮，此时对话框如图 11.2.4 所示；单击 浏览(B)... 按钮，在弹出的"浏览"对话框中打开文件 D:\sw18.5\work\ch11.02.02\OLE 对象.doc。

Step4. 在"插入对象"对话框中选中 ☑ 链接(L) 复选框，单击 确定 按钮，此时在 SolidWorks 中显示图 11.2.5 所示的 Word 文档。

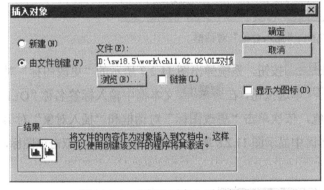

图 11.2.4 "插入对象"对话框

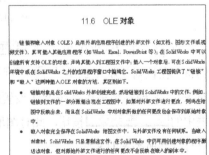

图 11.2.5 插入 Word 文档

说明：

● 如果此时在图形区双击 OLE 对象，打开 Word 文档"OLE 对象.doc"，在 Word 文档中删除所有文字后保存退出，在 SolidWorks 中单击，会发现刚才的文字被完全删除了，这体现了链接对象与其他 OLE 对象创建之间的差别。

● 如果在 Step4 中没有选中 ☐ 链接(L) 复选框，则创建的 OLE 对象为嵌入对象。

11.2.3 以图标的形式显示 OLE 对象

在讲解以上嵌入和链接这两种插入 OLE 对象的方法中，均在 SolidWorks 中显示完整 OLE 对象的内容，读者也可根据需要，在 SolidWorks 中用图标的形式表示 OLE 对象，下面以"插入对象"讲解其操作过程。

Step1. 打开工程图文件 D:\sw18.5\work\ch11.02.03\ole.SLDDRW，该工程图文件为空白文件。

Step2. 选择下拉菜单 插入(I) ➡ 对象(O)... 命令，系统弹出"插入对象"对话框。

Step3. 在"插入对象"对话框中选中 ⦿ 由文件创建(F) 单选按钮和 ☑ 链接(L) 复选框，单击 浏览(B)... 按钮，在弹出的"浏览"对话框中打开文件 D:\sw18.5\work\ch11.02.03\OLE 对象.doc。

Step4. 在"插入对象"对话框中选中 ☑ 显示为图标(D) 复选框，此时对话框如图 11.2.6 所示。

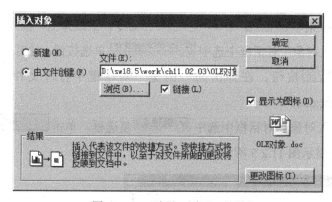

图 11.2.6 "插入对象"对话框

Step5. 在对话框中单击 更改图标(I)... 按钮，系统弹出图 11.2.7 所示的"更改图标"对话框，在该对话框中选中 ⦿ 来自文件(F) 单选按钮，在 标签(L): 文本框中输入标签名称"OLE 对象"，其他参数采用系统默认设置值，依次单击"更改图标"对话框和"插入对象"对话框中的 确定 按钮，此时图形区中显示图 11.2.8 所示的 OLE 对象图标，双击该图标，可打开其所参考的文件。

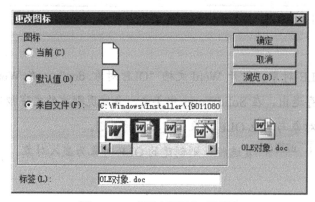

图 11.2.7 "更改图标"对话框

图 11.2.8 OLE 对象图标

说明：在 Step5 中如果选中 ⊙ 默认值(D) 单选按钮或 ⊙ 当前(C) 单选按钮，其标签名称将显示为 "OLE 对象.doc"。

11.2.4 插入图片

在 SolidWorks 中使用 "图片" 命令，可在工程图中插入图片。与上面所讲的 "对象" 命令相比，使用该命令可插入大多数格式的图片文件。下面介绍插入图片的操作步骤。

Step1. 打开工程图文件 D:\sw18.5\work\ch11.02.04\picture.SLDDRW，该工程图文件为空白文件。

Step2. 选择下拉菜单 插入(I) ➡ 图片(P)... 命令，系统弹出 "打开" 对话框。

Step3. 在 "打开" 对话框中选择图片文件 D:\sw18.5\work\ch11.02.04\picture.jpg，单击 打开 按钮，系统弹出图 11.2.9 所示的 "草图图片" 对话框的同时，在图形区显示图 11.2.10 所示的图片。

图 11.2.9　"草图图片" 对话框 　　　　　图 11.2.10　显示图片

图 11.2.9 所示的 "草图图片" 对话框中各选项的功能说明如下。

● 🖼️文本框：设置图片原点的 X 坐标值，图片原点默认位于图片的左下角。

● 🖼️文本框：设置图片原点的 Y 坐标值。

● 🖼️文本框：设置旋转图片的角度值，输入正值可逆时针旋转图片；反之，则顺时针旋转图片。

● 🖼️文本框：输入图片的宽度值，如果选中 ☑ 锁定高宽比例 复选框，图片高度值也会自动调整。

● 🖼️文本框：输入图片的高度值，如果选中 ☑ 锁定高宽比例 复选框，图片宽度值也会自动调整。

● 🖼️按钮：单击此按钮后，绕竖直轴水平旋转图片。

● 🖼️按钮：单击此按钮后，绕水平轴竖直旋转图片。

- ⊙ 无 单选按钮：对图片不使用透明特性。
- ⊙ 从文件 单选按钮：使用图片原有的透明特性。
- ⊙ 全图像(I) 单选按钮：选中此单选按钮后，调整 🔲 透明度:中的滑块，可设置图片的透明度。
- ⊙ 用户定义 单选按钮：选中此单选按钮后，单击 🖉 按钮，在图片中选取颜色来定义公差级别，然后将透明度级别应用到图片中。

Step4. 拖动图片到合适的位置，其他参数采用系统默认设置值，在"草图图片"对话框中单击 ✔ 按钮，完成图片的插入。

11.3　图文件交换

在现代企业或公司中，通常会采用多种软件进行产品的协同设计，这使得各软件文件格式间的转换变得十分重要。就 SolidWorks 工程图而言，它经常要与 AutoCAD 或其他软件进行文件转换。SolidWorks 工程图的默认格式为 SLDDRW，其他常用格式有 DWG 和 DXF。本节主要以 SLDDRW 与 DWG 格式间的相互转换为例，介绍文件间进行格式转换的方法。

11.3.1　输出 DXF/DWG 文件

将 SLDDRW 格式转换为 DWG 或 DXF 格式的操作步骤如下。

Step1. 打开文件 D:\sw18.5\work\ch11.03.01\shell_bearing.SLDDRW。

Step2. 选择命令。选择下拉菜单 文件(F) ➡ 📄 另存为(A)... 命令，系统弹出"另存为"对话框。

Step3. 更改保存类型。在"另存为"对话框的 保存类型(T): 下拉列表中选取 Dwg (*.dwg) 选项，即将文件类型设置为 DWG 格式。

Step4. 输出设置。在"另存为"对话框中单击 选项 按钮，系统弹出图 11.3.1 所示的"系统选项"对话框，在 文件格式 选项卡中选中 DXF/DWG 选项，在 版本(V) 下拉列表中选择 R2010 选项，在 字体(F) 下拉列表中选择 TrueType 选项，在 线条样式(L): 下拉列表中选择 AutoCAD 标准样式 选项，其他参数采用系统默认设置值。

图 11.3.1 所示的"系统选项"对话框中各选项的功能说明如下。

- 版本(V) 下拉列表：在该下拉列表中可选取 AutoCAD 软件的版本；SolidWorks 软件的 DXF/DWG 转换程序支持包括 AutoCAD 2010 在内的所有版本。
- 字体(F): 下拉列表：用于设置文件格式转换时所使用的文字类型；如果选中

仅限于 AutoCAD 标准 选项，将使用 SolidWorks 软件中映射文件 "drawFontMap.txt" 的字体，该文件是由映射 AutoCAD 软件的 True Type 字体得到，位于安装路径 SolidWorks\Data\drawFontMap.txt 中。

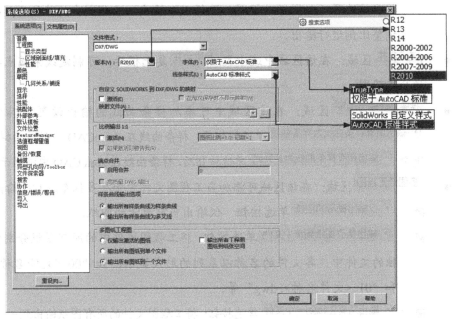

图 11.3.1 "系统选项"对话框

- **线条样式(L)** 下拉列表：用于设置文件格式转换时所使用的线条样式。

  ☑ **AutoCAD 标准样式** 选项：将 SolidWorks 线型映射到 AutoCAD 线型库，且线型厚度被映射到最接近的 AutoCAD 线粗值上；另外，当 AutoCAD 版本设置为 R2000 或更高时，才支持 AutoCAD 线粗值映射。

  ☑ **SolidWorks 自定义样式** 选项：输出的文件仍使用 SolidWorks 的线条样式。

- **自定义映射 SolidWorks 到 DXF/DWG** 区域：在该区域中可设置自定义映射文件。

  ☑ ☑**激活(E)** 复选框：选中该复选框后，**自定义映射 SolidWorks 到 DXF/DWG** 区域的禁用选项显示可用，即可以自定义映射文件。

  ☑ ☑**在每次保存时不显示映射(W)** 复选框：选中该复选框后，在打开已添加了自定义映射设置的工程图时，将不弹出 "SolidWorks 到 DXF/DWG" 对话框。

  ☑ **映射文件(A)** 文本框：单击 **...** 按钮，在弹出的 "浏览" 对话框中可选取已保存的映射文件。

- **比例输出 1:1** 区域：在该区域中可添加工程图以 1:1 比例输出时的相关设置。

  ☑ ☑**激活(N)** 复选框：选中该复选框，可激活 **比例输出 1:1** 区域的其他选项，来更改以 1:1 的比例输出工程图的其他设置。

  ☑ ☑**如果激活则警告我(R)** 复选框：在下次输出 DXF 或 DWG 格式的文件时，将弹出警告对话框。

☑ 基体比例(B): 下拉列表: 在该下拉列表中列出了当前工程图中所有比例值和相同比例值在工程图中出现的次数；在该下拉列表中选取一个选项后，工程图将以该选项（如图纸或视图）进行 1:1 输出，工程图中的其他项目将相应地调整比例进行输出。

● 端点合并 区域: 在该区域中选中 ☑ 启用合并 复选框后，可制定线条端点之间缝隙的公差范围。

● 样条曲线输出选项 区域: 在该区域中可添加样条曲线的输出设置。其中，选中 ◉ 输出所有样条曲线为样条曲线 单选按钮后，样条曲线在 AutoCAD 中显示为样条曲线；选中 ◉ 输出所有样条曲线为多叉线 单选按钮后，样条曲线在 AutoCAD 中将显示为多叉线。

● 多图纸工程图 区域: 在该区域可添加当工程图文件中含有多张图纸时的输出设置。

☑ ◉ 仅输出激活的图纸 单选按钮: 仅输出当前激活的图纸。

☑ ◉ 输出所有图纸到单个文件 单选按钮: 将工程图文件中的所有图纸分别输出到单独的文件中，各文件的名称以系列的形式显示，如"00-<文件名称>.dwg"和"01-<文件名称>.dwg"等。

☑ ◉ 输出所有图纸到一个文件 单选按钮: 将工程图文件的所有图纸输出到一个文件中。

Step5. 在"系统选项"对话框中单击 确定 按钮，在"另存为"对话框中指定文件的保存路径，单击 保存(S) 按钮，完成 SLDDRW 格式转换为 DWG 格式的操作。

说明: 在 Step5 中，如果单击 保存(S) 按钮后，系统弹出 SolidWorks 对话框，请在该对话框中单击 确定 按钮。

11.3.2 输入 DXF/DWG 文件

将 DWG 或 DXF 格式转换为 SLDDRW 格式的一般操作步骤如下。

Step1. 选择命令。选择下拉菜单 文件(F) ➡ 📂 打开(O)... 命令，系统弹出"打开"对话框。

Step2. 打开文件。在"打开"对话框的 文件类型(T): 下拉列表中选中 Dwg (*.dwg) 选项，然后选取 DWG 格式的文件 D:\sw18.5\work\ch11.03.02\base.dwg，单击 打开(O) 按钮。

Step3. 添加设置。

(1)在弹出的图 11.3.2 所示的"DXF/DWG 输入"对话框中选中 ◉ 生成新的 SolidWorks 工程图 单选按钮和 ◉ 转换到 SolidWorks 实体 单选按钮，然后单击 下一步(N) > 按钮，系统弹出图 11.3.3 所示的"DXF/DWG 输入-工程图图层映射"对话框。

图 11.3.3 所示的"DXF/DWG 输入-工程图图层映射"对话框中部分选项的功能说明如下。

● 显示图层:区域:在该区域中可选择要输入到工程图或图纸格式的图层。

☑ ● 所有所选图层 单选按钮:将选项区中所有的图层输入到工程图中。

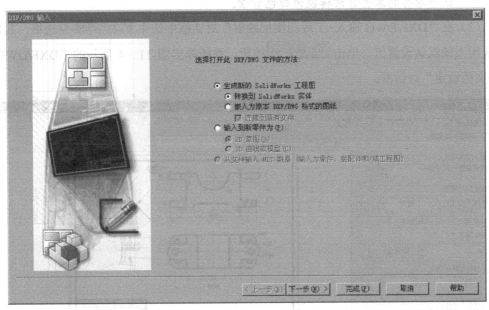

图 11.3.2 "DXF/DWG 输入"对话框

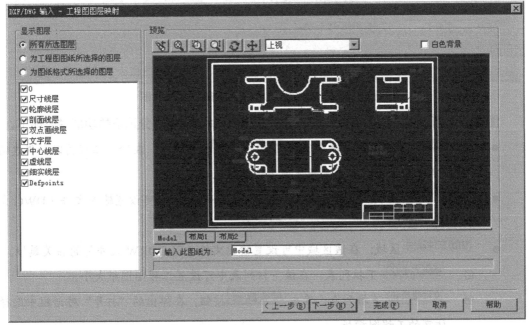

图 11.3.3 "DXF/DWG 输入-工程图图层映射"对话框

☑ ● 为工程图图纸所选择的图层 单选按钮:选中该单选按钮后,需在下方的选项区中选取要输入到工程图图纸的图层。

☑ ● 为图纸格式所选择的图层 单选按钮:选中该单选按钮后,需在下方的选项区中选取要输入到图纸格式的图层。

- 预览 区域：在该区域中可预览所输入的工程图。选中 ☑ 白色背景 复选框，将预览区中原有的黑色背景转换为白色背景。

（2）在"DXF/DWG 输入-工程图图层映射"对话框中选中 ☑ 白色背景 复选框，其他参数采用系统默认设置值，单击 下一步(N) > 按钮，系统弹出图 11.3.4 所示的"DXF/DWG 输入-文档设定"对话框。

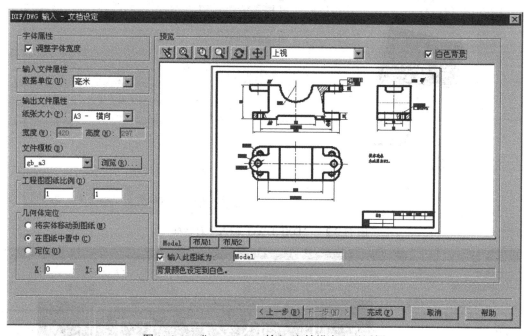

图 11.3.4　"DXF/DWG 输入-文档设定"对话框

图 11.3.4 所示的"DXF/DWG 输入-文档设定"对话框中部分选项的功能说明如下。

- 字体属性 区域：在该区域中选中 ☑ 调整字体宽度 复选框，在输入工程图时，将忽略 AutoCAD 字体的宽度因子而使用字体的默认宽度。

- 输入文件属性 区域：在该区域的 数据单位(U) 下拉列表中可设置输入文件（DWG 文件）的单位。

- 输出文件属性 区域：在该区域中可设置输出文件（SLDDRW 文件）的相关属性。
  - ☑ 纸张大小(P) 下拉列表：在该下拉列表中可设置工程图图纸大小。
  - ☑ 文件模板(I) 下拉列表：单击 浏览(R)... 按钮，在弹出的"打开"对话框中选择所需的工程图模板。

- 工程图图纸比例(I) 区域：用于设置工程图图纸比例，输入模型的尺寸不受影响。

- 几何体定位 区域：在该区域中可设置图形项目在图纸中的位置。
  - ☑ ⊙ 将实体移动到图纸(M) 单选按钮：将输入工程图的左下角与 SolidWorks 工程图图纸的原点重合，该原点位于图纸边界的左下角。

☑ ⊙ 在图纸中置中 (C) 单选按钮：将输入的工程图放置在 SolidWorks 工程图图纸的中央。

☑ ⊙ 定位 (O) 单选按钮：通过在 X: 文本框和 Y: 文本框中输入相应的数值，可设置输入的工程图原点在 SolidWorks 工程图图纸上的放置位置。

（3）在"DXF/DWG 输入-文档设定"对话框 输出文件属性 区域的 纸张大小 (P): 下拉列表中选择 A3 - 横向 选项，在 文件模板 (D) 下拉列表中选择 gb_a3 ；在 几何体定位 区域选中 ⊙ 在图纸中置中 (C) 单选按钮，其他参数采用系统默认设置值，单击 完成 (F) 按钮。

（4）在系统弹出的"DXF/DWG 输入错误和警告摘要"对话框中单击 细节 (D) >> 按钮，查看错误或警告的细节。由图 11.3.5 所示的对话框可以看出，输入的图纸"Model"并未出错，单击 关闭 (C) 按钮，此时输入的图纸如图 11.3.6 所示。

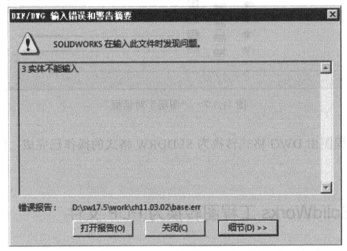

图 11.3.5 "DXF/ DWG 输入错误和警告摘要"对话框

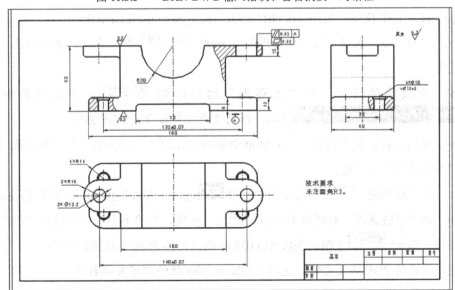

图 11.3.6 输入 DWG 格式的工程图

Step4. 修改工程图。

（1）打开"线型"工具栏，单击其中的"图层属性"按钮 ，系统弹出图11.3.7所示的"图层"对话框。

（2）修改图层。在"图层"对话框中将所有图层的颜色修改为"黑色"，单击 确定 按钮，完成图层的修改。

（3）读者可以根据需要，修改标题栏中的文字或在其中添加注释。

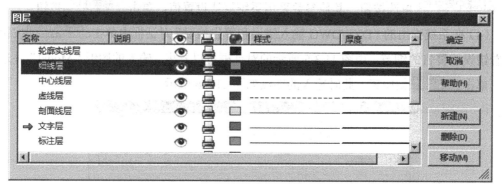

图 11.3.7　"图层"对话框

Step5. 将工程图由 DWG 格式转换为 SLDDRW 格式的操作已完成，保存并关闭工程图文件。

11.3.3　将 SolidWorks 工程图转换为 PDF 文件

将 SLDDRW 格式转换为 PDF 格式的操作步骤如下。

Step1. 打开文件 D:\sw18.5\work\ch11.03.03\shell_bearing.SLDDRW。

Step2. 选择命令。选择下拉菜单 文件(F) ➡ 另存为(A)... 命令，系统弹出"另存为"对话框。

Step3. 更改保存类型。在"另存为"对话框的 保存类型(T): 下拉列表中选取 Adobe Portable Document Format (*.pdf) 选项，即将文件类型设置为 PDF 格式。

Step4. 输出设置。在"另存为"对话框中单击 选项... 按钮，系统弹出图 11.3.8 所示的"系统选项"对话框。

Step5. 在对话框的 文件格式 选项卡中选取 PDF 选项，并添加图 11.3.8 所示的设置。

Step6. 在"系统选项"对话框中单击 确定 按钮，在"另存为"对话框中指定文件的保存路径，单击 保存(S) 按钮，完成 SLDDRW 格式转换为 PDF 格式的操作。

说明：保存的 PDF 格式文件，使用 Adobe Reader 软件即可直接打开。

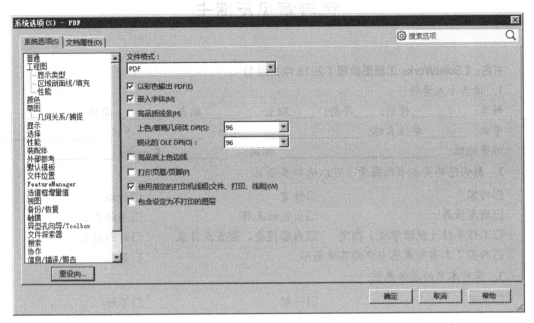

图 11.3.8　"系统选项"对话框

读者意见反馈卡

书名：《SolidWorks 工程图教程（2018 中文版）》

1. 读者个人资料：

姓名：_____ 性别：____ 年龄：____ 职业：_____ 职务：_____ 学历：_____

专业：_____ 单位名称：_____ 电话：_____ 手机：_____

邮寄地址：_____ 邮编：_____ E-mail：_____

2. 影响您购买本书的因素（可以选择多项）：

□内容　　　　　　　　　　　□作者　　　　　　　　　　□价格

□朋友推荐　　　　　　　　　□出版社品牌　　　　　　　□书评广告

□工作单位（就读学校）指定　□内容提要、前言或目录　　□封面封底

□购买了本书所属丛书中的其他图书　　　　　　　　　　　□其他

3. 您对本书的总体感觉：

□很好　　　　　　　　　　　□一般　　　　　　　　　　□不好

4. 您认为本书的语言文字水平：

□很好　　　　　　　　　　　□一般　　　　　　　　　　□不好

5. 您认为本书的版式编排：

□很好　　　　　　　　　　　□一般　　　　　　　　　　□不好

6. 您认为 SolidWorks 其他哪些方面的内容是您所迫切需要的？

_____

7. 其他哪些 CAD/CAM/CAE 方面的图书是您所需要的？

_____

8. 认为我们的图书在叙述方式、内容选择等方面还有哪些需要改进的？

_____

读者购书回馈活动：

活动一：本书"随书光盘"中含有该"读者意见反馈卡"的电子文档，请认真填写本反馈卡，并 E-mail 给我们。E-mail：兆迪科技 zhanygjames@163.com，管晓伟 guanphei@163.com。

活动二：扫一扫右侧二维码，关注兆迪科技官方公众微信（或搜索公众号 zhaodikeji），参与互动，也可进行答疑。

凡参加以上活动，即可获得兆迪科技免费奉送的价值 48 元的在线课程一门，同时有机会获得价值 780 元的精品在线课程。

本书随书光盘中的所有文件已经上传至网络，如果您的随书光盘丢失或损坏，可以登陆网站 http://www.zalldy.com/page/book 下载。

咨询电话：010-82176248，010-82176249。